普通高等教育"十一五"国家级规划教材

高等职业教育系列教材

家用电器基础与维修技术

第 3 版

U0192938

主　编　黄永定

副主编　施德江　陈玲玲

参　编　孙天旭　李秀霞　刘　伟

主　审　何丽梅

机械工业出版社

本书是在第 2 版的基础上，根据当前家用电器在使用功能以及制造技术的发展变化，结合实际教学需要，重新修订而成的。修订中保留了原书突出实践、重视技能培养的特点，对近年来家用电器中出现的新品种、新技术、新器件以及智能型家用电器、单片机控制等新技术作了必要的补充。家用电热电动器具、电冰箱、空调器等的结构和工作原理，以及它们的故障检测和维修方法，是本书讲解的重点。

　　本书可作为高等职业教育应用电子技术专业或中等职业教育电子技术应用专业家用电器维修课程的教材，也可供家用电器营销以及家用电器售后维修等从业人员参考。

　　需要与本书配套的授课电子教案的教师，可登录到 www.cmpedu.com 免费注册、审核通过后下载，或联系编辑索取（QQ:1239258369,电话:010-88379739）。

图书在版编目（CIP）数据

家用电器基础与维修技术/黄永定主编. —3 版.
—北京：机械工业出版社，2012.8（2021.8 重印）
普通高等教育"十一五"国家级规划教材
高等职业教育系列教材
ISBN 978-7-111-38272-0

Ⅰ.①家… Ⅱ.①黄… Ⅲ.①日用电气器具—维
修—高等职业教育—教材 Ⅳ.①TM925.07

中国版本图书馆 CIP 数据核字（2012）第 088706 号

机械工业出版社（北京市百万庄大街 22 号　邮政编码 100037）
责任编辑：王　颖　版式设计：刘怡丹
责任校对：申春香　责任印制：郜　敏
北京盛通商印快线网络科技有限公司印刷

2021 年 8 月第 3 版第 10 次印刷
184mm×260mm·16.5 印张·402 千字
标准书号：ISBN 978-7-111-38272-0
定价：49.00 元

电话服务	网络服务
客服电话：010-88361066	机　工　官　网：www.cmpbook.com
010-88379833	机　工　官　博：weibo.com/cmp1952
010-68326294	金　书　网：www.golden-book.com
封底无防伪标均为盗版	机工教育服务网：www.cmpedu.com

高等职业教育系列教材
电子类专业编委会成员名单

出 版 说 明

《国务院关于加快发展现代职业教育的决定》指出：到 2020 年，形成适应发展需求、产教深度融合、中职高职衔接、职业教育与普通教育相互沟通，体现终身教育理念，具有中国特色、世界水平的现代职业教育体系，推进人才培养模式创新，坚持校企合作、工学结合，强化教学、学习、实训相融合的教育教学活动，推行项目教学、案例教学、工作过程导向教学等教学模式，引导社会力量参与教学过程，共同开发课程和教材等教育资源。机械工业出版社组织国内 80 余所职业院校（其中大部分是示范性院校和骨干院校）的骨干教师共同规划、编写并出版的"高等职业教育系列教材"，已历经十余年的积淀和发展，今后将更加紧密结合国家职业教育文件精神，致力于建设符合现代职业教育教学需求的教材体系，打造充分适应现代职业教育教学模式的、体现工学结合特点的新型精品化教材。

在本系列教材策划和编写的过程中，主编院校通过编委会平台充分调研相关院校的专业课程体系，认真讨论课程教学大纲，积极听取相关专家意见，并融合教学中的实践经验，吸收职业教育改革成果，寻求企业合作，针对不同的课程性质采取差异化的编写策略。其中，核心基础课程的教材在保持扎实的理论基础的同时，增加实训和习题以及相关的多媒体配套资源；实践性课程的教材则强调理论与实训紧密结合，采用理实一体的编写模式；实用技术型课程的教材则在其中引入了最新的知识、技术、工艺和方法，同时重视企业参与，吸纳来自企业的真实案例。此外，根据实际教学的需要对部分内容进行了整合和优化。

归纳起来，本系列教材具有以下特点：

1) 围绕培养学生的职业技能这条主线来设计教材的结构、内容和形式。

2) 合理安排基础知识和实践知识的比例。基础知识以"必需、够用"为度，强调专业技术应用能力的训练，适当增加实训环节。

3) 符合高职学生的学习特点和认知规律。对基本理论和方法的论述容易理解、清晰简洁，多用图表来表达信息；增加相关技术在生产中的应用实例，引导学生主动学习。

4) 教材内容紧随技术和经济的发展而更新，及时将新知识、新技术、新工艺和新案例等引入教材。同时注重吸收最新的教学理念，并积极支持新专业的教材建设。

5) 注重立体化教材建设。通过主教材、电子教案、配套素材光盘、实训指导和习题及解答等教学资源的有机结合，提高教学服务水平，为高素质技能型人才的培养创造良好的条件。

由于我国高等职业教育改革和发展的速度很快，加之我们的水平和经验有限，因此在教材的编写和出版过程中难免出现疏漏。我们恳请使用这套教材的师生及时向我们反馈质量信息，以利于我们今后不断提高教材的出版质量，为广大师生提供更多、更适用的教材。

机械工业出版社

前　言

本书是在第 2 版的基础上，根据当前家用电器在使用功能以及制造技术的发展变化，结合实际教学需要重新修订而成的。与第 2 版相比，保留了原书突出实践、重视技能培养的特点，并做了以下几点修改与充实：

1）删去了第 2 版中部分实用性不大或较难理解的理论内容，进一步做到"理论知识以够用为度"，使知识点更为突出、清晰和具有条理。

2）对近年来出现的家用电器新品种、新技术、新器件以及智能型家用电器、单片机控制等新技术作了必要的补充、修改。删除了部分已不再使用的零部件的介绍和维修工艺方法等内容。

3）修改了第 2 版中存在的个别疏漏和笔误之处，增加了部分新的实物图片。

本书由吉林信息工程学校黄永定任主编，施德江、陈玲玲任副主编。吉林教育学院孙天旭编写第 1 章，吉林信息工程学校施德江编写第 3 章，吉林机电工程学校李秀霞编写第 2 章、第 4 章，吉林化工学院陈玲玲编写第 5 章、第 6 章，吉林信息工程学校黄永定和吉林化工学院刘伟编写第 7 章，全书由黄永定统稿，何丽梅主审。

编写中我们参考了部分同类教材及相关杂志，有些数据与图片来自生产厂家的工艺文件及互联网相关信息，在此向所有相关的作者和单位表示衷心的感谢。

为使本书在教学实践中不断充实完善，以便更好地为职业技术教育服务。对于本书中的错误、疏漏和不妥之处，恳请读者批评指正。

编　者

目　　录

第1章 家用电热器具

【教学目标】

- 了解家用电热器具的类型及基本结构。
- 掌握电热水器的结构、工作原理与检修方法。
- 掌握高频电磁灶的工作原理与检修方法。
- 掌握自动保温式电饭锅、微电脑控制电饭锅的结构、工作原理与检修方法。
- 掌握微波炉的结构、工作原理与检修方法。

1.1 家用电热器具基础知识

1.1.1 家用电热器具的类型

电热器具是将电能转换为热能的器具，具有清洁卫生、污染少、容易实现调温控制、热效率高、安全可靠、使用方便等诸多优点，在家用电器中，电热器具占有很高的比例。

1. 按电加热方式的原理分类

按照电加热方式的原理，可将家用电热器具分为电阻加热、远红外线加热、电磁感应加热和微波加热 4 种类型。

2. 按用途分类

家用电热器具产品一般不按照电加热方式分类，而是按产品的用途来分类。表 1-1 为常见家用电热器具的分类。

表 1-1　家用电热器具的分类

分　类		产 品 举 例
炊具类	烧煮用	电饭锅、电磁灶和微波炉等
	煎烤用	电炒锅、电烤箱等
	沸水用	电水壶、电热杯和电热饮水机等
取暖用	直接取暖	电褥子、电热坐垫等
	间接取暖	电暖器、红外线取暖炉、热风器等
卫浴类		电热水器、电吹风机等
医疗卫生用		家用消毒器、热敷器等
其他		电烙铁、电熨斗等

1）电炊具：如电饭锅、电烤箱、电磁灶、微波炉、电热饮水机等。

2）取暖用具：如电暖器、电热毯等。

3）卫生洁具类及其他：如电热水器（电淋浴器）、家用消毒器、洗碗机、电熨斗、电烙铁等。

1.1.2 家用电热器具的基本结构

电热器具的基本结构包括发热部件、温控部件及安全装置 3 部分。

1. 发热部件

发热部件的主要功能是将电能转换为热能。它由各种电热元件构成。常见的电热元件有电热丝、电阻发热体、红外线灯、管状红外线辐射元件、PTC 电热元件等。

2. 温控部件

温控部件的主要功能是控制发热部件的发热程度，使得电热器具所发出的热量符合要求，即温控部件能够使电热器具具有调节温度的能力。常用的温控部件有双金属式恒温控制器和磁控式温度调节器。近年来随着科学技术的发展，PTC 温控部件、电子温控部件以及微电脑温控部件逐渐被广泛采用。

3. 安全装置

安全装置（温度保险器）的功能是当电热器具发热温度超过正常范围时，自动切断电源，防止器具过热，确保安全。常用的安全装置有温度熔丝等。

1.1.3 电热元件

电热器具中能将电能转换成热能的部件称为电热元件。它是电热器具的核心，直接决定着电热器具的使用寿命、安全性和经济性。

1. 普通电阻式电热元件

（1）电阻式电热元件常用材料

1）电热材料。家用电热器具中的电阻式电热元件，一般采用合金电热材料，如铁铬铝、铬镍等材料。

2）绝缘材料。绝缘材料即不导电的材料，又称电介质。如云母、玻璃、陶瓷等。

3）绝热材料。为了提高电热元件的热效率，在电热器具中往往要采用适当的绝热材料，绝热材料还能起到减少电热元件对人体的热烫伤危险及防止火灾的作用。常用的绝热材料有软木、毛毡、石棉、硅藻土和泡沫塑料等。

（2）几种常用的电阻式电热元件

在实际应用中，一般是先将合金电热材料制成电热丝，再经过二次加工制成各种电热元件。

1）开启式螺旋形电热元件。这种电热元件是将合金电热丝绕制成螺旋状，直接裸露在空气中。它在电吹风机和家用开启式电炉中广泛应用。螺旋式电热元件绕制尺寸如图 1-1 所示，为避免电热丝变形、断裂，增加使用寿命，D、d、h 应符合如下要求：当 $d \leqslant 1.0$mm 时，选 $D = (3 \sim 5)d$，$h = (2 \sim 4)d$；当 $d > 1.0$mm 时，选 $D = (5 \sim 7)d$，$h = (2 \sim 4)d$。

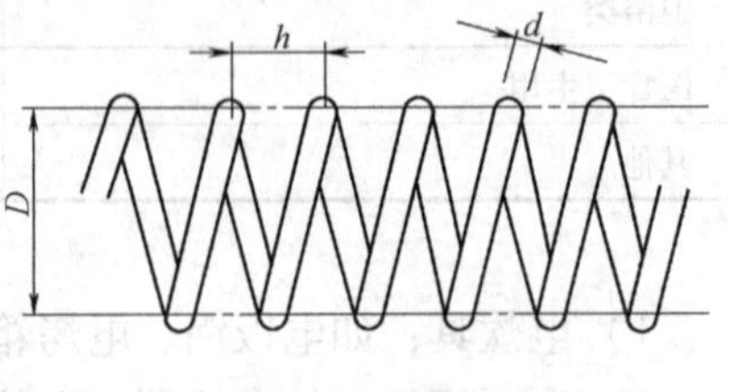

2）云母片式电热元件。将合金电热丝缠绕在云母片上，在外面再覆盖一层云母作绝缘，主要应用在电熨

图 1-1　开启式螺旋形电热元件

斗等电热器具中，如图 1-2 所示。

3）金属管状电热元件。金属管状电热元件是电热器具中最常用的封闭式电热元件，主要由电热丝、金属护套管、绝缘填充料、端头封堵材料和引出棒等组成，如图 1-3 所示。

4）电热板。电热板的形状有圆形、方形等，主要采用铸板式和管状元件铸板式两种结构形式，一般应用于电饭锅等电热产品中。

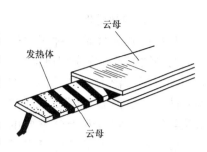

图 1-2　云母片式电热元件

5）绳状电热元件。在一根用玻璃纤维或石棉线制作

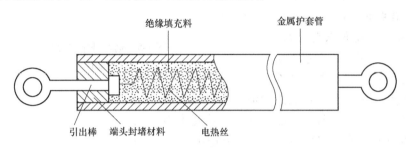

图 1-3　金属管状电热元件

的芯线上，缠绕柔软的电热丝（铜、镍合金等），再套一层耐热尼龙编织层，在编织层上涂敷耐热聚乙烯树脂。主要用于电热毯、电热衣等柔性电热织物中，典型结构如图 1-4 所示。

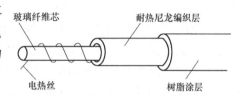

2. 红外线电热元件

图 1-4　绳状电热元件典型结构

远红外线加热方法是在电阻加热方法的基础上发展起来的，它的热源是红外电热元件发出的波长为 $2.5 \sim 15 \mu m$ 的远红外线。其基本原理是：先使电阻发热元件通电发热，靠此热能来激发红外线辐射物质，使其辐射出红外线对物体加热。它具有升温迅速，穿透能力强，节省能源和时间的特点。在电取暖器、电烤箱和消毒柜等家电产品中广泛应用。

远红外线电热元件有管状、板状和红外线灯等多种，在家用电器产品中最常见的是管状远红外电热元件。管状远红外电热元件由乳白色透明石英材料制成，石英辐射管的内壁每 $1 cm^2$ 就有 $2000 \sim 8000$ 个直径为 $0.03 \sim 0.05 mm$ 的小气泡，可产生出较强的远红外辐射。在石英管内装置螺旋合金制成的电热丝，引出端的两端用耐热绝缘材料密封，以隔绝外界空气，防止电热丝氧化，其结构如图 1-5a 所示。

板状远红外元件是在碳化硅或金属板表面涂敷一层远红外辐射物质，中间装上合金电热丝制成的。

红外线灯属热辐射光源，分为透明的石英近红外线灯和半透明的石英远红外线灯两种，相应产生近红外和远红外辐射。红外线灯的结构和普通照明用的白炽灯大致相同，区别是红外线灯既可发出可见光，又能产生红外线，结构如图 1-5b 所示，从图中可以看出管形红外线灯是普通玻璃灯管上再罩以石英管，因而热膨胀系数小，遇水不易破裂。

3. PTC电热元件

PTC电热元件是一种正温度系数的热敏电阻。在家用电器中，是一种应用广泛的电热元件或控温元件，可根据需要制成不同的形状与尺寸。它有着十分重要的电阻温度特性：当温度低于居里点时，近似为一个阻值较小的电阻（阻值可小到十几欧姆），但当温度高于居里点时，PTC电热元件的阻值随温度升高而急剧增大，增加量可达 $10^3 \sim 10^5$ 倍，这时可以认为其处于开路状态，如图1-6

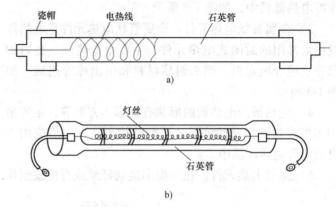

图1-5　远红外电热元件

a）石英管状远红外元件　b）红外线灯

所示。"居里点"是一个特殊的温度值，由材料的配合比例与生产工艺决定。常见产品的居里点从几十摄氏度到几百摄氏度都有，可以按照实际需要选用。

利用PTC电热元件的特性可实现温度自动控制的功能，如制成各种恒温器、限流保护元件、温控开关等。由PTC电热元件组成的发热元件，单片功率一般为几瓦～数百瓦，可以用于保温杯中作发热体，还可以组合使用获得更大的发热功率，用于暖风机中作发热体，在这些应用中可以不必另外使用温度控制电路，发热元件自身就能将温度稳定在居里点附近。

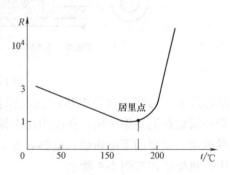

图1-6　PTC电热元件的温度特性

1.1.4　温控器件

在家用电热器具中，承担温度控制调节功能的元件称为温控器件。按其控制的目的可分为温度控制、功率控制和时间控制3种类型。

1. 温度控制器件

在家用电热器具中，常用的温度控制器件有双金属片式温控器、磁性温控器、热电偶以及电子温控器等。

1）双金属片式温控器件。双金属片由热膨胀系数不同的两种金属薄片轧制结合而成，其中一片热膨胀系数大，另一片热膨胀系数小。在常温下，两片金属片保持平直，当温度上升时，热膨胀系数大的一片伸长较多，使金属片向膨胀系数小的那一侧弯曲，温度越高，弯曲越厉害。当温度下降时，双金属片收缩恢复到原状。利用双金属片受热后弯曲变形时的运动，带动电触点的闭合或断开，使电源接通或关断。双金属片式温控器示意图如图1-7所示。

2）磁性温控器件。铁、镍及某些合金在常温情况下可以被磁化而与磁铁相吸，而当温度上升到超过这类材料的居里温度时，磁性急剧下降，电饭锅中使用的磁性温控器就是根据这种特性来实现温度控制的。

磁性温控器件主要由永久磁钢和感温软磁体组成，在位置固定的感温软磁下有一个永久磁钢，感温软磁体与永久磁钢之间用一弹簧将它们隔开，或者在永久磁钢下面安装一个具有一定拉力的弹簧。在常温下，永久磁钢和感温软磁体之间的吸力大于弹簧弹力与永久磁钢所受的重力之和，因而，当外力压缩弹簧使永久磁钢与软磁体贴近时，软磁体吸住永久磁钢，使得它们所带动的两个触头闭合，电热元件通电发热。一旦电热元件发热超过预定值，温度上升到感温软磁体的居里点时，软磁体的磁力急剧减小，使得弹簧弹力与永久磁钢所受的重力之和大于磁吸力，永久磁钢落下，两触头脱离，电热元件断电。图 1-8 所示为磁性温控器工作原理示意图。

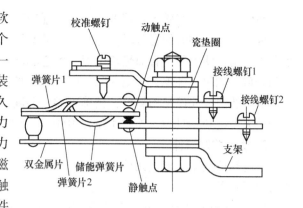

图 1-7　双金属片式温控器示意图

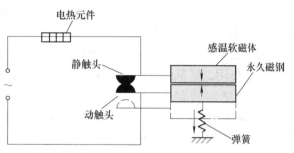

图 1-8　磁性温控器工作原理示意图

3）热电偶。热电偶是一种能将温度转换成电动势（电压）的传感器。不同材料对电子的束缚能力不同，并且受温度的影响，所以材料里实际导电的电荷（例如自由电子）的浓度差别较大。由两种不同材料的金属导体组成一个闭合回路，于是得到了两个结合面，称为两个结点。当两个结点的温度不同时，回路中将产生电动势，这种现象称为赛贝克效应（热电效应）。组成热电偶的导体称为"热电极"。热电偶所产生的电动势称为"热电动势"。热电偶的两个结点中，置于温度为 T 的被测对象中的结点称为测量端，又称工作端或热端，而置于参考温度为 T_0 的另一结点称为参比端，又称自由端或冷端。使用时，当热端温度大于冷端温度时，在电路中产生电动势（即产生电信号），此电信号经放大后控制执行机构，达到调节和控制温度的目的，热电偶工作原理及其实物图如图 1-9 所示。

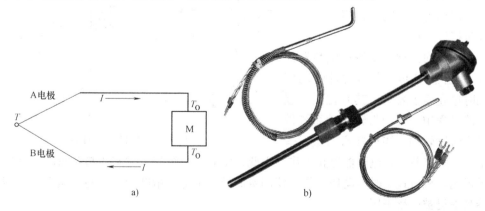

图 1-9　热电偶工作原理示意图及其实物图

a）工作原理图　b）不同封装形式的热电偶

热电偶是一种特殊的温度控制元件，它工作时相当于电源，并且具有一定的带负载能力。因此，有足够大的温差时，它能驱动某些制造精密的电动部件，例如：在常用的燃气热水器中，用常明火种一直加热热电偶，由它驱动一个电磁铁，使其处于吸合状态，保持进气阀门开启，如果火种熄灭，则阀门关闭。这个控制装置完成自动熄火保护任务。

热电偶温控元件结构简单，精确可靠，温度调节范围广，但系统较复杂、价格较高，常用于较大型电热器具中，如贮水量在100L以上的热水器及大型电烤炉等产品中。

2. 功率控制器件

对电热器具中的电热元件进行功率控制，也可达到调节温度的功能。功率控制的方法主要有以下几种：

1）开关换接控制。对于装有数支电热元件的电热器具，在工作时利用开关控制电热元件的通断，以及串并联等不同的组合，改变电热元件与电源的连接方法，从而得到不同大小的功率。这种控制方法其结构及电路系统简单、多挡调节、可靠性高、价格低且适用于控温精度要求不太高的器具中。

2）二极管整流控制。二极管整流控制是利用转换开关将二极管接入电路中，利用二极管的整流作用，将单相正弦波电压变成脉动的单相半波电压，从而使平均发热功率降低了一半。

3）晶闸管调功控制。晶闸管调功控制是通过改变晶闸管的导通角，控制电路使电热元件得到不同的工作电压，从而使电热元件产生不同的功率。晶闸管控制电路若与热敏电阻等检测元件相结合，则能实现对电热器具的自动温度控制。

3. 时间控制器件

时间控制器件俗称定时器。其作用是对电热元件的工作时间进行控制。从而达到控温的目的。控制的时间范围有 0～5min、0～30min、0～60min 及 0～12h 等多种。按定时器的结构原理可分为机械式、电动式和电子式。

1）机械式定时器。机械式定时器主要由发条，齿轮传动系统、机械开关组件及电触点等部分组成，其中机械开关组件是完成定时过程的关键。它由一个带凹槽的圆形转盘和一个有固定支点的杠杆组成，如图1-10a 所示。使用时根据需要设定的时间，将定时旋钮（带着转盘）顺时针旋过相应的角度，杠杆弯头将滑出凹槽外，此时转盘将杠杆头上顶，通过杠杆的作用将动触点与静触点紧密结合，从而接通了电源；电热器开始工作，见图 1-10b。在顺时针转动旋钮的同时也卷紧了发条，其后在发条逐渐松弛的过程中，推动齿轮传动系统带动转盘逆时针转动，当杠杆弯头重新落

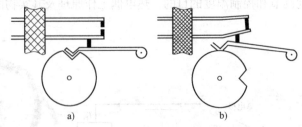

图1-10 机械式定时器

入凹槽时，触点断开，电热器停止工作。因此，定时的长短与定时旋钮与转盘顺时针转过的角度成正比。机械式定时器动作可靠，使用寿命长，虽定时精度稍差一些，但在普通型家用电热器具中仍被广泛采用。

2）电动式定时器。电动式定时器主要由微型同步电动机、减速机构、机械开关组件及电触点等部分组成，其工作原理与机械式定时器基本一致，只是用微型同步电动机代替了发

条机构作为动力源，提高了定时的精度。

3）电子式定时器。电子式定时器一般采用 555 集成电路组成单稳态定时电路，通过电容充放电所用的时间来实现电路的定时，控制电位器可使定时时间在某一范围内连续可调，电子式定时器定时较准确而且使用方便。

1.1.5 温度保险器件

温度保险器件的主要作用是当电热器件温度异常而超过极限值时，能立即切断电源，以确保安全，故又称它为安全装置。常见的温度保险器件有下述两种类型。

1. 双金属片式安全装置

只要把双金属片式温控器的温度调整到比正常使用的温度更高的位置上，它就可以作为安全装置使用。当电热器具温度超过正常使用温度时，该双金属片式温控器便会动作，切断电源，保证安全。

双金属片式温控器用作安全装置的主要优点是可以多次重复使用。它分为自动复位和手动复位两种。前一种是在动作后待温度下降时自动复位，电热器又可工作；后一种需要人工复位。双金属片式安全装置的缺点是机构较为复杂。

2. 温度熔丝

温度熔丝也称温度保险丝，是一种不可复位的一次性热敏保护器件。由铅、锡、铋等受热易熔化的合金制成。将它串联在电热器件电路中，当电热器件温度过高时，由于温度熔丝受热熔化而切断电源。图 1-11 所示为较常见的温度熔丝。熔丝上的色环或色点表示熔化温度，一般在 80～230℃范围内。

图 1-11 温度熔丝

1.1.6 漏电保护器

漏电保护器的基本功能是当人体触电时，在电流强度和时间尚未达到伤害程度前自动切断电源，保护人身或设备安全。漏电保护器不但在家用电热器具（特别是电热水器）中广泛应用，而且在其他家用电器以及工业生产设备中都是一种必不可少的部件。

图 1-12 是一种特别适合家用电器使用的漏电保护器的电原理图。该漏电保护器由脱扣电路、过载保护器装置和漏电触发电路 3 部分组成，其主要特点是具有过载和过电流双重保护功能，工作电压范围宽，电流容量大，在极苛刻的条件下仍能准确可靠地动作。

过载保护装置由双金属片构成的热元件 EH_1、EH_2 组成。当电流超过额定电流的 1.2 倍时，因热元件两侧的金属膨胀系数不同，而使热元件变形并偏向脱扣顶杆，使开关 QF、SA 跳闸断电。

TA 是零序互感器，平时主电路相线和零线的电流绝对值相等，其电流矢量和为零。无感应电压信号送入专用集成电路 IC，此时 IC 的 4 脚输出为零，晶闸管 VTH 因无触发信号而关断。当发生漏电时，主电路电流失去平衡，TA 感应的电压信号经 IC 放大后，起动内部闭锁电路动作，使 4 脚输出跳变为高电平，经 VT 构成的射极限随器触发 VTH，使 VTH 与整流桥（$VD_3 \sim VD_6$）组成的交流开关接通，脱扣器因线圈 L 得电而动作，将圆形铁柱吸入并带

7

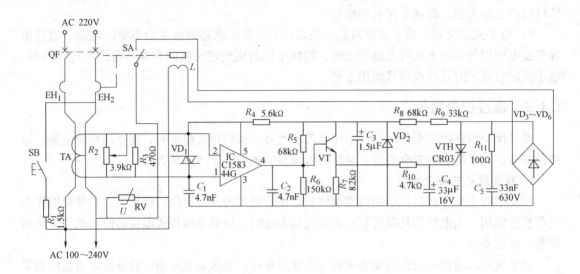

图 1-12　漏电保护器电原理图

动脱扣机构将开关断开。此时复位按钮自动弹起，表示发生漏电或过载故障，提醒用户迅速排除。当电源电压低于 50V 时，漏电保护器拒绝动作，但这时的电压已达不到危及人身安全的电压。

试验按钮 SB 用来模拟漏电电流，以检查漏电保护器工作是否可靠，规定每月试验一次。R_2 用于调节漏电动作电流，其整定值为 22.5mA，误差为 ±1%。压敏电阻 RV 用来吸收供电系统的雷电和各种操作过电压，RV 具有通电容量大，电压范围宽、漏电流小及响应速度快等优点，是最理想的过电压保护元件。双向二极管 VD_1 用以双向限制过高的感应电压，保护 IC 不致损坏。

1.2　电热水器

电热水器主要用来对自来水加热，供给人们沐浴或洗涤，按其结构原理可分为贮水式和即热式 2 种。

1.2.1　贮水式电热水器的基本结构

贮水式电热水器又称为容积式电热水器，主要由箱体、制热系统、控制系统和进出水系统组成。图 1-13 所示是常见的两种结构。

1. 箱体

箱体由外壳、内胆、镁阳极和保温层等构成，起到贮水保温的作用。

1）外壳。外壳是电热水器的基本框架，一般为筒状或长方体状，由冷轧薄钢板制成。外壳表面喷漆。筒身用于安装挂架、指示仪表和加热器部件。

2）内胆。内胆是盛水的容器，又是对水加热的场所。内胆的材料有镀锌板、不锈钢板和钢板内搪瓷等多种。镀锌板使用的时间一长，便易生锈、腐蚀，因此易漏、寿命短；不锈钢材料的内胆使用寿命较长，目前被广泛使用。但使用时间长了以后，焊缝也易产生漏水现象，而且内胆易结污垢，影响水质。

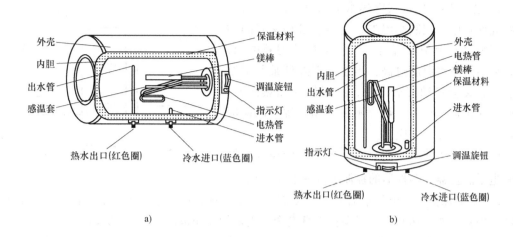

图 1-13　贮水式电热水器的结构图

a）卧式　b）立式

采用优质钢板内搪瓷先进工艺构成的内胆不易结垢、水质卫生，其抗压、保温性能理想，但制造工艺要求高，产品价格也较高，也是目前广泛使用的品种。

3）镁阳极。贮水式电热水器中的镁阳极是一根金属棒，主要用来保护内胆和加热管不被腐蚀和阻止水垢的形成。镁阳极长年累月受酸性水腐蚀，属消耗材料，一般每两年更换一次。

4）保温层。外壳与内胆之间的保温层起减少热损失的作用，一般采用聚氨酯发泡材料、玻璃棉、纤维、毡和软木等。为增强保温效果，现多采用高密度聚氨酯发泡材料充填的新工艺，充填扎实，密封保温性好。

2. 制热系统

电热水器的电热元件多采用管状结构，为提高热效率、将电热元件直接放在水中加热，形状可根据内胆结构弯成 U 形或其他形状，金属护套管常见的为不锈钢管或铜管。电加热管在通电后其内部合金丝发热，通过金属管内的绝缘填充料导热至金属套管，起加热作用。加热管外形如图 1-14 所示。

图 1-14　加热管

电加热管使用时间一长，在电加热管表面容易结垢，不仅影响发热效果，而且会产生漏电现象。为此有些厂家将热水器的电热元件改为高压耐热的陶瓷加热器，陶瓷加热器是用具有较高绝缘耐火性能的陶瓷，在其内穿上电阻丝，然后用机械压制成型，密封在不锈钢外壳中，具有长寿命、机械性能强、耐腐蚀等优点。

为有效防止漏电，常采用如图 1-15 所示的间接加热法（通电后，首先预热周围的空气，然后通过钢板对水加热），使水电分离，不仅无漏电之忧，而且可快速加热。

3. 控制系统

电热水器的控制系统主要包括温控器、漏电保护器、超温保护、防干烧保护等器件。

1) 温控器。贮水式电热水器均设有温控元件，这些元件除用于控制水温外，还兼有自动保温的功能。当水温升至预置温度时，它会自动切断电源，防止输出的热水温度过高；当水温下降到某预定温度时，它又会自动接通电源，继续把水加热保温。因此，在正常操作下，可以不需关闭电源，以保证任何时候都有热水供应。

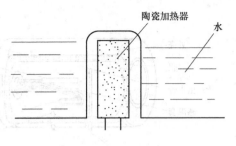

图 1-15　陶瓷间接加热简图

电热水器中使用的温控器主要为双金属片温控器和电子温控器。温控器的控制温度一般是可调的。

2) 漏电保护器。电热水器的漏电保护器，将 15mA 确定为危险电流，超过这一数值时漏电保护器动作，切断电源以保护人身安全，正常的动作范围为 15～30mA。

3) 防干烧保护与超温保护。某些电热水器上设有防干烧保护装置，它由干簧管热敏开关配合漏电保护器动作。当电热水器处于干烧状态且温度升高到(93±5)℃时，干簧管热敏开关的双金属片变形，带动触点断开，使漏电保护器中产生不平衡电流，漏电保护器动作，触点断开，电加热器断电。

超温保护装置由温度传感器与开关触点组成。传感器的测温头和导管由薄铜管制成，内充热膨胀系数稳定的油质液体。导管尾端与一圆柱形空腔金属片连接。当水温超过设定值时，油质液体膨胀挤压圆柱形底部的金属片，使之变形，产生一个力矩，带动触点断开，切断主电路，起到超温保护的作用。

4. 进出水系统

进出水系统由进、出水管、混水阀、安全阀和沐浴喷头等组成。

1) 混水阀。混水阀由阀座、阀体、冷热水进水口、混合水出口、手柄、阀芯组合而成。其作用是将电热水器中的热水和自来水管中的凉水混合在一起，达到使用者满意的温度，同时，混水阀也是一个关闭阀，用于关闭出水。

2) 安全阀。安全阀也称限压阀，在自来水压力突然增高或加热水温过热，造成内胆压力超过规定耐压值时，安全阀弹簧被压缩，定位片带动安全阀胶垫一起后移，过高的压力经安全阀排出，以保护内胆。一般限压阀的动作压力为 0.6～0.7MPa。安全阀结构和外形如图 1-16 所示。

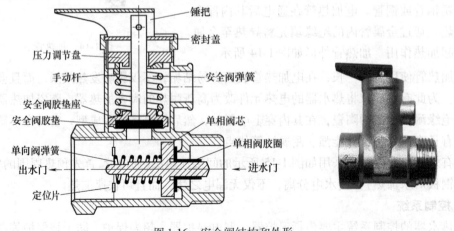

图 1-16　安全阀结构和外形

1.2.2 贮水式电热水器的工作原理

目前的贮水式电热水器均为承压式(封闭式),在未接通电源之前,需先向胆内注水,打开自来水阀,冷水进入内胆,随内胆水位上升,胆内的空气经出水管排出,当喷头有水源源不断地流出时,表示胆内已注满水。此时关上水龙头,接通电源加热。图1-17所示为电热水器的典型电气线路图。

当内胆水温达到预定温度时,温控器动作,切断电源停止加热;当水温下降到某一温度时,又自动接通电源进行加

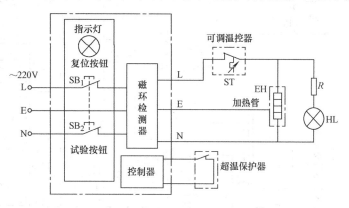

图1-17 电热水器的典型电气线路

热。使用时,打开自来水龙头和混水阀,一部分冷水不经内胆即可流至出口,与热水混合使用,水流量大小决定于阀门开启大小。热水流出的同时,冷水会自动流入内腔补充(流入、流出水的流量流速完全相等)。

1. 贮水式电热水器控制电路分析

图1-18为电热水器的实用控制电路。通电后,电源指示灯亮。首先调节电位器RP设定温度,然后打开阀门注入冷水。随着箱内水位的上升,水位传感器通过反相器IC_1(MC14069)驱动相应的LED工作,以显示1/6~6/6六挡水位。

当水位达到2/6时,IC_1的4脚输出高电平至IC_2的5脚,IC_2内部的电压比较器IC_{2b}输出端(IC_2的2脚)输出高电平。如此时箱内水温低于设定值,则电压比较器IC_{2d}的输出端(IC_2的1脚)也为高电平。晶体管VT饱和导通,继电器KA吸合,两个动合触点同时闭合,电加热器通电开始加热。同时IC_{2a}的输出端(IC_2的13脚)输出为高电平,电源指示灯显示红色,表示正在加热。

随着水温的上升,负温度系数热敏电阻RT的阻值减小,IC_{2d}同相输入端(IC_2的7脚)的电压下降,当低于反相输入端(IC_2的6脚)的电压时,电压比较器IC_{2d}输出端(IC_2的1脚)输出低电平,VT截止,KA释放,触点断开,电加热器断电。同时IC_{2a}输出端(IC_2的13脚)为低电平,红色发光二极管熄灭;IC_{2e}输出端(IC_2的14脚)为高电平,绿色发光二极管点亮,表示加热结束。

淋浴时,应将RP旋转至最低温挡,即使IC_{2d}的反相输入端(IC_2的6脚)的电压处于最高值。此时,无论箱内水温多低,RT的阻值多大,IC_{2d}同相输入端(IC_2的7脚)的电压都不会超过反相输入端的电压。这样便能保证IC_{2d}总是输出低电平,VT始终截止,电加热器不会通电,以保证使用中的安全。

2. 基于单片机的电热水器定时控制电路

传统的大容量电热水器的加热时间一般都比较长,如果热水器一直开着,则会一直消耗电能,如果使用时再通电加热,又会长时间的等待。使用定时开关控制器则可有效解决这些问题。本节中的定时控制器是以单片机 AT89C2051 作为核心控制器件,通过与外围电路的

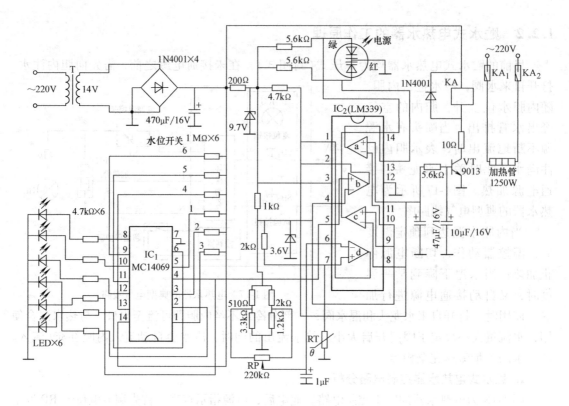

图 1-18 电热水器的实用控制电路

组合来控制热水器的电源，以达到定时开关机的目的。

AT89C2051 是一种带有 2KB FLASH 和 E^2PROM 的单片机，该单片机除了少了两个并口外，能兼容 MCS-51 系列单片机的所有功能，且具备体积小、功能强、运行速度快等特点。该电路通过 AT89C2051 的 P3.7 口连接一个键盘电路来实现对参数的人工自由设定，同时通过 P3.4 ~ P3.6 口连接 6 位 LED 数码管，以分别显示小时、分钟和秒。

电热水器控制系统在加电后即可进入正常计时状态，用户可以随时校准时间并设定热水器的开关时间，控制器便能够在设定的开关时刻通过 AT89C2051 的 P3.0 口控制输出继电器的动作，进而控制热水器的启闭。该系统的硬件原理图如图 1-19 所示。

1）显示电路。本系统中的显示电路主要由显示译码器 74LS47、3 线-8 线译码器 74HC138、7 个 PNP 型晶体管和 6 个七段共阳极 LED 数码管组成。通过 AT89C2051 的 P1.4 ~ P1.7 口将要显示字符的 BCD 码输出到 74LS47 的 4 个输入端，然后译码并输出相应的笔段来驱动 LED 数码管。数码管的位选信号由 AT89C2051 的 P3.4 ~ P3.6 输出，并经 74HC138 译码后通过晶体管放大，以驱动相应的数码管。

2）键盘电路。键盘电路跟显示电路一样采用扫描方式，并利用动态显示时的数码管驱动位置信号来判断相应按键的状态。单片机的 P3.4 ~ P3.6 口输出的 BCD 码经译码器译码后，相应的 Y 口呈低电平，而 AT89C2051 的 P3.7 口由于有上拉电阻，平时为高电平，只有当某一按键按下时，P3.7 才被下拉为低电平，这时，单片机将利用程序查询 P3.7 是否为低电平，如果 P3.7 为低电平，则读取单片机 P3.4 ~ P3.6 口的值（从缓冲区读取），并判断是哪个按键按下，然后调用相应的处理程序进行处理。

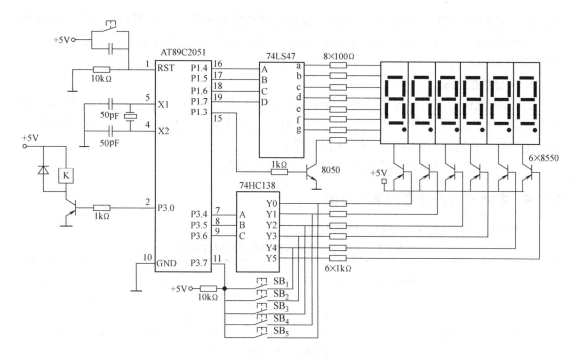

图 1-19　定时开关控制器硬件原理图

3）输出控制电路。单片机的输出控制是通过 P3.0 口完成的。当程序开始时，P3.0 口的输出状态为低电平，AT89C2051 通过程序查询输出的 ON 或 OFF 状态预置时间是否已到，若时间到，则改变相应的输出状态，以完成对外部电路的控制。

1.2.3　贮水式电热水器的检修

1. 电源检查

用万用表交流 250V 电压挡测量插座零线和相线之间的电压，正常为 220V 左右。若插座前接有断路器或刀开关，在开关断开时用万用表电阻挡测零线和地线是否接通，若不通为正常；反之则电源不能使用，应修复。

2. 故障检修程序

1）接通电源，可能出现两种情况：指示灯亮或指示灯不亮。

指示灯亮：待半小时左右，水温若升高 10℃，说明热水器正常；若水温不升高，由灯亮可知，漏电保护器、超温保护器均正常，故障在加热器。断电后，检测加热元件，若电阻为无穷大，则应更换。

指示灯不亮：若灯坏应更换；否则应检查温控器、超温保护器、加热器和漏电保护器部位，以确定故障所在。对可调温型温控器，用万用表 $R \times 1\Omega$ 挡测量两接线端间的电阻值，在关断位置电阻为无穷大；不同温度控制点应有不同电阻值与之对应；温控器在未动作时，触点为闭合状态，电阻近似为 0，否则说明温控器损坏，应更换。

2）用万用表检测加热器，电阻应为 24～48Ω，若为无穷大时，则应更换加热元件。

3）检查漏电保护器，应将漏电保护器放到"合闸"位置。若指示灯亮，且水温升高为正常；若指示灯不亮，则可能是漏电保护器误动作，应注意观察，找出误动作原因。若漏电保护器合不上闸，应用万用表 $R \times 100\Omega$ 挡分别检测超温保护器、温控器和加热器的对地电阻，指针指向 ∞ 位置为正常，指针指向 0 为漏电，找出漏电元件进行更换，若无漏电元件，说明漏电保护器已损坏。

3. 安全性能测试

1）漏电测试：通电后按"试验"按钮应跳闸，再按"合闸"，指示灯亮，说明漏电保护器正常。若热水器无漏电保护器，用万用表电阻挡测量插头的相线与地线、零线和地线之间的电阻值，若指示为无穷大，说明无漏电现象。

2）绝缘电阻：用 500V 绝缘电阻表测量应大于 $50M\Omega$。

1.2.4 贮水式电热水器的常见故障

贮水式电热水器的常见故障和修理方法见表 1-2。

表 1-2　贮水式电热水器常见故障和修理方法

故障现象	可 能 原 因	检 修 方 法
出水不热	1）冷热水调节不当 2）电源未接通 3）电加热器损坏 4）温控器损坏	1）适当调节冷热水阀的开度，使出水温度适合使用 2）调整电源插头或开关，使其接触良好 3）用万用表电阻挡测量电热元件电阻值，若电阻为无穷大，说明电热元件损坏，应更换 4）修理或更换温控器
出水温度太高	1）冷热水调节不当 2）温控器旋钮调节不当或触点粘连	1）适当调节冷热水阀的开度 2）先对温控器进行调整，然后修理触点，必要时更换温控器
漏水	1）管道连接处漏水 2）安全阀接口漏水	1）重新安装管道接口，或在自来水管道上设置减压阀 2）应重新拧紧和密封安全阀
进水困难	1）脏堵。主要是自来水水质不好，杂质超量，堵住进水口的逆止阀。设有进水滤网的电热水器是因为滤网孔被堵 2）汽堵 3）供水压力不正常	1）在确定水压正常后，清理管路，冲出脏物或清洗滤网 2）将调温器调到最小位置或切断电源，排出蒸汽，检修温控器及热水阀脏堵处，进行调整与清洗 3）待水压正常后，故障自行消失
出水带电	1）出水口接地失效 2）内部导线绝缘层损坏，搭接在外壳或内胆上 3）电热元件绝缘损坏	1）重新接好地线 2）检查导线绝缘层损坏的部分，进行更换 3）更换电热元件
电加热器不发热	1）电加热器与电源之间的接插件烧蚀、氧化造成接触不良 2）电加热器烧断 3）超温保护器或漏电保护器动作	1）修理或更换相应接插件 2）检查确认后，进行更换 3）若是超温保护，只需待水温降低后，按下复位按钮即恢复正常。若系漏电，待排除故障后按下复位按钮即可

1.2.5 即热式电热水器

即热式电热水器是电热水器的一种，与贮水式电热水器不同，它不需要用一个很大的贮水容器来对水加热，不需要或很少贮存热水，而是让水在功率较大的发热体内流动时迅速变热，从管道输出供人们使用的热水。

1. 即热式电热水器的结构

即热式电热水器主要由外壳、加热系统、微电脑控制系统、起动装置、恒温系统、超温保护系统、漏电保护系统以及水量调节龙头、进水管和出水管等部件组成。其外形与内部结构如图 1-20 所示。

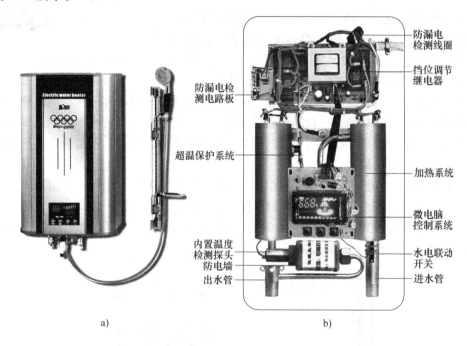

图 1-20　即热式电热水器的外形与结构
a) 外形　b) 内部结构

2. 即热式电热水器的特点

即热式电热水器采用的是流动加热技术，基本不需要贮存热水，所以体积都很小巧，重量也轻，外观设计上摆脱了体积庞大的束缚，美观性和时尚性方面更胜一筹。即热式电热水器具有以下特点：

1）功率较大，加热速度快，不需要预热，即开即热，使用快捷方便。由于基本没有内胆，不需要保温，热损失很小，节能省电。

2）出水温度为 45℃左右，由于加热水温低，基本防止了水对热水器的腐蚀。

3）以水控电，当开启热水供应系统的龙头，热水器即时生热；而关闭龙头后，热水器立即断电停止工作，由龙头开关控制加热器同步工作，具有较高的安全性。

4）由于功率较大，适用条件有一定限制。对家庭入户的电源线路有较高要求。

3. 即热式电热水器的加热方式

加热系统是即热式电热水器安全、高效性能的关键。按加热方式不同，即热式电热水器所使用的加热器主要有玻璃管加热器，杯式加热器和平面叠加式加热器3种。

1）玻璃管加热器。玻璃管加热器是由采用表面镀膜方式制成的电热膜玻璃发热管构成的。电热膜玻璃发热管是将陶瓷、玻璃和多种非金属导电材料经过印制、高温烧结等工艺，在玻璃管的外表面形成一层无机导电电阻膜层，电阻膜层通过电流后发热，水在玻璃管内部流动，经传导、对流方式对水进行加热。多条玻璃管之间的连接，靠的是两端的端盖和密封胶圈，用螺栓拉紧来固定端盖使胶圈密封起来。玻璃发热管及由其组成的玻璃管加热器外形如图1-21所示。

图1-21　玻璃发热管及
玻璃管加热器外形

这种加热器的优点：由于有玻璃管道形成的迂回式水流通道，指定水流流向，使水温逐渐匀速上升，出水温度均匀，没有忽冷忽热的现象。水路相对较长，水在管道内运动时间（即热交换时间）较长，因此换热效率高。

缺点：玻璃管长期在高温高压、热胀冷缩的环境下工作，易破碎漏水，而玻璃管加热器是靠玻璃管表面涂层发热的，一旦漏水必然漏电。温度集中在玻璃管表面，使内壁容易产生水垢，水垢会影响热交换，所以用一段时间后，热效率下降。另外，端部长期使用后漏水也是玻璃管加热器的最大缺陷。

2）杯式加热器。分为不锈钢杯式加热器和紫铜杯式加热器，这两种加热器除了杯体材料不同外，其结构、原理、性能完全一样，杯体就是贮存水的容器，它既不会发热，也不做导热的传导介质。杯式加热器使用金属（铜或不锈钢）电热管加热。金属电热管安装在不锈钢或纯铜杯体内，如图1-22所示。

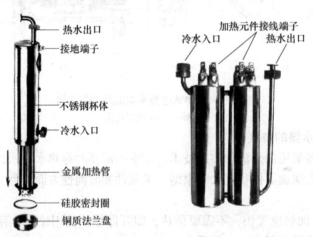

图1-22　杯式加热器

优点：金属电热管耐腐蚀性较强，传热快、效率高，水电隔离，绝缘层绝缘性能良好。

缺点：电加热管长期浸泡在水里，加热过程中，发热管首先将高温传递给管壁附近的水，再通过水分子热运动传递给周围的水，因此水的传热速度较慢；金属管表面热量集中，管表面易产生严重的水垢，导致热交换速度下降，降低热效率；另外，金属杯体容易氧化腐蚀，尤其是杯体的焊接处更容易浸蚀漏水。杯式加热器由于没有水流通道，冷水由杯腔内底部流入，顶部流出，水流在杯体里流动时作不规则运动，所以出水温度会忽高忽低。

3）平面叠加式加热器。这种加热器是近几年推出的新结构加热器，也称为加热槽板，由双层或多层带有水流通道的平面铝合金板叠置而成，将绕制在云母片上的发热丝夹在两铝板之间，位于槽板的槽中；形成一个以面发热、以板传热的结构，当冷水流经槽中时便能直接流经电热元件表面而被加热。两端用端盖密封连接各水流通道。图 1-23 所示是它的结构示意图和实物照片。

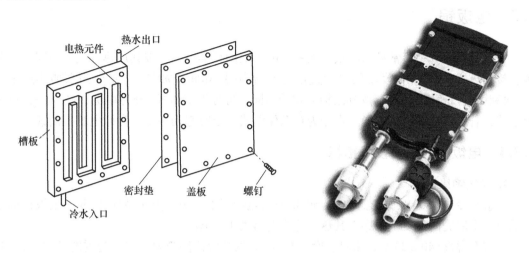

图 1-23　平面叠加式加热器

优点：平面发热，效率较高；与玻璃管发热器相同的是有指定水流通道，逐步均匀升温，出水无忽冷忽热现象，整体外形较美观。

缺点：铝的耐腐蚀性差，铝板式水流通道容易腐蚀漏水，而该加热器是用两片云母薄片隔在铝板和发热片之间，且无法密封，所以云母片很容易受潮导致漏电；其端盖密封水道，也有和玻璃管加热器同样易漏水的缺点。

4. 即热式电热水器的安装、施工要求

1）安装位置：确保墙体能承受两倍于热水器重量，固定件要安装牢固；热水器安装位置周围要留有检修空间。热水器各部位距离地面高度如图 1-24 所示。

2）水管连接：在管道接口处都要使用生料带密封，防止漏水，同时安全阀不能旋得太紧，以防损坏。如果进水管的水压与安全阀的泄压值相近时，应在远离热水器的进水管道上安装一个减压阀。出水处尽量不要离热水太远，以免影响热水的使用效果。

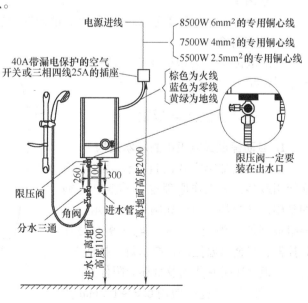

图 1-24　即热式电热水器的安装要求

3）电源：使用的插座必须可靠接地。根据热水器功率大小选择 2.5～6mm² 的铜心专线及 25A 以上的电能表，并使用相应容量的空气开关。同时要确保热水器可靠接地。

4）充水：所有管道连接好之后，打开水龙头或阀门充水，排出空气直到热水龙头有水流流出。检查所有的连接处，是否有漏水。如果有漏水，排空热水器中的存水，修好漏水的连接处。

1.3 电饭锅

电饭锅是家庭中最常见的电炊具之一。电饭锅的种类很多，按其加热方式的不同，可分为直接加热式（发热元件发出的热量直接传递给内锅）和间接加热式（将外锅水加热产生蒸汽，再利用蒸汽蒸饭）两种；按其结构形式的不同，可分为整体式（分为单层、双层与三层）和组合式；若按控制方式的不同，可分为自动保温式、定时起动保温式和微电脑控制式。

1.3.1 电饭锅的主要技术指标

1. 电气绝缘性能

要求在冷态 1500V、热态 1000V 50Hz 交流电情况下，历时 1min 耐压实验，电饭锅的带电部分与金属壳间不发生击穿，其热态绝缘电阻大于 1MΩ。

要求在温度(40±2)℃、相对湿度 95%±3% 的恒温恒湿箱内，在不凝露的条件下，48h 后其潮态绝缘电阻不低于 0.5MΩ，潮态耐压 1000V/min 不发生击穿（泄漏电流小于 1mA）。接地端至金属壳间的电阻应小于 0.2Ω。

2. 温控准确性

一般要求温度在(103±2)℃时，温控元件使电路断电；而温度降至(65±5)℃时，温控元件起保温作用。

3. 热效率

要求在周围环境温度为(23±5)℃时，电饭锅的热效率一般不低于 70%。

4. 使用寿命

要求电饭锅在额定电压下，使用寿命大于 1000h。

1.3.2 自动保温式电饭锅

1. 自动保温式电饭锅的基本结构

采用直接加热方式的自动保温式电饭锅使用最多，其工作原理也是其他电饭锅的基础，它的基本结构如图 1-25 所示。主要组成部件有外壳、内锅、电热板、磁性温控器、双金属温控器、指示灯、插座等，有的电饭锅还带有蒸锅及量杯等附件。

1）外壳。外壳一般用 0.6～1.2mm 薄钢板拉伸成型。为了防锈、美化和耐用等，

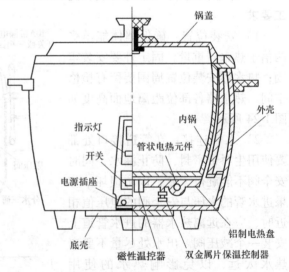

图 1-25　自动保温式电饭锅的结构

外表面常采用静电喷漆、电镀、烧瓷等工艺方法进行处理。外壳除起到装饰保护作用外，还是安装电热板、温控器、内锅的支承结构。外锅与内锅之间有一定的空隙，利用这层空隙作保温层。

2）内锅。内锅又称内胆，是用来盛放食物的容器。一般用厚度为 0.8~1.5mm 的铝板一次拉伸成型，表面经过电化处理，形成氧化铝保护膜。内锅底一般呈球面状，以便与电热板紧密接触。

3）电热板。电热板又称电热盘、发热板等，安装在外壳的底部。它一般由管状电热元件浇铸在铝合金中制成。为保证电气绝缘性能，其端部需用材料密封。加热面多呈球面状，以保证与内锅底面紧密吻合，电热板的中央有一圆孔，用于放置磁性温控器，其结构如图 1-26 所示。

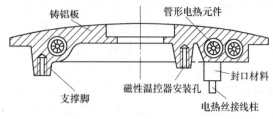

图 1-26　电热板的结构图

4）磁性温控器。它的作用是当内锅底部温度达到（103±2）℃时，断开电源，其实物外形与结构如图 1-27 所示。工作原理见本书第 5 页。

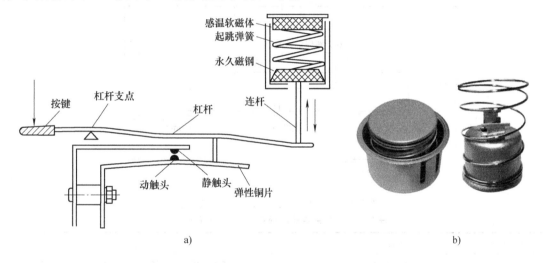

图 1-27　磁性温控器的结构与实物

a）结构　b）实物图

5）双金属片温控器。双金属片温控器一般与磁性温控器并联，电热板的热量通过支架传递给作为感温元件的双金属片，对电饭锅进行自动保温控制。饭熟后电热板电源断开，一旦温度低于 70℃时，双金属片恢复原状，带动触点闭合，再次接通电源；高于 70℃，双金属片变形使触点断开。电饭锅内的双金属片温控器实物如图 1-28 所示。

2. 自动保温式电饭锅的控制电路

自动保温式电饭锅的控制电路如图 1-29 所示。磁性温控器的触点与双金属片温控器的触点并联后，再与电热板串联。常温下，双金属温控器的触点闭合，磁性温控器的触点断开。插上电源插头，电热板即能通电。如没有按下磁性温控器的操作按键，温度只能升高到 70℃。如果煮饭，必须按下操作按键，使磁性温控器的触点闭合。在温度升高到70℃后，虽然双金属温控器的触点断开，但磁性温控器的触点仍然闭合。等饭煮熟，温度升高到103℃（感温磁铁的居里温度）时，磁性温控器的触点断开，电热板断电，停止加热。温度降低至70℃以下，双金属温控器的触点会自动闭合，接通电源，电热板重又加热。此后，通过双金属温控器触点的重复闭合、断开，能使熟饭的温度保持在70℃左右。这种电饭锅的电源指示灯通常用耗电量极小的氖泡。

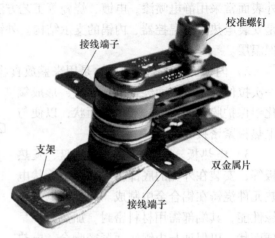

图1-28 电饭锅内的双金属片温控器实物图

3. 自动保温式电饭锅常见故障检修方法

自动保温式电饭锅常见故障检修方法见表1-3。

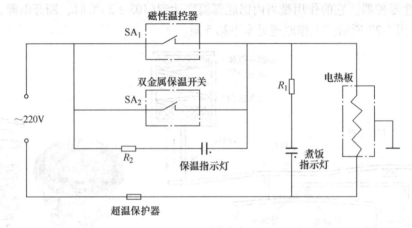

图1-29 自动保温式电饭锅的控制电路

表1-3 自动保温式电饭锅常见故障检修方法

故障现象	可 能 原 因	检 修 方 法
电饭锅不发热	1）电源引线断或引线与插头连接处松脱 2）熔断器熔断 3）开关不能闭合 4）电热板断路	1）用万用表电阻挡测量两引线间的电阻。如电阻为∞，说明引线已断。应将引线与插头重新接好，或更换电源引线 2）检查熔断器。如熔断，应先查明熔断原因再更换熔断器 3）若出现指示灯亮后即熄灭现象，而电热板有微热，说明磁性温控器控制的一组开关接触不良，应检修该组开关的触点和连杆等部件 4）断开电热板两端引线，测量管状电热元件的电阻，若为∞，说明电热板已断路，必须更换电热板
发热正常，但指示灯不亮	1）指示灯和限流电阻接线松脱 2）指示灯灯泡损坏	1）拆开电饭锅，仔细检查，找出松脱处，将松脱处重新焊接好 2）若无备件更换，可将荧光灯辉光起动器上的氖泡剪下，用100～200Ω电阻与氖泡串接，再套上绝缘套管，将其安装好即可。也可用发光二极管替换

故障现象	可 能 原 因	检 修 方 法
煮饭开关按下后锁不住	1）磁性温控器内感温磁钢碎裂 2）开关拨杆变形，造成磁钢不到位	1）更换感温磁钢或磁性温控器 2）将拨杆前端往上扳弯一点，再按下按钮，磁钢即可吸住
煮饭焦糊	1）磁性温控器内部受阻 2）按键开关联动机构变形 3）磁性温控器的弹簧失去弹性 4）磁性温控器开关失灵 5）双金属片温控器的动、静触点熔结，温度升至70℃也断不开	1）若电热板中间孔中有异物（米饭、菜渣等），使得弹簧活动不灵活或被卡死，只要取出异物即可排除故障 2）对按键开关联动机构整形，使感温软磁钢能够自动脱离即可。打开底盖，检查开关连杆位置，调整至动作灵活 3）磁性温控器的弹簧失去弹性后，不能将铝导热片顶起，不能紧贴内锅底，待软磁钢、硬磁钢分离时，内锅已超过（103±2）℃，使饭煮焦。更换同规格的弹簧，即可排除故障 4）磁性温控器的开关动、静触点熔结。更换该簧片触点，故障即可排除 5）更换双金属片温控器
自动保温失效	1）双金属片温控器触点表面氧化 2）双金属片温控器的双金属片失效 3）双金属片温控器的调节螺钉松动或连接点松动	1）用细砂纸将触点打磨光，使触点接触良好 2）如发现温度升得很高而双金属片温控器仍未动作，动、静触点又没有熔结，则可能是双金属片失效。只要更换双金属片便能恢复正常 3）调整调节螺钉至正确位置，使温控器触点在60~70℃时动作。可用完好的同规格温控器一起加热后比较确定
煮饭时间延长	引起该故障的原因是用带油的抹布擦洗内锅底和电热板，时间长了，生成一层黄色焦膜，使锅底与电热板表面不能很好地接触，降低了电热效率，延长了煮饭时间	出现焦膜，应用木片或塑料片来刮，不能用力过猛，也可用细砂纸擦拭，但不得损伤铝质电热板表面。经过上述处理后，故障便可排除
饭煮不熟	1）煮饭开关接触不良 2）杠杆上的绝缘片与触点距离不正确 3）内锅受外力碰撞后变形。使其与磁钢无法紧密配合 4）感温软磁钢失效或硬磁钢退磁严重。致使煮饭开关触点不能闭合，电热板只能通过自动保温回路通电，当锅内温度上升到70℃左右时就断开，无法煮熟饭	1）故障原因一般是触点表面生成氧化层或有脏物造成的。用细砂布擦拭，除去触点表面的氧化物，再清除脏物，如触点仍接触不良，应对触点进行调节，使其接触时有一定的压力 2）适当调整杠杆上的绝缘片与触点间的距离即可排除故障 3）将内锅放到锅体上，用木锤轻轻敲击，使其紧贴锅体电热板。 4）更换磁性温控器
煮饭夹生	1）内锅与电热板之间有异物或内锅变形，使锅底温度不均匀 2）电热板发热不均匀	1）拆开电饭锅，清理内锅与电热板之间的异物，找出内锅变形部位进行整形，使其接触良好 2）更换电热板

故障现象	可能原因	检修方法
漏电	1）电气部分受潮 2）电饭锅插座或双金属片温控器等处绝缘材料损坏 3）电热板发热元件封口绝缘材料老化 4）带电的裸露金属件碰壳或周围有异物	1）打开电饭锅底盖，对电气部分进行干燥处理 2）更换绝缘材料，若绝缘材料更换困难，则更换整个部件 3）清除老化的绝缘材料，使绝缘电阻达 1MΩ 以上。然后立即用室温硫化硅橡胶封口，12h 后即可正常使用。必要时，只能更换电热板 4）清理异物，然后用 500V 绝缘电阻表测量电热板，引线与外壳间绝缘电阻应大于 1MΩ；裸露的金属件碰壳造成的漏电，可将金属件移离外壳，必要时进行绝缘处理

1.3.3　电子自动保温电饭锅

1. 电子自动保温电饭锅的结构

电子自动保温电饭锅主要由锅外盖、内盖、内锅、加热板、锅体加热器、锅盖加热器、磁性温控器、保温电子控制元件以及开关等元器件组成，如图 1-30 所示。

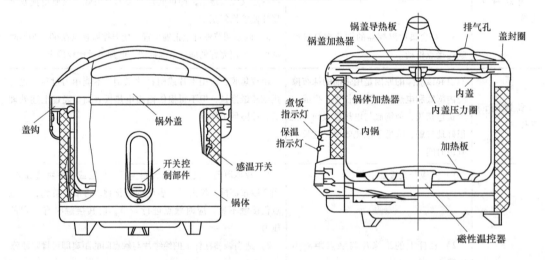

图 1-30　电子自动保温电饭锅结构图

锅内盖压力圈与盖边的密封圈将两层盖子压紧在内锅上，形成具有一定压力的防溢锅盖。当煮饭开锅时，水蒸气泡沫经内盖上设有的 6 个小孔时大部分被小孔挤破，泡沫破裂的米汤溅落在锅盖夹层内，而水蒸气则由盖顶的排气通道冒出，避免了普通电饭锅开锅时米汤易外溢的弊端。

电子自动保温电饭锅除在底部设有主加热板外，在锅盖、锅体周围都设有加热器，构成一个立体加热环境。通过电子控温电路的控制，形成一个低功率几乎恒温的系统，使米饭受热均匀。其次，由于其密封性能很好，热量散失少，室温下，饭熟切断限温器后长达 6h 左右饭温才降至 80℃，而普通电饭锅仅 2h 饭温就会降至 80℃。此外，由于具有双层锅盖，蒸发的水蒸气冷凝于盖导热板上面而被内盖所接收，避免水回落而使米饭变味，同时盖导热板上的加热器又能使这些水分再次被蒸发，使锅内保持足够的湿度，米饭可以长时间保温而不至于变硬。

2. 电子自动保温电饭锅的控制原理

电子自动保温电饭锅比普通自动保温电饭锅增设了锅体加热器、锅盖加热器、感温开关、双向晶闸管和微动开关等元件，其控制电路如图1-31所示。煮饭时按下煮饭按键，微动开关的触点C-NC接通，煮饭灯亮，锅底加热板通电工作，此时，由于微动开关触点C-NO断开，保温系统断电而不工作。当锅内温度升高到72℃左右时，感温开关触点分离（常温下是闭合的），加热板继续工作，使锅内沸腾至饭熟水干后，锅底温度达103℃左右时，磁钢限温器动作，使微动开关触点C-NC断开，加热板断电，煮饭指示灯熄灭，与此同时，触点C-

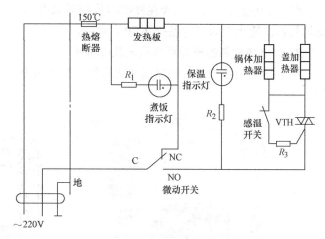

图1-31　电子自动保温电饭锅的控制电路

NO被接通，保温灯亮。由于此时锅内温度较高（高于72℃），感温开关触点仍处于分开状态，双向晶闸管因其控制极无触发电压也处于关断状态，锅体和锅盖加热器仍不能工作。当锅内温度降至72℃以下时，感温开关闭合，双向晶闸管因其控制极上加有触发电压而导通，发热板加热器、锅体加热器及锅盖加热器通电而加热。当锅内温度升高到72℃以上时，感温开关再次断开，晶闸管关断，锅内温度下降，使锅内温度维持在72℃左右。在保温过程中，发热板加热器中流过的电流很小，因此煮饭指示灯也因发热板两端电压很低而不会被点亮。

1.3.4　微电脑控制电饭锅

1. 微电脑控制电饭锅的性能特点与煮饭程序

微电脑控制的电饭锅一般配有检测电路与保护电路，有较强的抗干扰能力，能检测器件的故障，且保温性能好、热效率高。与一般电饭锅相比，微电脑控制电饭锅能以最合理的方式加热煮饭，其煮饭过程如下。

1）大米吸水膨胀过程。这个过程需用文火将米和水加热到35℃左右，时间设定为6～7min，以利大米充分吸水膨胀，确保蒸煮时米粒受热均匀，此后再缓慢升温到65℃左右。

2）大功率加热蒸煮过程。这个过程中需对已吸足水分的大米进行大功率加热，使其在短时间内升温到100℃，以免出现夹生。控制系统将根据煮饭量的多少提供相应的加热功率。

3）维持沸腾过程。这个过程是促使米饭中难以消化的β淀粉转变成容易消化的α淀粉，需要维持20min左右的沸腾时间。此时，控制系统将根据饭量的多少相应增减发热功率，以保证沸腾时间。待米饭熟透，锅底水干后，温度升高到103℃左右时，热电偶将检测到的温度信号送给微处理器，于是微处理器指令双向晶闸管断开，停止加热。

4）二次加热（补炊过程）。补炊过程是为了除去大米表面的水分，使其表面光泽、香甜可口，即在煮饭加热停止后约20s再次通电加热。此过程的长短随使用者的喜好而定，一般分为"无补炊、淡、中、浓"4种选择，其加热时间分别为0s，100s，300s和500s。

5）焖饭过程。此过程是利用余热进一步促进β淀粉向α淀粉转化，一般经过12min左右蜂鸣器发声，告知使用者取用。

6）保温过程。若使用者在蜂鸣器报信后未取用，则自动转入保温过程，温控器适时起动加热器，使米饭的温度保持在70℃左右。

2. 微电脑控制的电饭锅结构与工作原理

微电脑电饭锅与一般电饭锅相比增加了控制电路、操作面板与温度传感器等，如图1-32所示。

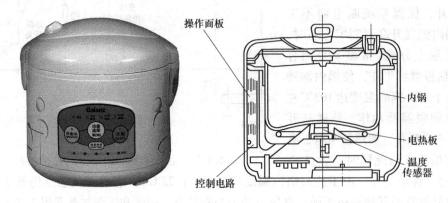

图1-32 微电脑电饭锅

该电饭锅的控制电路如图1-33所示。电路的核心是CMOS四位单片机MH8841，其内部设计编定好了控制电饭锅的做饭程序，即吸水、加热、维持沸腾、补炊、焖饭以及保温等过程。

电饭锅接通电源，MH8841上电复位，煮饭开关SA_1接通后，MH8841开始记录锅内温度由40℃上升到50℃所用的时间，由此判断煮饭量，进而控制吸水程序的时间，进入正常煮饭程序。在正常程序下，当煮饭开关SA_1接通时，若测温电路检测到的温度超过40℃，则在开始的60s内不停地进行测温，如60s内温度降至40℃时，开始正常煮饭程序。

微电脑电饭锅煮饭的工作过程是，SA_1闭合时，MH8841的K_2脚为高电平，开始执行内部ROM中的正常煮饭程序，R_0脚输出高电平，晶体管VT_1导通，继电器吸合，接通煮饭加热器，安装在电饭锅底部的温度传感器测温电路开始检测锅内温度。测温单元由运算放大器LM393，热敏电阻RT，温度设定电阻R_{40}、R_{50}、R_{70}、R_{80}、R_{90}、R_{95}及R_C、R_f、R_{17}、R_{18}等构成的电桥电路组成。当锅底温度与运行程序中的设定温度不同时，电桥不平衡，LM393的⑦脚输出的高电平经二极管VD_{16}、VD_{17}加至MH8841的K_4端和单刀三位选择开关SA_3，决定再加热的时间。当锅底温度与运行程序设定温度相同时，电桥平衡，LM393的⑦脚输出为0，微电脑使加热器停止工作，转至下一程序运行。

测温电路按照MH8841内存储器ROM设定的煮饭程序，相应设定了5个温度检测点，各运行程序的设定温度是由MH8841输出端子$Q_0 \sim Q_4$的电平决定，当其中某一端子输出为高电平时，二极管$VD_{18} \sim VD_{22}$中有一只对应导通，把电阻$R_{40} \sim R_{95}$中的一只接向测量电桥，以便利用热敏电阻RT检测锅底温度是否达到设定值。当RT探测到锅底温度从40℃上升到50℃所用的时间超过1 000s时，煮饭程序会自动停止转入正常程序，并长时间从R_0端输出

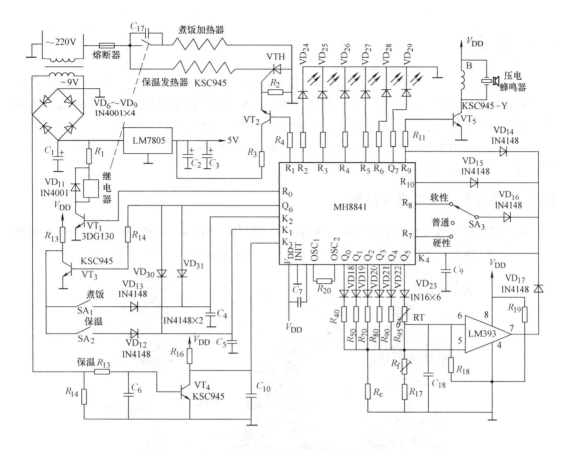

图 1-33　微电脑电饭锅的控制电路

高电平，使 VT$_5$ 导通，蜂鸣器长时间发出 1000Hz 的音响报警，直至电源关闭为止。这是为防止热敏电阻与锅底接触不良或其他原因造成意外高温而设置的。

正常煮饭程序中，当锅内温度超过 95℃ 时，锅内开始沸腾。保温控制开关 SA$_2$ 在煮饭程序中是闭合的，MH8841 的 K$_1$ 端为高电平，R$_1$ 端也输出高电平，通过射极跟随器 VT$_2$ 将晶闸管 VTH 触发导通，保温加热器接通保温。锅内沸腾后，MH8841 的 R$_0$ 端输出低电平，VT$_1$ 截止，继电器断电释放，煮饭加热器停止工作，保温加热器以半功率工作，使锅内保持沸腾，直至锅底水分被吸干。饭熟时 MH8841 的 Q$_6$ 端输出为高电平，VT$_3$ 导通，其集电极输出为低电平，通过 SA$_1$ 和 SA$_2$ 使 VD$_{13}$ 和 VD$_{12}$ 截止，从而使 VT$_1$ 和 VT$_2$ 也截止，加热器断电停止工作，电饭锅进入焖饭程序，经 12min 后蜂鸣器发出 500Hz 的音响。这时若不取出米饭，则转入自动保温过程。当锅底温度下降到 70℃ 以下时，MH8841 的 R$_1$ 端输出高电平，保温加热器通电工作，进行再加热，使锅内温度保持在 70℃ 左右。

二极管 VD$_{30}$ 和 VD$_{31}$ 是用来选择显示方式的，当它们接入后，可使发光二极管 VD$_{24}$ ~ VD$_{29}$ 分别在吸水、加热、沸腾、二次加热、焖饭及保温各程序段发光显示。电源变压器二次侧输出的 50Hz、9V 电压，经晶体管 VT$_4$ 放大整形成方波后送到 MH8841 的 K$_3$ 端作为时基信号。整个控制系统的直流电源 V_{DD} 为 5V，由三端稳压器 LM7805 供给。

1.4　电磁灶

电磁灶是一种利用电磁感应原理进行电能—热能转换的电热炊具。与电炉、煤气灶等相比，它具有安全可靠、无明火、热效率高、清洁卫生、温度控制准确、使用方便等诸多优点。电磁灶的加热效率可达90%以上，比电炉节能60%，比微波炉节能30%。

按感应电流频率的高低，电磁灶可分为工频（频率50Hz）和高频（频率20kHz）两大类。家用电磁灶一般均为高频电磁灶。

1.4.1　高频电磁灶的基本结构

高频电磁灶一般为厚度小于80mm的薄形台式结构。图1-34是其外形与内部结构示意图。主要由灶面板、加热线圈、印制电路板、大功率输出管及散热器、散热风扇等组成。

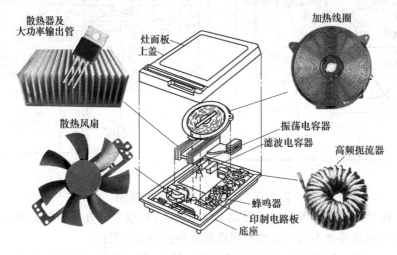

a)

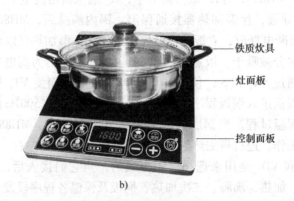

b)

图1-34　高频电磁灶的内部结构与外形

1. 灶面板

灶面板的作用是支承烹饪锅。它一般采用4mm厚的结晶陶瓷玻璃（又称为微晶玻璃）制成，这种材料具有良好的绝缘性能，较好的机械硬度，良好的耐热性，同时具有抗热冲击和机械冲击性能，耐水、耐腐蚀，在高温使用中沾水不爆裂且具有良好的导热性能。

2. 加热线圈

加热线圈俗称线盘，是电磁灶中的功率输出元件，由它将高频电流携带的电能转换为磁场能。加热线圈为平板状或碟形，直径约180mm左右，被固定在塑料架上，其中心安装有感温器支架，用以安装热敏电阻。它由16～20股φ0.5mm的多股漆包线绕制而成，要求有较小的直流电阻和较大的自感系数。为避免加热线圈对电磁灶电路的电磁干扰，并防止灶体自身发热，在加热线圈的底部固定多根60mm×15mm×5mm按磁力线方向排列的铁氧体扁磁棒，与锅底一起构成磁路，用以汇聚磁力线，防止磁力线外泄。目前市场上常用的线盘电感量有137μH、140μH、157μH、210μH等几种。

3. 印制电路板

电磁灶的电气电路由300V供电电路(主电源)、低压电源电路(辅助电源)、单片机电路、频率变换主回路、功率驱动电路、同步控制电路、高低压保护电路、控制及显示电路、温度检测电路等构成。高频电磁灶的电气原理框图如图1-35所示。

除操作、指示元件，加热线圈以外，电气电路中的元器件都集中在一块印制电路板上。

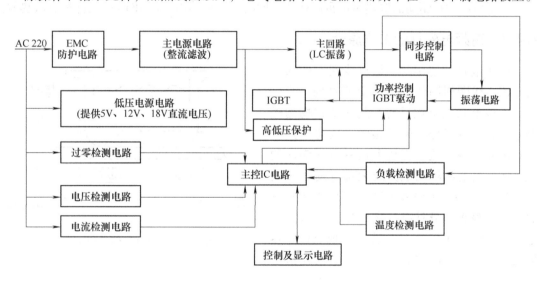

图1-35　高频电磁灶的电气原理框图

1）IGBT管。IGBT管是电磁炉中最关键的器件。它的全称为绝缘栅双极晶体管(Insulated Gate Bipolar Transistor)，是一种集BJT管的大电流输出和MOS FET管压控型器件优点于一体的高压、高速大功率半导体器件。IGBT管的实物及符号如图1-36a所示。

IGBT管由3个电极引出，分别称为栅极(用G表示,也称为门极)、漏极(用C表示,也称为集电极)、源极(用E表示,也称为发射极)。IGBT管内部的续流二极管是防止IGBT工作在开关状态，有串联感性元件时(电感,继电器,变压器)，产生的反电动势将其损坏。

2）电流互感器。电流互感器是一种比较特殊的变压器，其电路符号与变压器相同，工作原理也与变压器基本相同，但它的一次线圈通常只有一匝，二次线圈多在几百匝以上，为了计算方便，二次线圈的匝数常常是一次线圈匝数的整数倍。电流互感器在电磁炉中做电流采样元件使用，其外形如图1-36b所示。电流互感器在电磁炉电路中常用的规格有1:800、

1:1200、1:3000 等。

3）整流桥堆。整流桥堆的作用是将 220V 交流电压变换为直流电压，其内部是等效的两只（半桥）或 4 只二极管（全桥），电磁炉常用的整流桥堆如图 1-36c 所示。

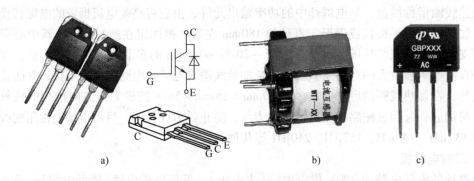

a)   b)   c)

图 1-36 电磁炉常用的 IGBT 管、电流互感器、整流桥堆

4. 冷却装置

由于电磁灶电路中的整流桥堆、加热线圈、大功率输出管等在工作时耗散功率很大，因此采用了由电动机驱动的散热风扇帮助散热。同时大功率输出管（IGBT）一般都配有散热器。

1.4.2 高频电磁灶的工作原理

高频电磁灶使用时，加热线圈中通入交变电流，线圈周围便产生一交变磁场。当电磁灶面板上未放上炊具时，此交变磁场的磁路基本是空气磁路，磁阻很大，因此加热线圈只消耗空载电流。当放上铁磁材料锅底的炊具后，交变磁场的磁力线大部分通过金属锅体形成回路，在锅底中产生感应电流——涡流，因锅底本身具有一定的电阻，涡流流过时，便会产生焦耳热，最终实现电能—热能之间的转换。电磁灶产生的热量仅在锅体

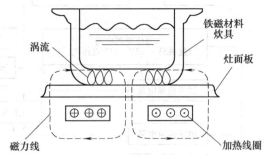

图 1-37 电磁灶加热过程示意图

本身，它的面板不发热，即在加热过程中没有明火。其加热过程示意图如图 1-37 所示。

高频电磁灶流过加热线圈电流的频率应高达 20kHz 以上，因此必须具备将 50Hz 市电变换成高频电流的高频转换电路，这是与工频电磁灶的本质区别。高频电磁灶完成频率转换的主电路形式很多，设计与制造技术也在不断改进和发展中，但其基本原理一般是先把工频电流变换成脉动直流电，再变换成高频交流电。

现以图 1-38 所示电路为例，说明其频率变换的过程及原理。

图 1-38 是高频电磁灶的频率变换主电路（或称为主逆变电路、LC 振荡电路），由加热线圈 L_1、IGBT 管、谐振电容 C_1、IGBT 管内部续流二极管等组成。市电的工频电流经桥式整流器先变换成脉动直流电，脉动直流电通过扼流圈 L_2 和滤波电容 C_2 的平滑滤波，将相对平稳的直流电提供给加热线圈 L_1（电磁线盘），L_1 与 C_1 组成 LC 振荡电路，从而在线盘上产生交变磁场。

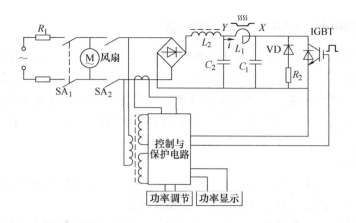

图 1-38　高频电磁灶的频率变换主电路

IGBT 管 G 极受来自驱动电路输出的矩形脉冲控制，工作在开关状态。控制电路发出的矩形脉冲高电平使 IGBT 导通，此时（$t_0 \sim t_1$ 时刻），流过 L_1 的电流迅速增加，加热线圈 L_1 进行储能。当矩形脉冲低电平使 IGBT 由导通到截止时，由于电感中的电流不能突变，电流还会沿着先前的方向流动，但此时 IGBT 关断，电感 L_1 只能对 C_1 充电，从而使 IGBT 的 C 极电压升高，随充电电流变小直至为 0 时，C 极电压最高（t_2 时刻）。从这个时候开始，电容 C_1 开始通过加热线圈 L_1 放电，IGBT 的 C 极电压逐渐降低，当达到接近 0V 时（t_3 时刻），控制电路检测到这个值，再次打开 IGBT 管，进行下一循环；由此，加热线圈（电感）L_1 与谐振电容 C_1 不停地进行充电、放电，形成振荡。振荡频率 $\omega = 1/\sqrt{L_1 C_1}$，电磁灶主电路的电压和电流波形如图 1-39 所示。这个电压和电流形成高频电磁场，其高频磁力线穿过灶面在铁磁材料锅底内部感应出涡流，使锅发热。控制电路能控制 IGBT 的导通时间，使加热功率在 150 ~ 1500W 范围内连续可调。

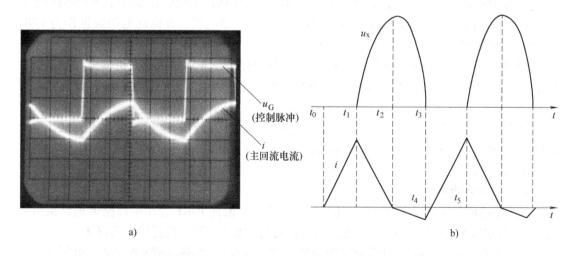

图 1-39　电磁灶主电路的电压和电流波形

a）IGBT 管 G 极控制脉冲与 L_1 的电流波形

b）IGBT 管 C 极电压与 L_1 的电流波形

1.4.3 高频电磁灶的控制与保护电路分析

高频电磁灶的控制系统包括输出功率调整电路、功率(状态)显示电路和安全保护电路。输出功率调整电路可以改变输出功率的大小,调整加热火候,以满足不同食物的烹饪要求。安全保护电路有负荷检测装置、过热保护装置、安全保险装置、电磁灶面板断裂探测装置等,以保证电磁灶安全可靠地工作,其工作状态和功率输出大小还可以在显示器上显示出来。图1-40所示是实用电磁灶的控制与保护电路原理图。

1. 单片机电路

目前高频电磁灶的工作过程均采用单片机(微电脑)控制,在单片机中固化一定的程序,通过执行相应的指令进行控制,使系统的工作精确可靠。

单片机是整个控制电路的核心器件,它的功能一是根据功能按键送来的操作信号,输出开、关机和功率调节控制信号,进行开、关机和功率调整的控制;二是根据锅具检测电路送来的锅具检测信号,作为有无锅具的判断,只有它接收到正常的锅具检测信号,才能输出加热指令,电磁灶进入加热状态;三是根据接收到的保护信号,改变功率驱动电路工作状态,使电磁炉停止加热,同时通过显示屏或指示灯显示故障码。

2. 功率驱动电路

功率驱动电路的作用是将脉冲调宽信号进行放大,以驱动IGBT管工作。

图1-40中IGBT的驱动电路采用分立元器件,由晶体管8050、8550组成推挽放大电路,加在8050、8550基极的信号是矩形脉冲。当输入为高电平时,VT_{301}导通、VT_{300}截止,IGBT管导通;输入为低电平时VT_{300}导通、VT_{301}截止,IGBT管截止。改变驱动信号的占空比,即可改变IGBT管导通时间的长短,从而改变电磁炉输出功率的大小。

3. PWM脉冲调整电路

PWM脉冲调整电路的工作原理是把单片机输出的不同占空比的方波脉冲(即不同功率的控制信号)经过低通滤波器(R、C电路)转换成相应的直流电压,并以此电压数据作为IGBT管驱动电路的基准电压。

PWM电路是一个简单的RC积分电路,脉宽调制方波PWM是由单片机输出与电流负反馈信号共同决定的,通过改变PWM的占空比,来改变电容C_{405}上的直流电压,此直流电压的高低决定着IGBT管导通时间的长短,即决定着电磁灶的输出功率。

LM339 11脚(PWM)的电压 > LM339 10脚的电压时,比较器U_{2D}输出高电平,从而驱动IGBT管导通;当LM339 11脚(PWM)的电压 < LM339 10脚的电压时,比较器U_{2D}输出低电平,IGBT管截止。

4. 同步控制电路

同步电路的作用是控制IGBT管的开、关同步。即保证IGBT管在主回路谐振结束后才能导通(功率管两端电压为零时),防止功率管两端有电压,导通损耗过大而损坏。

如图1-40所示,通过高压脉冲电阻降压取样,取线盘(加热线圈)两端谐振电压变化波形,线盘一端是IGBT的集电极,通过电阻R_{405}、R_{406}降压并R_{407}、R_{408}分压后,送入比较器U_{2C}的9脚;线盘另一端通过电阻R_{401}与R_{402}分压后送入LM339的8脚;通过比较,LM339的14脚产生一个与线盘两端电压变化同步的脉冲波形。

同步电路准确监视主回路的工作状况,当IGBT管的集电极电压下降接近0V时,线盘

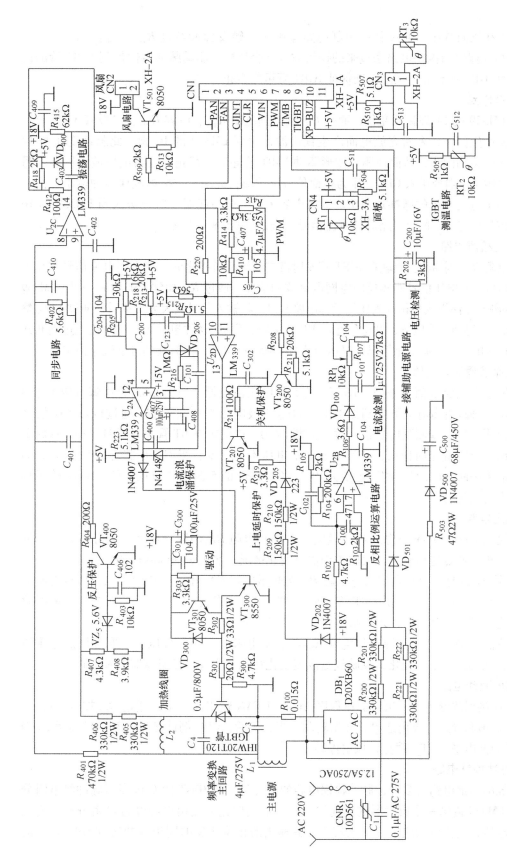

图 1-40 电磁灶的控制与保护电路原理图

中的电流正在反向减小，通过脉冲调制电路输出一个触发脉冲经过 R_{410}、R_{414}、R_{415}、C_{404}、C_{405}（RC 积分电路）与振荡电路送过来的锯齿波，耦合切割成驱动脉冲再次加到 IGBT 管的门极，强行使 IGBT 管导通。反之，则保证 IGBT 管可靠截止。

5. 振荡电路

根据 LM339 的 14 脚脉冲变化，通过 C_{403} 耦合到电阻 R_{418}、电容 C_{403}、二极管 VD_{400} 等组成的锯齿波产生回路，来回充放电而产生锯齿波，送到 LM339 的 10 脚。此脉冲变化与 14 脚变化脉冲变化相同步，从而使驱动波形驱动 IGBT 管导通、截止和线盘电压波形同步。另一端通过电阻 R_{412} 耦合送入 CPU，作为检锅信号反馈端；此端又作检锅试探脉冲输出，由单片机发出一个宽度 $6\mu s$ 的脉冲通过 R_{412} 送入电容 C_{403}，振荡起振，信号送入到 LM339 的 10 脚，与 PWM（经过 RC 积分电路后的直流信号）比较，输出驱动信号。

6. 电流检测电路

检测电阻 R_{100}（康铜丝）串联在 IGBT 管发射极与整流桥负极之间，将微弱电流信号转化为微弱电压信号。此电压信号如实反映电网电流波动情况。通过 R_{102} 加到 LM339 的 6 脚（LM339 的 U_{2B} 及外围元器件组成反相输入比例运算电路）。U_{2B} 将输入信号放大数十倍后，通过 VD_{100} 整流、C_{101} 滤波，得到直流电压，此电压通过 RP_1、R_{107} 分压后，送往单片机。单片机通过判断此点电压来检测电磁灶电流变化情况，以达到调节实际功率目的，同时起到过电流保护作用。

7. 电流浪涌保护电路

当电网上有电流浪涌到来时，LM339 的 5 脚电压被拉低，当 LM339 的 4 脚电压大于 5 脚时，输出（2 脚）由高电平下降到低电平，VD_{203} 正极电压被拉低。CPU 通过该点下降沿来判断电流浪涌。CPU 检测到电流浪涌时，关断 PWM，以保护 IGBT 管，并延时保护 3 秒后重新检锅。R_{216}、C_{101} 起延时作用，因为电容两端电压不能突变，当 C_{101} 在靠近 LM339 的 2 脚一端下降沿来临时，C_{101} 另一端马上变为 0V，将 LM339 的 5 脚电压拉低，使 LM339 的 2 脚输出低电平时间延时。

8. 测温电路

炉面测温电路：+5V 电源通过热敏电阻 RT_1 与电阻 R_{504} 串联分压后，取分压点电压值送入 CPU，根据此点电压变化，反映炉面温度变化情况，实现炉面温度检测。

IGBT 管测温电路：5V 电源通过电阻 R_{505} 与热敏电阻 RT_2 串联分压后，取分压点电压值送入 CPU；热敏电阻 RT_2 紧贴 IGBT 管表面，RT_2 上的压降随 IGBT 管温度而改变，根据此点电压变化，反映 IGBT 温度变化情况，实现 IGBT 温度监测及保护。

线盘测温电路：+5V 电源通过电阻 R_{507} 与热敏电阻 RT_3 串联分压后，取分压点电压值送入 CPU，根据此点电压变化，反映线盘温度变化情况，实现线盘温度监测及保护。

9. 风扇驱动电路

当 CPU 接到按键指令，执行加热程序，I/O 口 FAN 输出高电平，通过 R_{509} 加至 VT_{501} 基极，使 VT_{501} 饱和导通，风扇通电，开始转动。当关机后，CPU 倒计时延时 $30\sim120s$ 后，I/O 口 FAN 转为低电平，VT_{501} 截止，风扇停转。

10. 脉冲检锅电路

电磁灶的检锅电路有多种，脉冲检锅电路的原理是：将 IBGT 的 C 极高压脉冲经电阻分压后送到 LM339 内部一个放大器的反向输入端。而同向输入端由电源经过电阻分压，输入一固定的电压，这样就构成了一个比较器。其输出的相位相反的同步脉冲送到 CPU 相应的检测功能脚上。无锅具时，线盘和谐振电容的自由振荡时间长，能量衰减慢；在单位时间内，脉冲个数少，在有锅具时，由于锅具的阻尼加入，能量衰减很快，单位时间内脉冲的个数就比无锅具时要多很多。CPU根据脉冲数量的多少来判断是否有合适材质的锅具。当检测到灶面无锅或锅径太小时，单片机相应引脚输出驱动脉冲，蜂鸣器报警。

1.4.4 电磁灶的使用与维护

正确使用电磁灶可获得最佳的使用效果和延长其使用寿命，一般应注意以下几点。

1）电磁灶工作时会发出较强的电磁场，故使用时应远离电视机、收录机等家用电器（一般应大于3m），或错开它们的使用时间，以防电磁干扰。

2）电磁灶专用锅体是多层金属复合材料制成的，严禁使用非导磁材料制成的锅。使用的锅应与电磁灶型号相配，一般不宜交换或借用。在确实需要更换锅体时，应在锅底放一块磁性不锈钢板，作为热传导过渡。

3）不得用铁器等硬物削刮灶台面板和锅底，并随时注意灶台是否有裂缝或损伤，以防汤水等漏入灶内而引起电气元件受潮或损坏。

4）灶台上不能放置导磁材料制品，严禁锅体空烧或干烧，以免灶台面板过热干裂损坏。

1.4.5 电磁灶常见故障及检修方法

电磁灶的结构以及控制电路都较为复杂，容易发生故障的地方很多，因此检测和维修也比较复杂。表1-4为常见故障的现象、产生的原因及检测和排除的措施。

表1-4　电磁灶常见故障及检测和排除故障的措施

故 障 现 象	可 能 原 因	排除故障的措施
电磁灶接通电源后，风扇不转动，排气孔无风	1）插头接触不良 2）空烧 3）熔丝熔断 4）冷却风排气孔堵塞	1）应检查电源插头，如有松动，要重新插牢 2）一般高频电磁灶都有负载检测电路，如空烧就会停止加热。待电磁灶冷却后，放上盛有食品的锅便可重新烧煮 3）检查熔丝，如发现已熔断，应查明原因后，更换同规格的熔丝 4）冷却风排气孔应经常保持清洁，如风扇正在运转而冷却排气孔无风吹出，则可能是冷却风排气孔被异物堵塞，要及时予以疏通
使用过程中电磁灶突然停止工作	1）电源插头与电源插座接触不良 2）熔丝熔断 3）加热线圈断路 4）与功率开关管c、e极间并联的二极管被击穿 5）高频谐振电容器被击穿 6）扼流圈烧断	1）电源插头虚插，只需使电源插头与插座接触良好即可 2）检查装在电磁灶中的大电流熔丝是否熔断。如是，则应查明原因后更换同型号的熔丝 3）如电源指示灯亮，而加热指示灯不亮，则应检查加热线圈是否有问题。如损坏则更换 4）如果该二极管击穿后短路，功率开关管便失去作用，电磁灶不能继续工作。此时应更换已损坏的二极管 5）拆下电容器后用万用电表检测，如确已损坏，则予以更换 6）检查确认后更换同型号的扼流圈

故障现象	可能原因	排除故障的措施
加热指示灯不亮	1）加热线圈上没有高频电流 2）指示灯电路故障	1）如果加热线圈上没有高频电流，原因多数是加热线圈开路或者是互感器开路。可用万用电表电阻挡检测，若确是断路，应更换加热线圈或互感器 2）如加热线圈上有高频电流通过，则应检查指示灯供电电路。较易损坏的元件是整流管、电容器及指示灯。确认后更换整流管或电容器或指示灯
烧煮时有振动和振荡噪声	1）烹饪锅底不平造成与电磁灶灶台平板接触不良 2）取样电路有故障。高频电磁灶正常工作时振荡频率为20～30kHz，若有振荡尖叫声表明工作频率偏低。当加上灶具时有连续振荡声，说明负载检测电路有故障，一般多为取样电路不正常	1）应更换平底锅，使锅底与电磁灶灶台平板贴合 2）应检测取样电路，看是否是耦合电路开路造成的。如耦合电阻断路，更换后电磁灶便能恢复正常
指示灯亮，但不能加热	1）加热线圈断线 2）低频阻流圈损坏 3）谐振电容、消振移相电容损坏或起振电容损坏	1）重新绕制或更换加热线圈 2）检查确认后重绕或更换阻流圈 3）检测有关电容器，损坏的予以更换
电磁灶加热功率调节无效	1）高频转换电容击穿或断路 2）谐振电容器击穿或断路 3）高速二极管击穿或断路	1）检查高频转换电容器，已损坏的则更换 2）检查确认后更换谐振电容器 3）检查确认后更换高速二极管

1.5 微波炉

1.5.1 微波炉加热原理及特点

微波是一种波长在 1mm～1m 范围内、频率在 300MHz～300GHz 之间的超高频电磁波。它的低频端与普通无线电波的"远红外"波段相连接。微波具有区别于其他电磁波的许多显著特点，使其在电热器具中得到了重要的应用。

1. 微波炉加热原理

微波以直线方式进行传播，当其遇到由不同性质材料制成的物体时，会产生反射、吸收或穿透等不同的结果。微波在传播过程中遇到金属导体时会发生反射现象，犹如镜子反射可见光一样，因此微波很难加热金属，但却可以利用金属来传输或者反射微波。在微波炉中，是用铜或铝制成的波导管来传输微波，并利用炉腔内表面的钢板或不锈钢板等对微波的多次反射来加热食物，以提高加热效率和加热的均匀性。当微波遇到玻璃、陶瓷、云母、聚四氟乙烯、聚丙烯、干燥纸张之类的绝缘物体时，能够直接透射过去，如同光线穿过玻璃一样，仅有极微量的反射。因此，这类材料很少吸收微波功率，被微波照射时本身几乎不发热，是制作微波炉中盛装被加热食物器皿的材料。微波能被含有水分的物质吸收而转变成热（内）能。当微波遇到了肉类、蔬菜、水果、面、饭等介质时，能够被吸收而迅速转换成热能，尤其是水分含量较高的物质更能吸收微波，在较短的时间内产生大量的热。微波炉就是利用这种特殊的能量转换方式来加热食物的。

2. 微波加热的特点

与传统的烹饪方式相比，微波加热具有以下特点。

1）加热迅速。传统加热烹饪时都是先加热食物外表面，再通过热传导或对流的形式向食物的内部传热以完成烹饪。由于食物介质一般都是热的不良导体，因此传统的加热烹饪不仅速度慢而且常出现外表过热（甚至焦糊）而内部夹生的现象。微波加热是通过微波电场迫使食物同时被加热，因而加热速度快、效率高、节能、省时。

2）易于控制加热过程。传统炉灶加热，升降温都需要一段时间，有一个过程，因而加热过程不易控制。而微波加热功率即时可控，不存在热惯性，因而极易控制加热时间和过程，使用非常便利。

3）烹饪食物质量好。微波加热时，食物内外各部位同时发热，加热迅速，因而能比较好地保持食物的色、香、味，减少食物中维生素、矿物质、氨基酸等营养成分的流失。

4）干净卫生，使用安全方便。微波加热无明火，无油烟，无灰尘，不污染环境。微波炉具有多种安全措施，确保使用者的安全。烹饪时炉体本身不发热、不辐射热量，操作者不必守候，提高了使用的方便性。

1.5.2 微波炉的基本结构

微波炉的基本结构是围绕着微波能量的产生、传输、控制以及均匀化、自动化等方面来设置的。主要由金属外壳、炉腔和炉门、定时器、温控器、磁控管（微波发生器）、波导管（微波传输通道）、漏磁变压器等部分组成，图1-41所示为微波炉的外形及内部结构图。

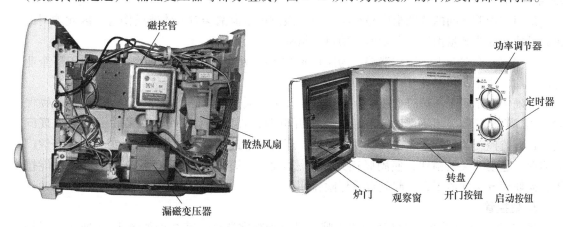

图1-41　微波炉外形及内部结构

1. 炉腔

微波炉的炉腔又称为加热室，是食物加热的场所，它是用涂敷非磁性材料的铝板或不锈钢板制成的。框架右边1/3处用薄钢板隔出，内置定时器、磁控管、漏磁变压器和风机等部件，右框架正面的控制面板上装有定时按键(旋钮)和功率调节按键(旋钮)等，如图1-42所示。左框架内为微波加热室，从本质上讲它又是微波炉的谐振腔，经波导管送入炉腔的微波在炉壁间来回反射，产生谐振现象，使微波均匀分布；同时金属板的炉壁又屏蔽了微波的外漏。为使加热均匀，有些微波炉的腔内还设有搅拌电磁波的金属搅拌器。在炉腔的侧面与顶部开有排湿孔，用来排出加热食物时所产生的水蒸气。炉腔内还设有转动的玻璃托盘，由3W永磁同步电动机驱动，经减速后以(5~10)rad/min的速度旋转，使食物的各个部位交替处于微波场中的不同位置，保证了食物各部位吸收的微波能量基本一致，以获得最佳的烹饪效果。

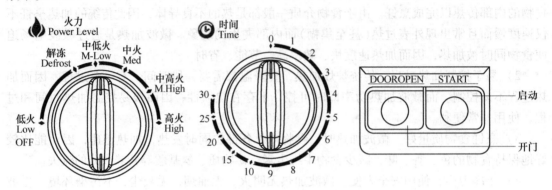

图1-42　微波炉控制面板的旋钮与按键

2. 炉门

炉门由金属框架和玻璃观察窗两部分组成，它采用扼流结构以防止微波泄漏。炉门用薄钢(或铝)板冲压成型，观察窗位于正面中心部位，观察窗一般是在双层玻璃之间特别夹装了一层极细的微孔金属丝网制成的。网孔大小的设计原则是使它既能抑制微波外泄，又便于观察炉内食物。在炉门内壁一般还贴有塑料压板，其表面有透明涤纶胶片，以保护炉门免受侵蚀和增加密封性能。

炉门与炉腔之间的缝隙很容易泄漏微波，微波过量泄漏会对人体造成伤害。因此炉门的密封性能便成为衡量微波炉质量的一项重要指标。

按照国家有关标准，微波泄漏量为距微波炉5cm处应小于$5mW/cm^2$，而一般工厂企业标准目前已达距5cm处小于$1mW/cm^2$。

为确保使用安全，炉门上还装有两道微动开关，通过炉门的把手加以控制，以便联锁保险。当炉门打开或关闭不严时，联锁开关断开电源，磁控管不工作。如果联锁开关出现问题，还有监控开关保险。除初级联锁开关外，还有一个最终接通电源的副联锁开关。当炉门开启时，起动开关被锁住，使副联锁开关无法接通，只有当炉门关好后，起动开关才能按下，副联锁开关才能闭合，起到双重保险作用。

3. 磁控管

磁控管(微波发生器)是微波炉的心脏，是一种真空器件，其结构如图1-43所示。磁控管由管芯和磁铁两部分构成，管芯由阴极与灯丝、阳极、天线等构成，而永久磁铁则在阳极与阴极之间的空间形成恒定的竖直方向的强磁场。阴极(分为直热式和间热式)被加热时能发射足够的电子，以维持磁控管工作时所需的电流。阳极用来接收发自阴极的电子，通常采用导电性能、气密性能良好的无氧铜制成。在阳极上一般有偶数个空腔，称为谐振腔，腔口对着阴极，每个谐振腔就是一个微波揩振器，其谐振频率取决于谐振腔的尺寸。当阴极发射的电子受电场力作用加速向阳极流动时，还受到垂直方向的磁场作用。在这两个力的共同作用下，电子围绕着阴极的中轴线作高速旋转，同时沿着圆周轨迹飞向阳极。这些电子在通过扇形谐振腔时会发生振荡，且振荡频率不断升高，当频率达到 2 450MHz 时，便形成微波由天线耦合至射频输出口，通过波导管传输到加热室内。磁控管的工作原理如图 1-44 所示。

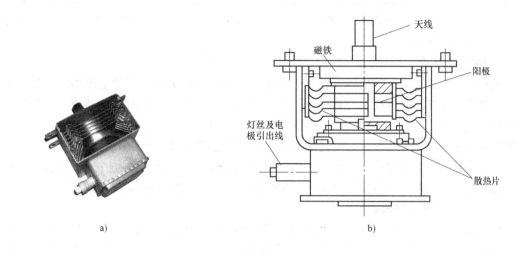

图 1-43　磁控管结构图

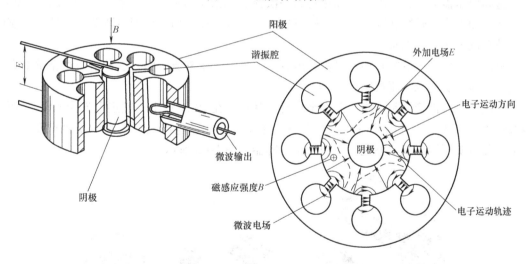

图 1-44　磁控管的工作原理

磁控管的灯丝电压一般为 3.2V 左右，工作电流约为 14A，阳极峰值电压在 4000V 以上，电流约为 300mA。磁控管平均寿命为 1000 ~ 3000h。由于漏磁变压器和磁控管工作时发热量很大，因此除安装散热片外，还用转速为 2500r/min 左右，功率为 3W 的罩极式电动机带动的风扇进行强制性风冷。磁控管表面还装有碟形双金属片温控器，当磁控管温度过高时，温控器自动切断电源，进行超温保护，以免磁控管因温度过高而烧毁。

4. 波导

磁控管产生的微波只有被传输到炉腔，才能实现对食物加热的目的。用高导电金属做成的波导(管)就是用来定向传输微波的管状元件。它可以将被传输的微波限定在管子内部，使能量沿着管轴的方向传播，而不能向其他方向散射。家用微波炉所使用的波导一般用截面呈矩形的空心高导电金属管(如黄铜管)制成，为降低微波在传输过程中的损耗，通常还在管子内壁镀一层电导率更高的金属(如银等)物质。波导的几何尺寸对微波的传输有着直接的影响，如果尺寸设计不当，在传输过程中微波能量的损耗会很大，甚至传不出去。理论和实践都证明，波导管横截面长边 a 与微波波长 λ 之间满足 $\lambda/2 < a < \lambda$ 时，波导管才能有效传输微波。实用中，当微波炉工作频率为 2 450MHz 时，波导管的横截面尺寸大多设计为 86.35mm×43.18mm。

5. 微波搅拌器

搅拌器又被称为电磁场模式搅拌器，其主要作用是打乱炉腔内部的电磁场，使其分布均匀，以改善微波炉的加热效果。搅拌器形如一只电风扇，但叶片的形状不太规则，一般用导电性能好、强度高的金属(如镁铝合金等)制成。搅拌器一般安装在波导的输出口处，由专用小电动机带动叶片以每分钟几转到几十转的低转速旋转，它在旋转运动中不断改变微波的反射角度，将微波反射到炉腔内各个点上，使炉腔内食物受热均匀。有些微波炉中不设搅拌器，而靠承托食物的转盘旋转，达到既能改变微波场的分布，又使食物本身均匀加热的目的。

6. 漏磁变压器和整流器

漏磁变压器又称高压变压器或稳压变压器，它为磁控管提供几千伏的阳极高压和 3.3V 左右的灯丝电压。漏磁变压器的显著特点是功率容量大、稳压范围宽、短路特性好。它与一般磁饱和稳压器类似，由磁分路插片将其一次侧和二次侧分开，一次侧工作在磁非饱和区，而二次侧却工作于磁饱和区，当二次侧所接的市电电压在 ±10% 范围内波动时，其二次侧的电压波动仅为 ±(1~2)%。

整流器是由高压电容和整流二极管组成一个半波倍压整流电路，这种倍压整流供电方式可使变压器二次测线圈匝数减少一半。

高压整流二极管通常用高压硅堆来代替，其耐压在 10kV 以上，额定电流为 1A。高压电容容量为 1μF 左右，其内部(铝壳内)并联一个 10MΩ 的放电电阻，电容耐压要求在 2100V 以上。漏磁变压器、高压整流二极和高压电容器如图 1-45 所示。

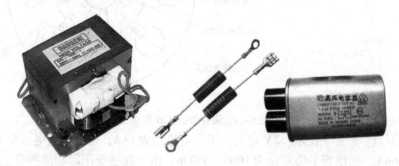

图 1-45　漏磁变压器、高压整流二极管和高压电容器

7. 定时器

普通型微波炉一般采用电动式定时器，定时范围有 30min、60min 和 120min 等。定时器开关与功率控制开关组合在一起，用一个微型永磁同步电动机驱动。设定时间后定时器开关

虽然闭合但并不立即工作，只有当主、副联锁开关接通后，微型同步电动机才带动小模数齿轮传动机构运转，起计时作用。当设定时间结束时定时器触点自动断开，切断微波炉的工作电源。同时，通过锤摆敲打钢铃，发出清脆铃声。定时器外形如图1-46a 所示。在较高档的微波炉中，大多已改用电子数显式定时器，这种定时器主要是利用电容充放电特性来准确定时，并通过数码管直观地显示定时时间。电子数显式定时器定时准确，不受电源电压与外界温度的影响，且使用寿命很长。

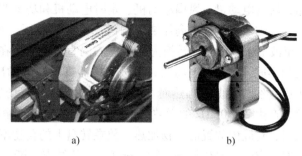

a)   b)

图1-46   定时器与风扇电动机
a）定时器   b）风扇电动机

8. 功率调节器

普通型微波炉的功率调节不是调节磁控管供电电压的大小，而是通过控制磁控管的工作与间歇时间比来改变微波输出功率的，即调节磁控管的平均功率大小。磁控管工作与间歇时间比越大，则功率输出越大，如果要微波炉以最大功率输出时，则磁控管连续工作，没有间歇时间。比较先进的微波炉把功率调节器与定时器共用一个电动机驱动，在定时器工作的同时，由传动机构带动凸轮转动，使功率调节器开关在不同的功率挡位产生不同的通断时间比。功率调节采用"百分率定时"的方式，即在某一设定的时间内，控制电源接通的时间占设定时间的百分率，例如保温、解冻、中温、中高温和高温时其百分率分别为15%，30%，50%，70%和100%。

功率调节除上述方法外，还有晶闸管控制方式、变压器抽头切换方式等。从成本与性能考虑，家用微波炉一般均采用百分率定时方式来实现功率调节。

9. 过热保护器

微波炉中的过热保护器是一种热敏保护器件，它通常安装在磁控管上以防止磁控管因过热而损坏。正常情况下，过热保护器呈闭合状态，但在散热电动机停转、散热气道受阻以及微波炉空载或轻载等非正常状态下，磁控管所产生超过规定的高温将会使过热保护器动作，从而切断电源，停止微波炉的工作。

10. 散热风扇

由于磁控管、漏磁变压器工作时会产生大量热量，为保证微波炉安全可靠工作，必须设置散热风扇强制降温。风扇电动机实物如图1-46b 所示。

1.5.3　微波炉的工作原理

1. 普通型微波炉的工作原理

普通型微波炉的控制电路如图1-47 所示（图示为停机状态）。图中 SA_1 为电源开关，SA_2，SA_3 为门联锁开关，SA_4 为定时开关，SA_5 为功率调节开关，ST 为碟形双金属片构成的磁控管过热保护开关。当需要微波炉工作时，关上炉门，炉门联锁机构动作，主联锁开关 SA_3 闭合，联锁监控开关 SA_2 断开，微波炉处于准备工作状态。当设定烹饪时间后，定时器开关 SA_4 闭合，炉灯 H 亮，若功率调节器设定在最高挡位时，则功率调节开关 SA_5 也是闭合的，这时只需按下起动按钮，SA_1 闭合，微波炉开始工作。220V 50Hz 电源接通一次回路，转盘电动机、风扇电动机、定时电动机和功率调节电动机均转动，定时器开始计时，此时，漏磁变压器二次高压绕组输出 2100V 的高压，经高压二极管（或高压硅堆）和高压电容 C 半波倍压整流后，转换为 4kV 左右的直流电压加在磁控管的两极，使磁控管的阳极与阴极之间形成一个高压电场区。漏磁变压器灯丝绕组输出 3.15V 的电压，直接供给磁控管的阴极（灯丝），使其被加热而发射电子。在电场和磁场的共同作用下，电子在谐振腔内形成振荡，产生 2 450MHz 的微波能，微波能经波导管传输耦合进入微波炉腔，经过炉腔内壁多次反射，对腔内放置的食物加热，放在转盘上的食物不断旋转，使食物加热均匀。设定时间终了时，定时器复位铃响，SA_4 断开，加热结束。断开电源开关 SA_1，按下开门按钮，联锁开关动作，SA_3 断开，SA_2 闭合，炉门打开后，即可取出烹饪好的食物。

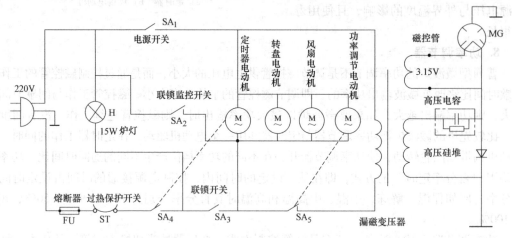

图 1-47　普通型微波炉的控制电路

微波炉"炉门联锁监控"开关的作用是一旦微波炉发生特定故障，SA_2 会将电源短路，使微波发生器失去电源，避免故障延续。"炉门监控联锁"和外电路之间必须设置一个熔断器，并要求在"炉门监控联锁"每次发生作用时，这个熔断器都应熔断，以断开外电路。

2. 微电脑控制微波炉的工作原理

微电脑（单片机）控制微波炉是利用微电脑来对炉内食物的加热时间和加热功率进行自动调节，从而扩大了使用范围，使其对不同类食物进行解冻、保温和烹饪均能达到有效、准确地控制。微电脑把预定的烹饪程序存储在 IC 芯片中，微波炉工作时就按存储的程序自动对食物进行烹饪。由输入装置、单片微处理器、输出显示装置、执行元件及其他单元组成，如图 1-48 所示。

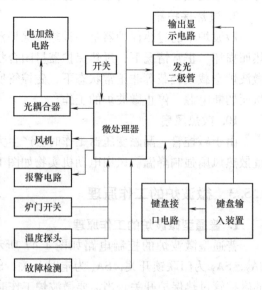

图 1-48　微电脑控制微波炉电路框图

（1）微电脑控制微波炉具有的功能

1）定时选择。一般可在99min99s范围内任意选择烹饪时间，由平面数码管显示，采用逐减计数方法，计数减至零时烹饪结束。

2）功率选择。一般分为5~9挡，最小功率为整机功率的10%，而最高功率为整机功率的100%。

3）定时起动。可在9h99min范围内选择延时起动微波炉，到达选定的时刻，微波炉自动开始烹饪。

4）温度控制与两种烹饪操作程序兼容。当微波炉按某一种烹饪功率与时间程序操作结束后，可以立即自动转入另一种烹饪功率与时间程序操作。

5）音响报警。当烹饪时间或温度达到预定值时或发生故障时，能自动发出声响报知使用者。

（2）控制原理分析

图1-49所示是一种微电脑控制微波炉电气原理图。控制电路的核心是4位PMOS单片机TMS1000。

1）输入装置。输入装置由电容触摸式控制键盘和与其配合的专用输入接口芯片TMS1976构成。键盘的每个接触开关上串联两个电容，并把各个开关矩阵连接起来，接到接口电路上。电容触摸式控制键盘可以发出各种操作指令，TMS1976则将来自键盘触摸开关的操作指令（电平信号）转换成一组BCD代码，送往单片机芯片TMS1000的数据输入端（k_1、k_5）。用户程序则是根据用户的要求，在制造单片机芯片时采用掩膜工艺，把程序写进只读存储器ROM中。如定时烹饪控制功能，已将事先编好的程序存放在TMS1000的只读存储器ROM中。

2）微处理器。TMS1000单片微处理器中有中央处理器（CPU）、2KB的用户程序只读存储器（ROM）、用于存储输入、输出数据的128B随机存储器（RAM）等。来自键盘接口芯片输出端Y_1、Y_4的一组代码，送至TMS1000数据输入端k_1~k_5，CPU根据这组代码信息和从R_1、R_3输出端输出的扫描脉冲相位信息，判断是来自所按下的哪一个键盘接触开关，以便CPU输出相应的程序运算和数据处理，完成ROM中预定的用户程序。当采用定时烹饪时，通过键盘先选择烹饪功率，然后选择烹饪时间。按下起动按钮，经CPU从ROM中取出并运行定时烹饪程序后，从TMS1000的R_8端输出高电平，驱动VT_4，使K_1导通，触点闭合，接通微波炉的供电电源。到了预定值后，定时程序执行结束，TMS1000的R_8端输出低电平，VT_4截止，K_1触点断开，切断加热电源。在此期间内，CPU根据所选择的烹调功率，从TMS1000的R_9端输出周期为22s，宽度与选择功率要求成比例的矩形脉冲至D触发器的D_2端，D触发器的Q_2端输出信号经反相器CO_{03}和VT_3整形、反相放大后，驱动K_2工作，再由K_2触点的通断来控制磁控管的高压电源，以达到调节输出微波平均功率的目的。TMS1000单片机的时钟脉冲由内部振荡器产生，频率由OSC_1和OSC_2端外接的电阻R_{36}和电容C_7决定。

3）输出显示装置。输出显示装置由四位平面荧光数码管与驱动元件组成，用来显示烹饪时间和烹饪功率。另有发光二极管显示微波炉的工作状态。为了使驱动线路简单，采用了动态扫描驱动方式。芯片IR1403为动态扫描显示译码驱动电路，输入端接单片机显示输出口，输出端接四位荧光数码管。微电脑在执行定时烹饪程序中，荧光数码管同时显示工作的倒计时时间值。近年来，显示装置多使用液晶屏或LED数码管。

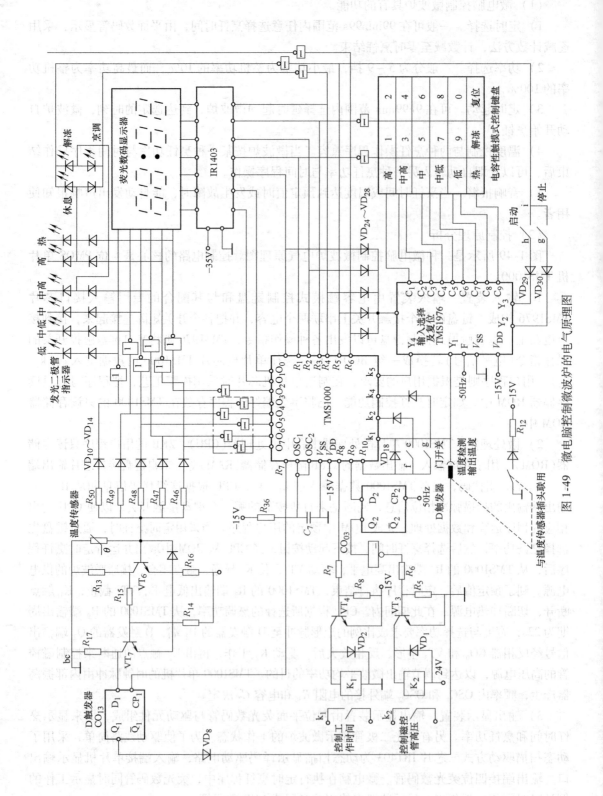

图 1-49　微电脑控制微波炉的电气原理图

4）执行元件。执行元件由控制微波炉工作时间的继电器 K_1 和控制微波炉输出功率的继电器 K_2 构成，它们分别由晶体管 VT_4 和 VT_3 控制，而 VT_4，VT_3 的导通与截止则取决于微处理器 TMS1000 的输出端口 R_8 和 R_9 的电平高低。微电脑控制的微波炉还根据食物的烹调要求，采用半导体热敏电阻元件的温度传感器进行温度控制。根据设定温度的不同，选择不同的阻值（$R_{46} \sim R_{50}$），与温度传感器的热敏电阻组成分压器，作为由 VT_6、VT_7 组成的施密特触发器的输入开关电平。当炉腔内温度与键盘输入的设定温度一致时，由 TMS1000 输出端口 $O_3 \sim O_7$ 输出的高电平经反相后，使 $VD_{10} \sim VD_{14}$ 的某一二极管导通，其输出的开关电位与温度传感器信号电压叠加达到触发电平，使 VT_6 导通、VT_7 截止，由 VT_7 的集电极输出一个高电平的控制信号，经 D 触发器返回到微处理器 TMS1000 的 k_1 输入端，经处理后，控制 VT_4 的通断，从而控制了微波炉供电电源的通断，达到定温控制的目的。

1.5.4 普通型微波炉常见故障及检修方法

微波炉结构较复杂，工作原理与一般电热器具不同，因此维修的难度较大。此外，微波炉工作时产生的高电压、大电流及强烈的微波辐射使维修工作具有一定的危险性。因此，应在对微波炉的工作原理、工作过程和元件特性等透彻了解的基础上，分析微波炉常见故障产生的原因，掌握常用的检修方法，以便准确地判断故障，保证安全检修。

微波炉常见故障、产生原因及常用检修方法见表1-5。

表 1-5 微波炉常见故障、产生原因及常用检修方法

故障现象	可能原因	检修方法
指示灯不亮，也不能加热	1）电源插头与插座接触不良或断线 2）熔丝烧断 3）炉门未关严 4）炉门开关接触不良或损坏 5）热保护开关动作 6）电源变压器绕组开路 7）热继电器电路断路	1）检查修理插头与插座，并将两者插紧，必要时更换 2）查明原因后，更换同型号同规格的熔丝 3）检查是否有异物阻碍门的正常关闭，并将炉门关严 4）用"00号"砂纸擦磨触点使其接触良好，若严重损坏应予以更换 5）检查风道是否被异物堵塞，散热风机是否损坏，查明后排除 6）修理或更换变压器 7）按原规格重绕或更换
指示灯亮，不能加热	1）温度旋钮于停止位置 2）定时器处于停止位置 3）变压器二次绕组开路 4）倍压整流二极管损坏 5）整流器与磁控管之间的高压线路开路或短路 6）高压电容漏电或击穿 7）炉门安全开关损坏 8）磁控管损坏 9）功率调节器工作不正常	1）调整温度旋钮 2）调整定时器 3）修理或更换变压器 4）更换同型号二极管 5）逐一检查并排除故障 6）更换同型号或同容量但耐压值更高的电容器 7）修理或更换炉门开关 8）按原规格更换 9）检查功率调节器的电动机与开关是否损坏，更换相应的损坏件

（续）

故障现象	可能原因	检修方法
磁控管损坏	1) 炉腔内放置金属器皿加热 2) 炉腔内无食物加热 3) 冷却风扇不转 4) 波导连接不良 5) 灯丝电压不正常 6) 市电电压过高 7) 磁控管长期不用，内含气体 8) 阴极与阳极之间绝缘程度降低、出现"打火"现象	1) 更换磁控管。严禁用金属器皿盛食物在炉腔内加热，改用微波炉专用器皿 2) 更换磁控管。严禁在炉腔内无食物时通电工作 3) 排除风扇不转的故障，或更换冷却风扇 4) 接好波导或更换波导 5) 排除电压不正常的故障 6) 在电压正常情况下使用微波炉，最好采用稳压器 7) 先加灯丝电压不加高压对其进行老化，然后再试用 8) 先降低高压试工作，若正常再加大高压，如又出现"打火"现象，则应更换磁控管
冷却电扇不转	1) 电动机断路 2) 风扇与主轴打滑 3) 电动机损坏 4) 风扇旋转受阻 5) 起动机构松动 6) 定时开关失灵 7) 有金属器皿放入炉腔	1) 找出断路处，接好连线 2) 重新紧固固定螺钉 3) 修理或更换电动机 4) 排除阻碍原因 5) 调紧联锁开关装置 6) 修复或更换定时开关 7) 拿出并严禁放入
转盘不转	1) 电动机接线断路 2) 驱动电动机损坏 3) 转盘连接机构打滑 4) 传送带脱落或断裂	1) 查出断路处并连接好 2) 修理或更换电动机 3) 紧固定螺钉 4) 重新装好或更换断裂传送带
接通电源后即烧断熔丝	1) 变压器一次绕组匝间短路 2) 压敏电阻短路	1) 修理或更换变压器 2) 更换压敏电阻
食物加热正常，但定时器不起作用	1) 定时器开关触点氧化 2) 定时器线路断路 3) 定时器电动机损坏	1) 用细砂纸擦掉氧化膜并打磨光滑 2) 重新连接好断路点 3) 修理或更换定时器电动机
烹饪过程中，指示灯突然熄灭，食物停止加热	1) 炉门被打开 2) 热保护开关动作 3) 温度继电器失灵 4) 压敏电阻动作	1) 关好炉门即可恢复工作 2) 修复风冷系统，使其恢复正常工作 3) 修理或更换温度继电器 4) 检查电网电压是否太高，最好使用稳压器
烹饪出的食物生熟不均	1) 食物过多或过厚 2) 未解冻食物直接烹饪 3) 转盘不转 4) 炉腔内壁及反射板上的污垢太多 5) 搅拌器电动机停转	1) 按规定放入食物，且食物切片厚度不超过5mm 2) 烹饪未解冻食物前，应先解冻 3) 修理或更换转盘电动机 4) 除去污垢 5) 修理或更换搅拌电动机

故 障 现 象	可 能 原 因	检 修 方 法
磁控管加不上高压	1）阴极和阳极短路或接触不良 2）漏气或真空度不够 3）带有励磁线圈的磁控管励磁电流没有加上	1）更换新管子 2）更换新管子 3）检查无励磁电流的原因并排除
功率调节器失灵	1）调节器触点接触不良 2）调节器本身已损坏	1）修磨触点，保持良好接触 2）更换同型号调节器
炉腔有电弧	1）加热室有焦化的尘粒 2）局部电路接触不良	1）检查排气板上尘粒并清理掉 2）找出故障点，重新连接好
炉门开启、闭合不灵	1）铰链损坏 2）铰链螺钉松动、脱落	1）更换铰链 2）调紧或更换
食物加热正常，搅拌器叶片不转	1）搅拌器电动机损坏 2）搅拌器供电回路断路 3）搅拌器叶片与轴间打滑	1）修理或更换电动机 2）连接好断路点 3）紧固固定螺钉
正常工作时微波泄漏超量	日久使用后，塑料门体老化变形、门铰链位移等造成门与炉体间隙增大	检查微波泄漏一般使用微波泄漏测量仪。或按以下方法检测确定：暗环境下，找一支小的日光灯管（如 8W），在微波炉工作时将灯管靠近炉门，然后慢慢环绕四周运动。因为微波可激发日光灯管壁上的荧光物质发光，若灯管有的部位微亮或很亮，则说明该处微波泄漏已超过安全标准。如灯管不发亮，则说明微波炉泄漏在安全标准范围之内

1.5.5 微电脑控制微波炉常见故障及检修方法

微电脑控制微波炉的常见故障一部分与普通型微波炉相同，不再赘述。另一部分则与微电脑控制电路有关，见表1-6。

表1-6　微电脑控制微波炉常见故障及检修方法

故 障 现 象	可 能 原 因	检 修 方 法
显示器不亮，按下按键无反应	1）振荡电路故障 2）单片机的供电、时钟振荡及复位电路有故障 3）单片机损坏	1）检修振荡电路 2）重点查单片机供电、复位电容、晶振及旁边的电容器 3）更换同型号单片机
显示正常，按动部分按键无反应	1）按键与连接器之间的连线松脱 2）薄膜开关损坏 3）晶体管、电阻与印制电路脱焊 4）单片机损坏	1）重新接好 2）更换薄膜开关 3）重新焊好 4）更换同型号单片机

故障现象	可能原因	检修方法
显示、按键输入均正常，且炉灯亮、风扇工作，但不加热	1) 单片机端口损坏 2) 功率控制失效	1) 更换同型号单片机 2) 先拔去功率控制继电器的接插片，在烹饪起动后，用欧姆表测功率控制器开关是否接通，若通则控制电路正常，故障发生在开关以下部分，按普通型微波炉检修方法检修即可。若开关不通，可检查控制继电器的晶体管是否正常，并联在继电器两端的二极管是否击穿，单片机端口的连接电阻是否变值开路，连接线是否中断，继电器是否损坏等
显示、按键输入均正常，但炉灯不亮，风扇不工作，也不加热	微波炉定时开关之后无电源供电	先拔去定时控制及功率控制继电器插片，在烹饪状态下用万用表欧姆挡测这两个继电器开关是否闭合。如开关闭合，则为前级电源未输入，只需检查前级主电源。如定时控制开关未闭合，则按功率开关故障的检查方法检查控制继电器的各元件及连接情况
显示器显示不正常，但微波炉能工作	1) 显示器损坏 2) 显示电路故障	1) 更换同型号显示器 2) 检查显示电路中的位或段控制线上的晶体管等元器件有无开路或短路，印制板连通是否良好，按键开关有无局部短路等，并接好电路，更换故障元器件
蜂鸣器不响	1) 蜂鸣器损坏 2) 单片机蜂鸣器端口损坏 3) 蜂鸣器控制电路故障	1) 更换 2) 更换单片机 3) 检查蜂鸣器电路中的有关晶体管、电阻、12V电源及连线是否完好，修理并更换故障件

1.6 实训1 自动保温电饭锅的维修

1.6.1 实训目的

1）熟悉自动保温式电饭锅的结构，掌握它的拆卸、安装方法。

2）熟悉自动保温式电饭锅的电路组成及工作原理。

3）掌握自动保温式电饭锅的电热板、双金属片温控器、磁性温控器等主要部件的检测方法。

4）掌握自动保温式电饭锅常见故障的检修方法。

1.6.2 实训器材

1）自动保温式电饭锅　　　　　　　1台

2）万用表　　　　　　　　　　　　1块

3）绝缘电阻表　　　　　　　　　　1块

4）尖嘴钳、螺钉旋具等检修工具　　1套

1.6.3 实训内容与步骤

1. 自动保温电饭锅的拆装

1）取出内锅，把电饭锅翻转，旋下 3 个底脚螺钉，取下底板。

2）对照电路图，记下各零部件之间的连接方法，然后将各接点分离。

3）拆下固定在电热板上的双金属片温控器和热熔式超温保护器。

4）用尖嘴钳将磁性温控器连杆端部与杠杆分离。

5）拆下固定在电热板中间的磁性温控器。

6）拆下固定在电饭锅外壳上的控制板。

7）按与 1）~6）相反的步骤，组装好电饭锅。

2. 主要零部件的检测

1）电热板。电热板是电饭锅的发热元件，可用万用电表电阻挡测量。一般用 $R \times 10$ 挡测量两个引出线之间的电阻，正常值为几十欧。SDW 系列电热板的直流电阻如表 1-7 所示。

表 1-7　SDW 系列电热板的直流电阻

型　号	SDW-100	SDW-90	SDW-85	SDW-70	SDW-65	SDW-45
电阻 R/Ω	48.4	53.8	56.9	69.1	74.5	107.6

用 500V 绝缘电阻表测量电热板引出线与外壳之间的绝缘电阻，正常时应大于 $1M\Omega$。

2）双金属片温控器。双金属片温控器类似开关，所以可用万用表电阻挡检测。触点闭合时电阻值为 0。然后用手轻轻扳双金属片，检查动、静触点能否分离。同时观察触点有无烧焦、氧化的痕迹，如有可用细砂纸轻轻磨去。断开时电阻值应为 ∞。要检测双金属片温控器是否会随温度的变化而动作，可对它进行加热后观察，如将它放在倒置的电熨斗底板上加热。正常时，当温度升高到 70℃ 左右时，因双金属片变形而使它的触点断开。如温度升得很高后，仍不能断开，则表明该双金属片温控器已损坏，应予更换。

3）磁性温控器。用万用表电阻挡测量磁性温控器的触点。闭合时为 0，断开时应为 ∞。然后用手使永久磁钢与感温软磁铁接触，检查是否能可靠地吸住，稍用力拉后是否能分离，检查磁性温控器内的弹簧弹性是否良好。要检测磁性温控器是否会随温度的变化而动作，也可参照检测双金属片温控器的方法进行。如加热温度升高到 103℃ 以上后，磁性温控器无动作，则表明该温控器已失效，只能更换。

3. 电饭锅常见故障的检修

由指导教师按本章 1.3.2 节中的内容设置故障并指导学生修复。

1.6.4 实训报告

1. 数据记录

数据记录表格见表 1-8 ~ 表 1-10。

表 1-8   电热板的检测

电热板直流电阻	万用表挡位	测量值/Ω
绝缘电阻	绝缘电阻表型	测量值/MΩ

表 1-9   温控器的检测

双金属片温控器	万用表挡位		触点闭合	触点断开
	触点闭合	触点断开		
磁性温控器	万用表挡位		触点闭合	触点断开
	触点闭合	触点断开		

表 1-10   电饭锅常见故障的检修记录

	故 障 现 象	故障原因分析	检 修 结 果
故障一			
故障二			
故障三			

2. 收获、体会及课后思考题

将实训过程、实训中遇到的问题、实训中的体会与心得，写成文字材料，填入实训报告。报告格式自拟。

根据实训内容由任课教师布置思考题，解答后将答案写在实训报告上。

1.7   实训 2   电磁灶的维修

1.7.1   实训目的

1）熟悉电磁灶的结构和主要部件的作用及原理，掌握电磁灶的拆卸方法。

2）掌握加热线圈、大功率输出器、整流器等的检测方法。

3）掌握电磁灶常见故障的检修方法。

1.7.2   实训器材

1）高频电磁灶   1 台

2）万用表   1 块

3）绝缘电阻表   1 块

4）大小螺钉旋具、尖嘴钳、电烙铁、活扳手等   1 套

1.7.3   实训内容

1）高频电磁灶的拆卸。

2）用万用表检测加热线圈、风扇电动机、大功率输出管及滤波电容器。

3）电磁灶的组装与调试。

4）电磁灶常见故障的检修。

1.7.4 实训步骤

高频电磁灶的结构分解图如本章1.4节图1-29所示。

1. 高频电磁灶的拆装

1）旋下上盖与底座的紧固螺钉，取下上盖。

2）用螺钉旋具旋下加热线圈支架与底座紧固螺钉，拆开连接线，取下加热线圈，测量线圈阻值，再从底座上卸下散热器。

3）旋下排气扇固定螺钉，拆开连接导线，取出排气扇并测量风扇线圈阻值。

4）拆卸LED电路板，观察电路的组成。

5）按与拆卸相反的顺序组装好电磁灶。

2. 主要零部件的检测

1）加热线圈。加热线圈的检测一般先采用直观检查法，即先看一下是否有断线或烧焦的痕迹，再用万用电表 $R \times 1$ 电阻挡测量它的直流电阻。加热线圈的阻值一般较小(接近于0)，如测得结果很大，说明加热线圈损坏。

2）整流器。高频电磁灶的整流器一般是由4只硅整流二极管组成的整流桥堆，简称全桥。

判别引脚极性：将数字万用表置于二极管挡，把黑表笔固定接某一引脚，再用红表笔分别接触其余3个引脚，如果3次显示中两次为 $0.5 \sim 0.7V$，一次为 $1.0 \sim 1.3V$，则黑表笔所接的引脚为全桥的直流输出端正极；两次显示为 $0.5 \sim 0.7V$ 所对应的便是全桥的交流输入端，另一端则必定是直流输出端负极。如果所得不是上述结果，可将黑表笔改换一个引脚重复以上测试步骤，直至得出正确结果为止。

判别性能：在上述判别引脚极性的测量中，任意相邻两引脚间(即任何一只二极管)的导通电压应在 $0.5 \sim 0.7V$ 内，4只二极管的导通电压越接近越好，而在反偏测量时，万用表必须显示溢出符号"1"。对于全桥内部某只二极管的短路性故障，可采用如下技巧进行判别：红表笔接直流输出负极端，黑表笔接直流输出正极端，应显示 $1.0 \sim 1.3V$；测量交流输入端两次(交换表笔)均应显示溢出符号"1"。若所测结果与上述范围不符，则表明被测全桥内部必定有短路性故障。

3）绝缘栅双极性晶体管(IGBT)。将指针式万用表拨在 $R \times 10k\Omega$ 挡，用黑表笔接IGBT的漏极(D)，红表笔接IGBT的源极(S)，此时万用表的指针指在阻值为无穷大处。用手指同时触及一下栅极(G)和漏极(D)，这时IGBT被触发导通，万用表的指针摆向阻值较小的方向，并能停在某一位置。然后再用手指同时触及一下源极(S)和栅极(G)，这时IGBT被阻断，万用表的指针回到阻值为无穷大处。此时即可判断IGBT是好的。注意：若进行第二次测量时，应短接一下源极(S)和栅极(G)。判断IGBT好坏时，一定要将万用表拨在 $R \times 10k\Omega$ 挡，因 $R \times 10k\Omega$ 挡以下各挡万用表内部电池电压太低，检测好坏时不能使IGBT导通，而无法判断IGBT的好坏。

4）滤波电容器。高频电磁灶的滤波电容器容量较大，所以应选用万用表 $R \times 1$ 或 $R \times 10$ 挡来判断滤波电容器的好坏。先将电容器的两个电极短接，使之放电。然后用万用表的两个表笔与电容器的两个引脚接触，如果指针向右偏转一个角度后再逐渐返回到起点说明该电容器完好。否则表明电容器损坏，只能更换。

3. 电磁灶常见故障的检修

按本章有关理论内容，由指导教师设置一种或几种高频电磁灶的常见故障，指导学生独立完成维修任务。

1.7.5　实训报告

1. 数据记录

数据记录表格见表 1-11 ~ 表 1-14。

表 1-11　加热线圈和风扇电动机的检测

	万用表挡位	测量值/Ω
加热线圈		
风扇电动机		

表 1-12　大功率输出管的检测

晶体管型号		万用表挡位	正向电阻/Ω	反向电阻/Ω
	测发射结 be			
	测集电结 bc			
	测 ce			

表 1-13　滤波电容器的检测

电容器参数		检 测 方 法
容量/μF	耐压/V	

表 1-14　电磁灶常见故障的检修记录

	故 障 现 象	故障原因分析	检 修 结 果
故障一			
故障二			
故障三			

2. 收获、体会及课后思考题

将收获、体会写成书面材料要求不少于 300 字。根据实训内容由任课教师布置思考题，解答后将答案写在实训报告上。

1.8　实训 3　微波炉的维修

1.8.1　实训目的

1）熟悉微波炉的结构，掌握微波炉的拆卸、安装、调整方法。

2）掌握微波炉的电路组成及工作原理。

3）掌握微波炉的高压变压器、高压二极管、高压电容器和磁控管等主要部件的检测方法。

4）掌握微波炉常见故障的检修方法。

1.8.2 实训器材

1）普及型微波炉　　　　　　　　　1台
2）万用表　　　　　　　　　　　　1块
3）500V绝缘电阻表　　　　　　　 1块
4）螺钉旋具、尖嘴钳、电烙铁等　 1套

1.8.3 实训内容

1）拆卸微波炉。

2）用万用表检测高压二极管、高压变压器、高压电容器、磁控管、转盘电动机和风扇电动机。

3）微波炉的组装及调试。

4）微波炉常见故障的检修。

1.8.4 实训步骤

1. 微波炉的拆装

1）外壳的拆卸步骤：

① 拔去微波炉电源插头。

② 用螺钉旋具拧下微波炉背面的4只固定螺钉，如图1-50所示。

③ 将外壳向后拉，即可取下外壳，如图1-51所示。

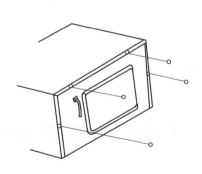

图1-50　松开微波炉背面螺钉示意图

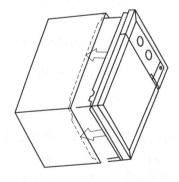

图1-51　取下外壳示意图

2）控制面板及开门机构的拆卸步骤：

① 用螺钉旋具将高压电容器一端与底板之间进行放电。

② 拔去定时器、功率分配器上的接线插头。

③ 用十字螺钉旋具拧下固定控制面板的1只螺钉，如图1-52所示，并取下控制面板。

④ 拆下定时器和功率分配器的两只旋钮，并拧下固定定时器的3只螺钉，如图1-53

所示。

⑤ 拆下开门按钮。

⑥ 用一字形螺钉旋具在图 1-54 所示的 1 处向外侧顶压，取出撑杆。

3）磁控管的拆卸步骤：

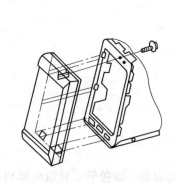

图 1-52　拆控制面板示意图 1

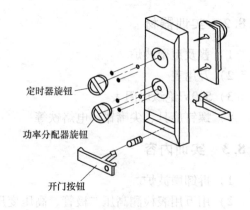

定时器旋钮

功率分配器旋钮

开门按钮

图 1-53　拆控制面板示意图 2

① 拔去磁控管和过热保护器的两根接线，并拆去炉灯边的 1 只螺钉，如图 1-55 所示。

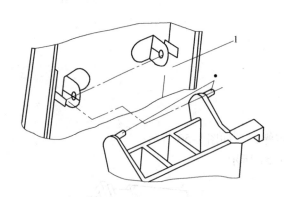

图 1-54　拆卸开门机构示意图

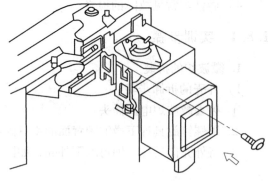

图 1-55　拆卸磁控管示意图

② 用套筒扳手拆去固定磁控管的 4 只螺钉，即可取下磁控管。

4）变压器的拆卸步骤：

① 拆下变压器上各接线。

② 将微波炉倒转过来，拆下右底板固定在腔体上的 4 只螺钉，连同变压器一起取下。

5）风扇电动机的拆卸步骤：

① 拆下风扇电动机，上的两根引线。

② 用十字螺钉旋具拧下两只螺钉，取下风扇电动机组件。

③ 将转轴与风叶上的胶水刮去，取下弹簧夹。

④ 将扇叶从电动机轴上拔下，即可拆下风扇电动机。

6）电容器与二极管的拆卸步骤：

拆下电容器或二极管上的接线，并松开固定它们的螺钉，即可取下。

7）转盘组件的拆卸步骤：

① 取出微波炉中的玻璃盘、转盘支架环等。

② 将微波炉反过来，用十字螺钉旋具松开固定转盘电动机的两只螺钉，将转盘电动机取出，并拆下两根连线。

8）联锁装置的拆卸步骤：

① 拔掉联锁开关及联锁监控开关上的接线插头。

② 用十字螺钉旋具拧下两只固定开关托架的螺钉，并取下开关托架。

③ 将联锁开关、联锁监控开关从托架中取出。

④ 把开关托架中的开关联杆臂、动作杠杆取下。

9）安装顺序与拆卸顺序相反。

2. 主要零部件的检测

1）变压器。检测变压器好坏的方法有两种：一种是在微波炉工作时进行检查，另一种是在微波炉不工作的状态下检查。前者主要是通过检测变压器各绕组的电压来判断其好坏；后者则是用万用表测量各绕组的阻值来判断变压器的好坏，一般选用后者。测量时，先将变压器各连线断开，然后用万用电表分别测量各组绕组的阻值大小。正常情况下，变压器一次绕组的电阻值应很小，二次绕组的电阻值为 100 多欧姆，否则为变压器损坏。

2）高压电容器。检测高压电容器的好坏，可用万用表 $R \times 1k\Omega$ 挡测量。先将电容器两个电极短路放电，然后用万用表的两个表笔与高压电容器的两个引脚接触。如发现指针会偏转一个角度又回到起点，说明电容器是好的；如表的读数为 0，表明电容器短路；如表的读数为 ∞，则表明电容器开路；如指针偏转后不回到起点，则表明电容器漏电。三种情况都应更换电容器。

3）高压二极管。检测高压二极管的好坏可借助于万用表，但有一点需要特别注意，就是万用表所用电池电压必须是 6V、9V 或者更高，所以一般用指针式万用表电阻挡 $R \times 10k\Omega$ 来测量高压二极管的正、反向电阻值。正常时，正向电阻为几百千欧，反向电阻为 ∞。测量时，如正、反向电阻值均为 ∞ 或 0，则高压二极管断路或短路，不能再用。如正、反向电阻值偏离正常值较大，则该高压二极管性能变差，需要更换。

4）过热保护器。用万用表电阻挡可以判断过热保护器的好坏。正常时，过热保护器的电阻值为 0。如电阻值为 ∞，说明过热保护器损坏，应予以更换。

5）磁控管。用万用表 $R \times 1$ 挡测量灯丝的电阻值，正常时应很小。灯丝的每个端子与磁控管外壳之间的电阻值应为 ∞，如不相符表明磁控管损坏。

6）风扇电动机。检测风扇电动机是否完好，可采用测量电动机绕组电阻值的方法。用万用表 $R \times 100$ 挡测量电动机两个端子的电阻，其阻值一般为几百欧左右，如电阻值过大或过小，则需要更换电动机。转盘电动机的检测方法与风扇电动机类似。

3. 微波炉常见故障的检修

按本章有关理论内容，由指导教师设置一种或几种微波炉常见故障，指导学生独立完成维修任务。

1.8.5 实训报告

1. 数据记录

数据记录表格见表 1-15 ~ 表 1-20。

表 1-15 变压器的检测

万用表挡位	一次绕组电阻/Ω	二次绕组电阻/Ω

表 1-16 高压二极管的检测

万用表挡位	正向电阻/Ω	反向电阻/Ω

表 1-17 磁控管的检测

万用表挡位	型　　号	功率/W	灯丝电阻/Ω

表 1-18 高压电容器的检测

电容器参数		检 测 方 法
容量/μF	耐压/V	

表 1-19 电动机的检测

	万用电表挡位	直流电阻/Ω
转盘电动机		
风扇电动机		

表 1-20 微波炉常见故障的检修记录

	故 障 现 象	故障原因分析	检 修 结 果
故障一			
故障二			
故障三			
故障四			

2. 收获、体会及课后思考题

将收获、体会写成书面材料要求不少于 300 字。根据实训内容由任课教师布置思考题，解答后将答案写在实训报告上。

1.9 习题

1. 常用的温度控制器件有哪几种？

2. 家用电热器有哪些种类？常用的加热方式有哪些？

3. 试述电热水器中漏电保护器的工作原理。

4. 电热水器中的温控器容易出现哪些故障？这些故障会引起哪些现象？

5. 简述如何检修贮水式电热水器的漏电故障。

6. 常用的电饭锅有哪些类型？

7. 电饭锅的磁钢限温器有何特点？其控温原理是什么？

8. 试述自动保温电饭锅的工作原理。双金属片温控器的保温原理是什么？如何调整其保温的温度？

9. 电子保温电饭锅有何特点？

10. 电饭锅指示灯亮而发热板不热可能是哪些原因所致？

11. 电饭锅煮焦饭或煮饭不熟可能是哪些原因？

12. 微电脑控制电饭锅比一般电饭锅增加了哪些结构？

13. 对照图 1-33 试述使用 MH8841 单片机控制电饭锅的电脑控制原理。

14. 电磁灶有什么特点？主要有哪些类型？

15. 电磁灶的加热原理是什么？

16. 电磁灶为什么不能用铜锅或铝锅进行烹调？

17. 简述高频电磁灶频率变换电路的工作原理。

18. 高频电磁灶的控制电路、保护电路主要包括哪些部分？

19. 如何对电磁灶的主要部件进行检测？

20. 什么是微波？其主要特点有哪些？

21. 微波炉的主要特点有哪些？试述微波加热的原理。

22. 试述微波炉的主要结构和主要部件的作用。

23. 试述磁控管的构造和工作原理。

24. 简述图 1-49 所示微波炉控制电路的工作原理。

25. 微波炉的炉门采取什么措施防止微波泄漏？

26. 波导一般由什么材料制成？对其截面尺寸有何要求？

27. 微波炉采取哪些措施以实现其加热的均匀性？

28. 普通型微波炉通电后指示灯亮，但不能加热，引起这一故障的原因有哪些？

29. 普通型微波炉磁控管损坏是由哪些原因所致？

30. 微电脑控制微波炉的主要特点有哪些？

第 2 章　电 风 扇

【教学目标】

- 了解电风扇的类型、结构与工作原理。
- 学会拆装电风扇。掌握电风扇常见故障现象及检修方法。
- 掌握微电脑程控电风扇的基本控制原理。

2.1　概述

2.1.1　电动器具

电动器具是指将电能转化为机械能，并用机械能来做功的用电器具。电动器具在家用电器中同样占有很大的比例。

家用电动器具的种类很多。常用的有电风扇、洗衣机、吸尘器，以及厨房用的电动器具如：抽油烟机、食品加工机、全自动豆浆机，还有一些用于美容保健的电动器具，如：电吹风、电动剃须刀、电动按摩器等。

电动器具的动力是电动机，用电动机完成将电能向机械能的转化，再配以控制装置和制动装置，以达到不同的使用目的。由于单相交流电动机具有结构简单，运行可靠，检修容易，噪声小等优点，而且一般家庭中只具有单相交流电源，因此家用电动器具中均采用单相交流电动机作为动力。

2.1.2　电风扇的类型、规格和型号

电风扇是我国家庭中最为普及的家用电器之一，它是由电动机带动扇叶旋转以加速空气流动或使室内外空气交换，达到降低人体表面温度，改变局部环境舒适度的一种电动器具。

近年来，随着电子技术与传感技术的发展，电风扇不断向高档次、电子控制及能产生模拟自然风方向发展，如目前普遍使用的红外线遥控电风扇和微电脑程控电风扇等。

1. 电风扇的分类

1）按自动化程度分类。可分为普通电风扇和高档电风扇。普通电风扇的控制系统较简单，功能比较少，价格低廉。高档电风扇应用电子技术与微电脑技术，实现了程序控制，功能也较多。

2）按使用电源分类。可分为交流电风扇、直流电风扇和交直流两用电风扇。

一般情况下，家用电风扇都是单相交流电风扇；交通工具上使用的都是直流与交流两用电风扇。

3）按电动机的形式分类。可分为单相交流罩极式、单相交流电容式及交直流两用的串励式电风扇。

罩极式电动机结构简单，维修方便；电容式电动机具有起动和运转性能好、耗电少、制造方便、噪声低等优点，因此得到了广泛的应用。

4）按结构特征及用途分类。可分为台扇、吊扇、落地扇、排气扇、箱式电风扇（又称转页扇）。

2. 电风扇的规格和型号

电风扇的规格是以扇叶直径尺寸表示的。扇叶直径即指扇叶最大旋转轨迹的直径，以mm 为单位，也有以英寸（in）为单位的，1in 约等于25mm。一般台扇和落地扇的扇叶直径分为200mm、250mm、300mm、350mm、400mm、600mm（落地扇）等几种。

电风扇型号统一编排方法如下：第一个字母为组别代号，如 F 表示电风扇；第二个字母为系列代号，用来表示电动机的类型；第三个字母为形式代号，其后的数字分别为生产序号和规格代号。例如：型号 FHS 3-35，表示 350mm 罩极电动机系列落地式电风扇。

电风扇的系列代号与形式代号见表2-1。

表 2-1　电风扇的系列代号与形式代号

系 列 代 号	意 　 义	形 式 代 号	意 　 义
H	罩极式	A	轴流式排气扇
R	电容式	B	壁式电风扇
T	三相交流式	C	吊式电风扇
Z	直流式	D	顶式电风扇
		E	台地扇
		H	排风扇
		S	落地式电风扇
		T	台式电风扇
		Y	转页式电风扇

2.1.3　电风扇的结构

在电风扇中，台扇与落地扇是最基本的结构形式。台扇的结构主要分成 5 个部分：扇叶、扇罩、扇头、底座和控制部分。台扇的基本结构如图 2-1 所示。

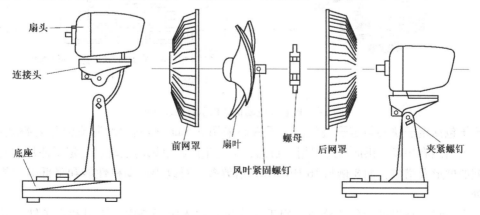

图 2-1　台扇的基本结构

1. 扇头

扇头主要由单相交流电动机、摇头机构及前后端盖组成，如图2-2所示。

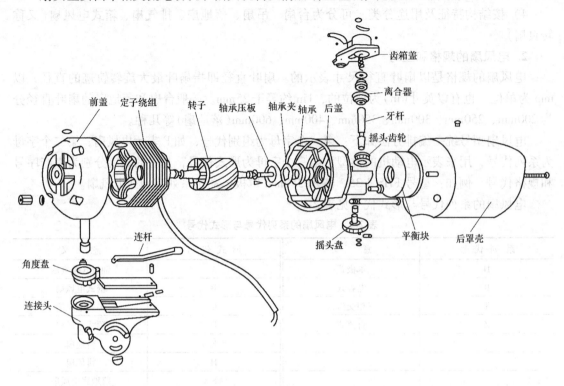

图2-2 扇头结构展开图

1）电动机。电风扇所使用的电动机大多数采用电容式单相交流异步电动机，主要由定子、转子、轴承、端盖等组成，如图2-3所示。

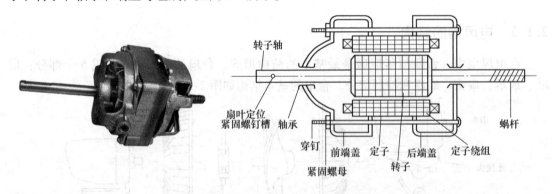

图2-3 电容式电动机结构示意图及外形

定子包括定子铁心与定子绕组。定子铁心采用0.5mm硅钢片冲制成薄片后叠装而成。铁心片的内圆有槽口，供嵌放绕组用。目前，国内生产的电风扇电动机的定子冲片主要有两种不同的槽形及槽数，如8槽与16槽两种，槽数多，对改善电动机性能和降低电动机温升有好处。

定子绕组用高强度漆包线绕成。用手工或机器嵌入定子槽内，绕组和定子铁心互相绝缘。定子绕组有主相绕（运转绕组）和副绕组（起动绕组）两组，两组绕组都有首端和尾端，一共 4 个头。副绕组和电容串联后，再与主绕组并联，接于单相交流电源上。适当选择电容器容量，使流过副绕组的电流超前于流过主绕组电流 90°，形成相位角相差 90° 的两相电流。单相电容式电动机为两相绕组的单相电动机。

转子是电动机的旋转部分，电动机的工作转矩就是从转子输出的，单相电容式电动机的转子由转子铁心、转子绕组和转轴 3 部分组成。

转子铁心同样采用 0.5mm 厚的硅钢片冲制成薄片后叠压形成的。转子的外圆有槽口，用于放置转子绕组，绕组一般采用压铸的方法将纯铝压铸在转子铁心槽内以代替导线，槽内导体及两端环称为转子绕组，这种转子称为笼型转子。当定子绕组中有电流流过时，转子中导体即在感应作用下产生转子电流，因此称为单相感应式电动机。

电动机前后盖主要起固定、支撑定子和转子的作用，前后盖装有含油轴承，使转子能够转动，且具有长期润滑作用。

由于电风扇的送风量、送风速度是通过改变电动机的转速来调节的，为了实现多种需要，要求电动机的调速范围要大，低速挡起动性能要好，噪声要低。

2）摇头机构。普通电风扇扇头的摇头动作是由电动机驱动的。国家标准规定：扇叶直径为 250mm 以下的电风扇摇头角度不小于 60°，300mm 以上的电风扇的摇头角度不大于 80°，摇头机构由减速机构、四连杆机构和控制机构三部分组成，如图 2-4 所示。

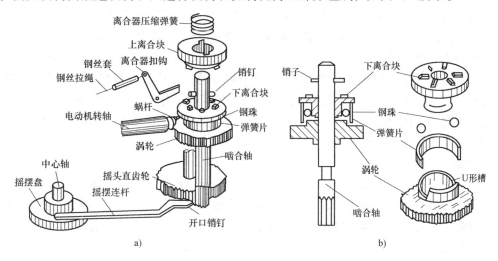

图 2-4　电风扇的摇头机构

a）离合式摇头机构的结构　b）离合式摇头机构的保护装置

① 减速器。电风扇摇头机构的减速器采用两级减速，将电动机的高速旋转降低到摇头的 4~7r/min，再经过四连杆机构，使电风扇获得每分钟 4~7 次的往复摇头。第 1 级采用蜗杆与蜗轮啮合连接传动减速；蜗轮在离合器咬合时，即带动与蜗轮同轴的牙杆运动，牙杆末端齿轮又与摇头盘齿轮啮合传动，完成第 2 级减速，从而带动摇头盘齿轮轴杆上的曲柄连杆做往复运动。

② 四连杆机构。电风扇的摇头运功是依靠连杆机构来实现的。摇头连杆安装在电动机下方。与摇头齿轮、曲柄连杆、角度盘和扇头构成四连杆机构，驱使扇头沿弧线轨迹往复摆动。

③ 控制机构。电风扇的摇头与否是用控制机构操纵的，它可有多种结构型式。

离合器式摇头控制机构是通过操纵齿轮箱内上下离合块的离合作用来控制牙杆的传动，达到摇头的目的。它在牙杆轴上有一套离合装置，其中上离合块与螺杆用圆柱销固接；下离合块则与蜗杆滑动配合，并固定在与蜗杆啮合的位置上。

离合器通过软轴(联动钢丝)与翘板连接，利用开关箱上的旋钮进行控制。也可将蜗杆轴放长，并伸出扇头后罩壳，通过拉压蜗杆来改变离合器的离合状态，达到控制目的。

当离合器处于分离状态时，电风扇转轴端的蜗杆带动蜗轮和下离合块空转，而蜗杆和摇头齿轮处于静止位置，电风扇不摇头。当摇头控制旋钮处于摇头位置时，软轴放松，蜗轮带动蜗杆转动，使整个摇头机构动作，电风扇摇头。

为使摇头控制机构在受到外力或机件出故障时不致损坏、烧毁电动机，摇头机构都设有保护装置，电风扇的受阻保护装置由弹簧片、钢珠等组成。当电风扇摇摆受阻时，会发出"嗒嗒"声，这时蜗杆仍然带着蜗轮转动，由于弹簧片的压力小于受阻阻力。产生钢珠打滑，蜗轮也就不能带着离合器的下齿转动，从而避免蜗轮、蜗杆损坏，不使电风扇的故障进一步扩大。

2. 扇叶

扇叶(也称风叶)由叶片、叶架和叶片罩3部分组成。扇叶通过叶片适当的装置角及圆弧度，使叶片在旋转时对空气产生一定的压力，形成气流。扇叶是电风扇的重要部分，它的大小与形状对电风扇的风速、风量、功率消耗、噪声及振动等性能都有很大影响。

目前，国内生产的台扇或落地扇大都采用3片扇叶，扇叶多呈阔掌形、阔刀形或狭掌形。叶面阔大，降低了叶片对空气的压强，有利于降低空气振动频率，减小噪声强度。

扇叶所用材料主要有金属和塑料两种。制造扇叶的材料应具有良好的弹性和一定刚度，多采用1~1.5mm薄钢板或铝合金板整体或分片冲制而成，分片成型后铆合在叶架上，金属扇叶机械强度和刚性较好，运转性能稳定；塑料扇叶多采用工程塑料一次成型，它具有易加工，耐腐蚀及重量轻等优点。

3. 网罩

电风扇网罩的主要作用是保证安全，防止人体触及扇叶发生事故，还能起到一定的装饰美观作用。一般网罩分前后两部分。后网罩由4个螺栓紧固安装在扇头的前盖上，前网罩与后网罩由6个扣夹夹在一起。目前采用的网罩大部分是通过焊接而成的射线型结构，射线型网罩一般采用72根射线。

4. 升降机构与底座

台扇的立柱与底座一般采用铝合金压铸成型或用塑料成型。立柱上部安装扇头，底座上装有装饰面板及各种控制开关等。

落地扇的立柱装有升降机构，升降机构主要由内管、外管、调节头和弹簧组成。内管与开关箱连接，外管则固定在底座上，外管内设有长弹簧，用来支承开关箱与扇头的重量。

落地扇的底座一般做成圆形或长方形的金属体。

5. 控制部分

台扇的控制操作器件大都安装在底座的面板上，如调速开关，定时开关等。底座内装有电容器、电抗器、定时器等部件。落地扇的控制操作器件则安装在立柱上的开关箱里。

1) 调速开关。普通台扇的调速开关一般采用琴键开关，用来调节电动机的转速，具有美观耐用、操作方便等优点。琴键开关一般为4挡或5挡两种。琴键开关主要由键架、键杆、键功能滑块与键触点、开关等构成。琴键的自锁、互锁、复位功能通过键杆与不同功能滑块面的相互作用而完成，如图 2-5 所示。

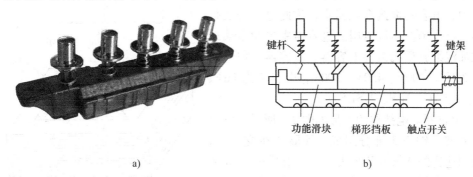

a)   b)

图 2-5　琴键开关

a）实物　b）结构示意图

2）定时器。一般电风扇都采用机械发条式定时器，主要由发条、减速轮系、摆轮等构成。机械式定时器常用的有 60min 和 120min 两种，一般定时器有以下几种状态，如图 2-6 所示。

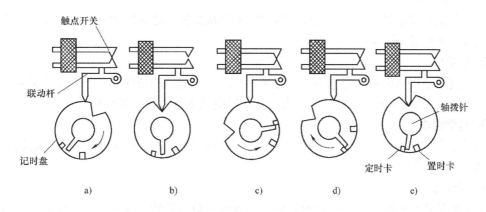

a)   b)   c)   d)   e)

图 2-6　机械式电风扇定时器的状态

a）常闭状态　b）常开状态　c）置时状态　d）定时状态　e）结束状态

① 常闭状态：将定时器旋钮反旋至"ON"位置，轴带动记时盘一起反旋至"ON"位置，联动杆上的 V 形凸头滑出记时盘的凹槽，将定时器内的触点闭合，使电风扇工作于常转不停的状态。

② 常开状态：定时器旋钮处于"OFF"或回到"OFF"位置，联动杆上的 V 形凸头就滑入记时盘凹槽内，将定时器内的触点断开，使电风扇处于长期停转状态。

③ 置时状态：将定时器旋钮正旋至某一定时时间位置，轴带动记时盘一起正转一个定时角度，并且通过联动杆使定时器内的触点头闭合，实现定时时间的设定。

④ 定时状态：设置定时时间后，定时器就靠发条储存的能量，使转轴自动地往初始的位置(OFF)方向回转，带动记时盘一起反转。在此过程中，定时器内触点一直闭合，使电风扇运转于定时的工作状态。

⑤ 结束状态：当定时器自动反转返回到"OFF"位置时，联动杆上的 V 形凸头再次滑入记时盘上的凹槽，使定时器内的触点断开，电风扇自动停止转动，实现了定时停转。

3）电容器。电风扇电动机大多采用电容式单相交流异步电动机，起动绕组与电容器串联，起动与运行中，电容器都接在电路中，称此电容为运行电容器。电风扇电动机所用的电容器主要为金属纸介质和油浸纸介质无极性电容器。电容器工作电压规格为 350V、400V、450V、500V，电容量为 1μF、1.2μF、1.5μF、2μF、2.5μF 等。

4）电抗器。电抗器的外形如图 2-7 所示，它由线圈、支架、铁心 3 部分组成，线圈绕在支架上，中间按调速比的要求抽几个头。铁心用厚 0.5mm 的硅钢片冲压成斜 E 字形，然后交叉插入支架内叠合而成。线圈抽头分别与图 2-5 中的琴键开关各挡连接。

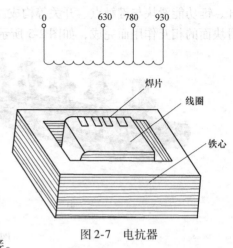

图 2-7　电抗器

2.1.4　电风扇的主要技术指标

1. 输出风量

输出风量是指电风扇在额定电压、额定频率与最高转速挡运转的条件下，每分钟输出的最小风量，单位是 m^3/min。

2. 使用值

使用值是指电风扇在额定电压、额定频率与最高转速挡的条件下，每分钟每瓦输出的最小风量，单位是 $m^3/(min \cdot W)$，它的大小是衡量电风扇性能的重要指标。

3. 起动性能

电风扇在额定电压、额定频率的条件下，应起动灵敏，在 3～5s 内达到全速运转，且运转平稳，风压均匀。

4. 调速比

调速比是指在额定电压下运转时，最低挡转速与最高挡转速的比值，以百分数表示为

调速比 =（最低挡转速/最高挡转速）×100%

调速比反映了电风扇高低挡转速差别的程度。如果调速比过大，说明高、低挡转速没有明显差别，失去调速的意义。如果调速比过小，说明低速挡转速太低，会造成低速挡起动困难。

国家标准规定：250mm 电容式台扇、壁扇调速比不应大于 80%，电容式吊扇调速比不应大于 50%。

5. 温升

温升指电风扇在额定电压、额定频率的条件下运转，各部位允许的最高温度与环境温度（规定取 40℃）的差值。

6. 电功率

电功率指电风扇在额定电压、额定频率的条件下，以最高转速挡运转所消耗的电功率，即此时输入的电功率。

7. 噪声

风扇的噪声来源于电动机扇叶和机械传动部分，噪声的大小直接影响风扇的使用效果。合格的电风扇允许噪声应在 60dB 以下。

8. 摇头角度与仰俯角

电风扇的摇头机构应能使风扇连续转动,每分钟摇头不少于 4 次,不大于 8 次,且有摇和停的操作控制装置。摇头角度指左右摇摆的角度。250mm 规格的电风扇摇摆角度不应小于 60°,300mm 以上规格的电风扇摇摆角度不应小于 80°。仰俯角指扇头上仰与下俯的角度,台扇的仰角应不小于 15°。

9. 使用寿命

国家标准规定:电风扇在正常条件下,经过 5 000h 连续运转后,应仍能运转。电风扇的摇头机构经 2 000 次操作,扇头轴向定位装置经 250 次操作,仰俯角或高度调节装置及螺旋夹紧件经 500 次操作后,均不得损坏零件及调节失灵。

10. 安全性能

国家标准规定:各种电风扇的绝缘性能必须良好,一般为 A 级或 E 级绝缘,并且具有良好的防潮、耐压和接地特性。在高温(40℃±2℃)、高湿(93%±3%)状态下,绕组对机壳的绝缘电阻应不低于 2MΩ,泄漏电流不得大于 0.3mA。此外电风扇的外壳及网罩结构具有防止人身受到伤害和人体与带电部分接触时起到保护作用的功能。

2.2 电风扇的调速

电风扇一般都有调速功能,电风扇调速的基本原理都是通过降低电动机绕组电压,减弱磁场强度,从而达到降低电动机转速的目的。常见的调速方法有电抗器法、抽头法和无级调速法。

2.2.1 电抗器法

电抗器线圈具有电抗作用,电动机与电抗线圈串联后降低了电动机两端电压,同时降低了电动机的磁场强度,使转速减慢。图 2-8a 为电容式电动机串联电抗器调速电路原理图,由于

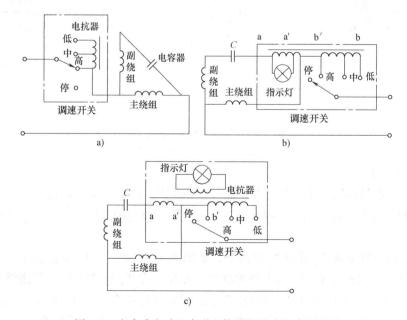

图 2-8 电容式电动机串联电抗器的调速电路原理图

电风扇的电容式电动机定子上的主副绕组在空间互成90°，所以主副绕组画成垂直。图中电抗器与电动机绕组串联，起降压作用，接上电源后，调速开关可选择高、中、低3挡，这样可以得到不同的转速。在图2-8b与图2-8c中，电抗器除降压外，还作电风扇指示灯的电源用。

电抗器调速的优点是比较简单，缺点是需要专用的电抗器，成本比较高，同时增加了损耗，降低功率因数。

2.2.2　抽头法

抽头调速是将电抗器和电动机结合在一起，在电动机定子铁心上嵌入一个调速绕组（或称中间绕组），在调速绕组上抽出几个头，接到调速开关。通过抽头转换，改变运转绕组与起动绕组之间的匝数比，从而改变磁场强度，调节电动机的转速。抽头法的特点是省去了电抗器，损耗小、重量轻，缺点是接线复杂，一般用于四极的电容式电动机。根据调速绕组与运转绕组和起动绕组的接线不同，常用的有L型接法和T型接法。

1. L型抽头法

L型调速可分为L_I型、L_{II}型、L_{III}型三种接线方式，如图2-9所示。L_I型是主绕组（运转绕组）与调速绕组串联，它们是同相位，而它们与副绕组（起动绕组）在空间上相差90°。在调速绕组上抽两个头，可得高、中、低三挡。L_I型适用于较低电压（如110V）。L_{II}型是调速绕组与副绕组串联，它们与主绕组相差90°。L_{II}型使用于较高电压（如220V）。L_{III}型是调速绕组与主绕组同相位，调速时，调速绕组部分或全部与主绕组串联，而副绕组与电容器串联直接接在电源上，副绕组的端电压是不变的。

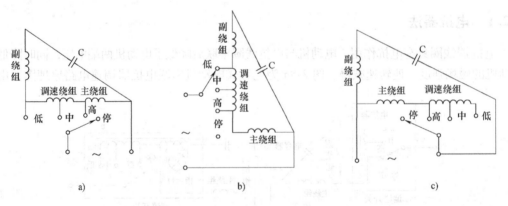

图2-9　L型绕组抽头调速电路

a）L_I型　b）L_{II}型　c）L_{III}型

2. T型抽头法

T型抽头调速是在原高速挡基础上外加一部分线圈，产生一定压降进行调速的，其作用与电抗器相似。或在原高速挡主、副绕组基础上，通过改变抽头位置，减少主绕组或副绕组的匝数调速。

T型抽头调速可分为T_I型和T_{II}型两种，如图2-10所示。在T_I型接法中，调速绕组接在主副绕组之外，调速绕组在空间上与主绕组同相位。在T_{II}型接法中，调速绕组与副绕组在空间上同相位。由于T_I型比T_{II}型接法简单，实际应用中多采用T_I型接法，这种方法适用于较高电压（220V），而且能提高电动机的效率，增大起动转矩，有利于低速起动。

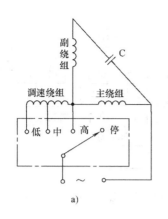
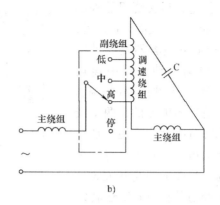

图 2-10 T 型抽头绕组

a) T_I 型 b) T_{II} 型

2.2.3 无级调速法

无级调速一般采用双向晶闸管作为风扇电动机的开关,利用晶闸管的可控特性,通过改变晶闸管的控制角 α,使晶闸管输出电压发生改变,达到调节电动机转速的目的。如图 2-11 所示为无级调速电路原理图。在电源电压每个半周起始部分,双向晶闸管 VTH 为阻断状态,电源电压通过电位器 RP,电阻 R 向电容 C 充电,当电容 C 上的充电电压达到双向触发二极管 VD 的触发电压时,VD 导通,C 通过 VD 向 VTH 的门极放电,使 VTH 导通,有电流流过电动机绕组。通过调节电位器 RP 的阻值大小,可调节电容 C 的充电时间常数,也就调节了双向晶闸管 VTH 的控制角 α,RP 越大,控制角 α 越大,负载电动机 M 上的电压变小,转速变慢。可见,通过调

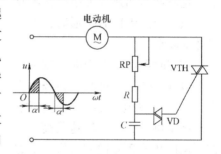

图 2-11 无级调速电路原理图

节电位器 RP,就可以在一定的范围内实现电风扇的无级调速。

2.3 电风扇控制电路分析

2.3.1 电抗器调速电路

电抗器调速的典型电路如图 2-12 所示,由电风扇电动机、电抗器、调速开关、定时器、电容器、指示灯等组成。该电路的主要特点是指示灯线圈(图中线圈 f-e)与电抗器的调速线圈(图中线圈 a-c)是反向串接的,我国生产的台扇,多数采用这种接法。由于定时器与调速开关是串接的,所以当定时器顺时针方向旋转到定时位置或者逆时针旋转到 ON 位置,同时调速开关 1~3 号键中有一个按键按下时电路才接通,电动机起动运转。当按下调速开关 1 号键,电源直接给运转绕组供电,运转绕组的外加电压最高;同时电源经过线圈 f-d 和电容器给起动绕组供电,使电动机起动运转,这时运转速度最高,线圈 f-d 起自耦变压器的作用,指示灯由 f-e 两端获得一定的电压而发光。当按下调速开关 2 号键时,电源经过线圈 b-c

给运转绕组供电，运转绕组的外加电压降低；同时经过线圈 b-c 之后，再经过线圈 f-d 和电容器给起动绕组供电，电风扇电动机以中速运转。由于线圈 b-c 与线圈 f-d 的绕制方向相反，是反向串接的，两个线圈的电压降部分抵消，这使得加在起动绕组上的电压比较大，有利于电动机起动。当按下调速开关 3 号键时，电源经过线圈 a-c 给运转绕

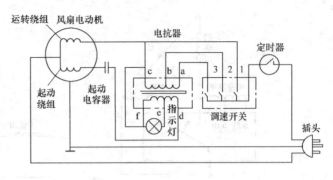

图 2-12　电抗器调速的典型电路

组供电，同时通过线圈 a-c、线圈 f-d 和电容器给起动绕组供电，电风扇电动机以低速运转。

2.3.2　抽头调速电路

典型的 L_{II} 型抽头调速的风扇电路图和接线图如图 2-13 所示，电路由定时器、调速开关、电容器、电动机、指示灯等组成，定时器和调速开关串接在电路中，只有当两者同时接通时，电风扇才能起动。

在定时器触点接通时，按下开关 1 号键，电源直接给运转绕组供电，同时通过电容器给调速绕组、起动绕组供电，这时转速最高。当按下调速开关 2 号键的时候，电源通过大部分调速绕组后给运转绕组

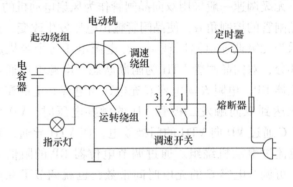

图 2-13　L_{II} 型抽头调速的风扇电路图

供电，同时通过电容器和小部分调速绕组给起动绕组供电，这时候转速中等。当按下调速开关 3 号键时，电源通过全部调速绕组后给主绕组供电，同时通过电容器给起动绕组供电，这时转速最低，指示灯的电压由运转绕组抽头供给。

2.3.3　模拟自然风电路

利用电子开关控制电风扇电动机的电源，周期性地"导通→断开→导通→断开→……"，使电风扇扇叶对应地、周期性地"慢速→快速→慢速→停转→慢速→快速→慢速→停转→……"运转，送出间歇阵风，也称模拟自然风。图 2-14 所示为一例采用时基电路 NE555 的模拟自然风电路。

该电路可分为电动机电路和控制电路两部分，这两部分通过继电器联系起来。当开关 SA 接上"常规"挡时，继电器 KR 线圈中没有电流流过，动断触点 KR 闭合，这时的电风扇电路就是普通的电抗器调速电路，利用 3 挡琴键开关就可以得到强、中、弱 3 种常规风。

当开关 SA 接上"间歇"挡时，由 NE555 为核心器件组成的自激振荡器开始工作，控制电路起作用。电路中，NE555 的 4 脚（复位端）接高电平，8 脚接电源 V_{CC}，2 脚为置位输入端，二极管 VD_6 引导充电回路。电源通过 R_1、RP_1、VD_6 对 C_2 充电，充电时间常数 $\tau_1 = (R_1 + R_{RP_1})C_2$。当 C_2 上的电压充到略高于 $2V_{CC}/3$ 时，NE555 内部的放电管导通，C_2 通过 R_2、

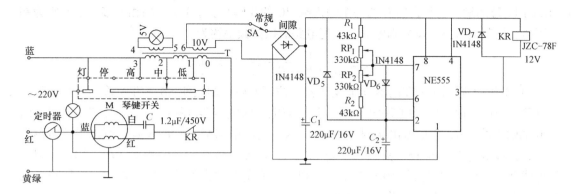

图 2-14 模拟自然风电路

RP_2 对 7 脚放电,放电时间常数 $\tau_2 = (R_2 + R_{RP_2})C_2$。在 C_2 放电过程中,NE555 3 脚输出低电平,继电器 KR 吸合,动断触点 KR 断开,切断电动机电源,电风扇断电停转。当 C_2 上的电压降全 $1V_{CC}/3$ 时,NE555 输出状态翻转,3 脚输出高电平,继电器 KR 释放,动断触点 KR 复位,接通电动机电源,电风扇运转;与此同时,电源通过 R_1、RP_1、VD_6 对 C_2 充电,当 C_2 上的电压上升到 $2V_{CC}/3$ 时,NE555 的状态又翻转。如此循环往复,使 NE555 的 3 脚输出矩形脉冲,控制继电器的动作使电动机间歇运转,实现了模拟自然风。调节 RP_1 可改变电风扇在此过程中的运转时间,调节 RP_2 则可改变电风扇停转时间。

2.3.4 红外线遥控电路

红外线遥控电风扇是通过红外线遥控发射器和安装在电风扇机体上的接收器来实现遥控的,其电路主要由发射器、接收器和控制处理电路组成。红外线发射器发出波长 $1 \sim 4\mu m$ 的红外光波,接收器的光敏晶体管接收到发射器送来的红外线信号,经过光电转换等电路处理后去控制执行机构的工作。

下面以长城牌 FS19-40 红外线遥控电风扇电路为例介绍其工作原理。

1. 发射器电路

长城牌 FS19-40 电风扇遥控发射器电路如图 2-15 所示。该电路的核心器件是 CMOS 数字集成电路 2 输入端四与非门 CD4011。

1)电路结构:由 CD4011 的 A、B 两个门和 R_2、C_1 等组成定时电路,定时时间为 $t = 0.693R_2C_1$。CD4011 的门 C 和门 D 与 C_2、$R_3 \sim R_6$ 组成一个受控振荡器,受控于门 B 输出端

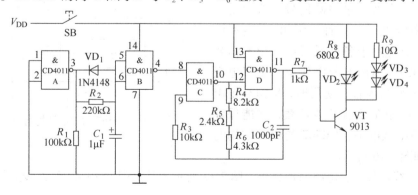

图 2-15 红外线遥控电风扇的发射电路

67

(IC 的 4 脚)的输出电平,门 C 的一个输入端(IC 的 8 脚)与门 B 输出端相连接,当 8 脚为高电平时,振荡器起振,反之则停振。振荡电路的振荡频率约为

$$f \approx \frac{1}{2.2(R_4 + R_5 + R_6)C_2} = 8.5\text{kHz}$$

2)工作原理:门 A 和门 B 接成反相器,按下发射控制按钮 SB,门 A 输出端(3 脚)为高电平,VD_1 反偏截止。3 脚输出经 R_2 对 C_1 充电。因电容器两端电压不会突变,所以此时门 B 的输入端为 0,它的输出端(4 脚)为 1。这一高电平加至门 C 的 8 脚,所以受控振荡器起振,其输出的矩形脉冲经晶体管 VT 电流放大,驱动红外线发光二极管 VD_3、VD_4 发射出红外线脉冲。VD_3、VD_4 采用两管串联,可以提高发射脉冲光的总强度,增加遥控距离。同时红色发光二极管 VD_2 亮,作发射指示。

随着 C_1 充电过程的进行,门 B 输入端电位上升。当上升到它的转折电平时,门 B 输出低电平,迫使振荡电路停振,VD_3、VD_4 停止发射信号,即由于定时电路的作用,每次按下 SB 后,只能发射零点几秒的红外线脉冲。断电(放开 SB)后,C_1 经 VD_1、R_1 放电,为下一次定时发射做好准备。

2. 接收电路

接收电路由时基电路 NE555,十进制计数/脉冲分配器 CD4017 及锁相环音频译码集成电路 LM567 三块集成电路为核心组成。

1)集成锁相环解码器 LM567 简介。集成锁相环解码器 LM567 是美国国家半导体公司生产的一种高稳定性的低频集成锁相环解码器,由于其良好的噪声抑制能力和中心频率稳定性而被广泛应用于各种通信设备中的解码以及 AM、FM 信号的解调电路中。

LM567 内部包含了两个鉴相器 PD_1 和 PD_2、放大器 AMP、电压控制振荡器 VCO 等单元电路。选用适当的定时元器件,可使 LM567 的振荡频率在 0.01Hz ~ 500kHz 范围内连续变化。电路工作时,输入信号在鉴相器 PD_1 中与 VCO 的输出信号鉴相,相差信号经滤波回路滤波后,成为与相差成一定比例的电压信号,用于控制 VOC 输出频率 f_0 跟踪输入信号的相位变化。若输入信号频率落在锁相环路的捕获带内,则环路锁定,在振荡器输出频率与输入频率相同时,二者之间只有一定相位差,而无频率差。

当用于单音解码时,其工作特性为:当 LM567 信号输入端加入幅度为 20mV 以上的交流信号且频率落入 $f_0 \pm BW$ 范围内时,输出端(8 脚)输出一个低电平检测信号,这就是所谓的"频率继电器"特性。利用这一特性,LM567 可广泛应用于各种低频单一频率信号的解码。LM567 输出部分内部是一个集电极开路的 NPN 型晶体管,使用时,8 脚与正电源间必须接一电阻或者其他负载,才能保证 IC 译码后输出低电平。LM567 的内部结构与引脚功能如图 2-16 所示。

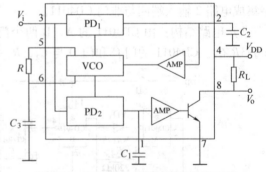

图 2-16   LM567 的内部结构与引脚功能

2)红外线信号接收电路原理分析。图 2-17 所示为某品牌 FS19-40 红外线遥控电风扇接收电路。

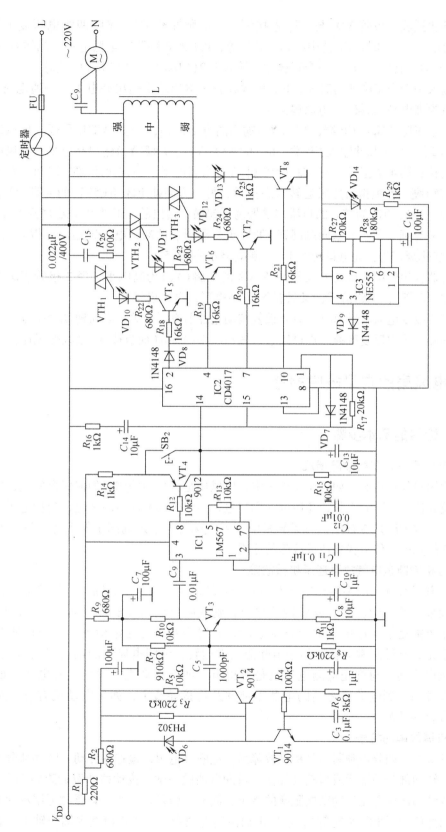

图 2-17　FS19-40 红外线遥控电风扇接收电路

红外线接收二极管 VD_6 与 VT_{12} 直接耦合，电脉冲经 VT_2、VT_3 两级电压放大输入 IC1（LM567）的 3 脚。如与 IC1 的中心频率 f_0 相等，IC1 的 8 脚跳变至低电平。晶体管 VT_4（PNP型）饱和导通，在 R_{15} 上产生一个正脉冲，输入 IC2（CD4017）的 14 脚（CP 端）。

按输入一个个正脉冲的时序，IC2 依次在各个输出端上输出高电平。刚通电时，IC2 的 3 脚（Y_0）为高电平（未接），电风扇停止。

第 1 个正脉冲输入 CP 端，2 脚（Y_1）输出高电平，VT_5 导通，VTH_1 导通，电风扇作强风运转；第 2、3 个正脉冲输入 CP 端，IC2 的 4 脚（Y_2）、7 脚（Y_3）输出高电平，电风扇作中风或微风运转；第 4 个正脉冲使 IC2 的 10 脚（Y_4）为高电平，一方面使 VT_8 饱和，发光二极管 VD_{13}（绿色）亮，作模拟自然风运转状态指示，另一方面使 IC3（NE555）的 4 脚（低电平复位端）变为高电平，IC3 为核心的自激多谐振荡器起振，输出的矩形波经 VD_9 加到 VT_5 的基极，使 VT_5 重复导通、截止，双向晶闸管 VTH_1 重复导通、关断，电风扇输出模拟自然风（强阵风）。其变化规律为：通电运转约 14s，断电停歇约 12.5s。

发射器发出的第 5 次红外线脉冲使 IC2 的 1 脚（Y_5）为高电平，经二极管 VD_7 加到 IC2 的清零端（15 脚），电路清零，又只有 Y_0 为高电平，电风扇停歇。

当需要改变电风扇风速时，只要重复按动遥控器发射开关，电风扇就会按强—中—弱—自然风—停，依次反复变换。也可以直接按动图中的 SB_2（面板按键）来改变风速。

2.4　电风扇的常见故障检修

2.4.1　检修的基本步骤

1. 询问用户，了解故障情况

询问用户使用情况：如电压是否正常，电风扇是否长期停用，如何保存放置，电风扇的工作环境如何等，除此以外，还应询问用户电风扇出现故障前后的情况，包括电风扇的故障现象、发生故障时是否冒烟、有无异常响声或气味等。通过询问了解上述情况，有助于分析、判断故障的部位，找到造成故障的原因。

2. 分析判断是电气故障还是机械故障

电风扇不通电，用手旋转扇叶看扇叶能否转动灵活，这是判断电气故障或机械故障的关键。如果扇叶不能转动，或者转动吃力，则故障可能出在机械方面；如果扇叶转动灵活，则很可能是电风扇电气部分发生故障，此时需要进行通电检查。接通调速开关，观察电风扇是否能够正常运转。如果扇叶能正常运转，说明电风扇的电动机没有发生故障；如果电风扇不动，则首先检测电动机是否得电。如果电动机接线端没有电压，说明故障发生在电源输入到电动机之间的电器零部件及连接导线上；如果电动机有电，则说明电动机本身存在故障。

3. 机械故障的检修

经过检查，如分析判断出是机械故障后，应断开电源，检查各传动、转动部分。首先给各传动、转动部分的轴承或齿轮处加注适量润滑油试一试，拨动扇叶看能否转动自如。第 2 步检查各转动部位有无污物杂质阻塞的现象，润滑油脂是否变质，必要时可用汽油或煤油清洗各转动部位（如轴承、齿轮等），然后再加注润滑油脂。第 3 步检查主轴与轴承，看是否损坏或异常，有无过紧、过松或错位情况。通过校正或更换，使拨动扇叶时，能转动灵活自如。

4. 电气故障的检查

经过检查，如分析判断出是电气故障后，则要进行通电检测。如果故障发生在从电源输入到电动机之间的电器零部件及其连接导线上，则可能出现的情况有：调速开关接触不良或损坏；定时器接触不良或损坏；连接导线中间断线，焊点松脱等。检修时，可以根据上述顺序逐步检查，找出原因进行维修或更换。如果通电后风扇不转，但发生"嗡嗡"响声，在排除输入电压偏低的情况下，可能是主绕组或副绕组存在匝间短路、电容器损坏等原因，在查明原因后进行修复或更换。

5. 通电试运转

检修完毕，应进行必要的检测，着重检测修理部件。例如，电动机检修完毕，应该用绝缘电阻表检测其绝缘电阻，用万用表检测其绕组的直流电阻，用手转动转子，检查转动是否灵活等。经检测一切正常后，通电试运转，此时应注意观察、倾听运转是否平稳，有无异常响声等。

2.4.2 常见故障及检修方法

电风扇常见故障及检修方法见表2-2。

表2-2 电风扇常见故障及检修方法

故 障 现 象	可 能 原 因	检 修 方 法
通电后电风扇不转动	1) 电源插头与插座接触不良、电源线断路 2) 电容器损坏 3) 电动机引出线有虚焊或脱焊 4) 定子绕组有开路现象 5) 琴键开关接触不良 6) 定时器触头不到位 7) 调速电抗器线圈开路 8) 电子控制部分有故障	1) 切断电源，修理插座。更换电源线 2) 更换同规格电容器 3) 重新焊接故障部位 4) 更换电动机定子绕组 5) 修理或更换开关 6) 调整触头位置，使之接触良好 7) 查出断路处，接通或更换线圈 8) 检修电子控制板
通电后扇叶不转动，电动机发出"嗡嗡"叫声	1) 轴承严重磨损，使转子轴偏心，转子铁心被定子磁场吸住 2) 减速传动机构被异物卡住或传动零件有故障 3) 定子绕组匝间短路 4) 定子电路中的电容器漏电	1) 更换电动机轴承或端盖 2) 清除异物或更换传动零件 3) 更换电动机定子绕组 4) 更换同规格电容器
工作时，电动机温升过高	1) 轴承润滑油老化或缺油 2) 电动机绕组局部短路 3) 轴承损坏 4) 扇叶变形，扭曲过大 5) 摇头零件配合过紧，摇头机构卡住	1) 适当加注润滑油 2) 更换绕组 3) 更换轴承 4) 更换扇叶 5) 修理摇头机构

故 障 现 象	可 能 原 因	检 修 方 法
运转时有异常响声	1）风叶止动螺钉松动 2）前网罩的装饰环松动或网罩松动 3）轴承磨损引起转子径向跳动 4）风叶变形 5）调速器的电抗器铁心松动 6）离合器位置不对。摇头机构松脱，蜗轮孔径太大	1）拧紧止动螺钉 2）上紧装饰环螺钉，固紧网罩 3）更换轴承或端盖 4）校正风叶或更换风叶 5）紧固铁心 6）调整位置，修复摇头机构，更换蜗轮
转速偏慢	1）电源电压低于额定值 2）电容器容量减小 3）主绕组或副绕组匝间有局部短路 4）转子绕组出现断条或有气孔 5）传动机构润滑油脂老化变质或缺少润滑油脂 6）轴承损坏、转轴弯曲变形或润滑不良	1）检查电源电压，正常后使用 2）更换电容器 3）检修或更换电动机定子绕组 4）更换转子 5）增添润滑油脂或用汽油清洗后更换润滑油脂 6）更换轴承、转轴，加润滑油脂
调速失灵	1）调速绕组引出线虚焊 2）调速绕组与副绕组短路 3）琴键开关接触不良	1）重新焊接 2）修理短路部位或更换定子绕组 3）更换琴键开关
不摇头	1）摇头控制拉线断开 2）蜗轮严重磨损 3）离合器弹簧片断裂 4）离合器钢珠脱落 5）离合器不啮合 6）离合器拨钩松动或损坏 7）直齿轮下面的曲柄开口销脱落	1）更换拉线 2）更换蜗轮 3）更换弹簧片 4）补上钢珠 5）调整使其啮合好 6）固定或更换拨钩 7）套上摆摆连杆，重新装上曲柄开口销
工作时噪声很大	1）风叶没有固定紧 2）电动机轴润滑不好 3）电动机轴承磨损，造成间隙过大 4）电动机定子、转子相摩擦	1）重新固定并拧紧 2）加润滑油 3）换用新轴承 4）修理或更换电动机

2.5 微电脑程控电风扇

电风扇采用微电脑控制，既可以使电风扇具有多种功能，又可以使控制电路变得简单可靠，使用者只需按动外接的各个功能键，电风扇将按预先编制好的程序运转。电风扇的程序控制主要有自然风功能、睡眠风功能、定时功能、遥控功能、过电流保护功能等。

2.5.1 结构

微电脑程控电风扇的结构与普通电风扇的结构大同小异，主要区别在于控制电路及面板控制机构的控制方式不同，此外，程控电风扇的摇头机构大多采用微型同步电动机传动方式。

1. 程控电风扇的面板布置

程控电风扇都采用轻触式微型开关来控制电风扇的启、停和工作方式，图 2-18 所示为程控电风扇的控制面板图。$SB_1 \sim SB_5$ 为 5 只轻触型控制开关，其中 SB_5 为电源开关，SB_1 为调速开关，SB_2 为定时开关，SB_3 为睡眠定时控制开关，SB_4 为模拟自然风控制开关。当电风扇打开、停止或改变工作方式时，只需轻触一下相应的控制开关即可；此时，按钮开关右侧的 LED 同时对应发光，指示当前的工作状态。

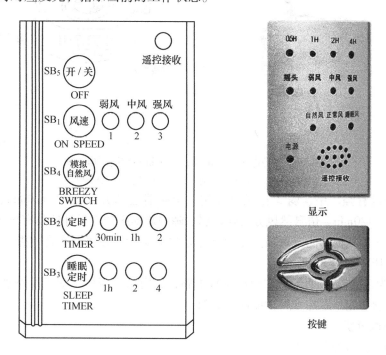

图 2-18　程控电风扇的控制面板

2. 电动式摇头控制机构

程控电风扇用遥控器来控制电风扇的摇头机构，一般采用微型同步电动机驱动连杆来实现摇头；同步电动机安装在电风扇电动机后端尾部的机架上，如图 2-19 所示。为使同步电动机的转速降至需要的速度，同步电动机一般都带有不同速比的减速机构。同步电动机的偏心轴直接驱动连杆与角度盘一起运动，从而使扇头作低速摆动，偏心轴每旋转一周，扇头轴线往复摆动一次，同步电动机的转速约 5r/min，即电风扇扇头每分钟来回往复摆动 5 次。

2.5.2 基本原理分析

专为电风扇控制电路设计的电脑芯片种类繁多，下面仅以 MH8822 单片机为例做简单介绍。以 MH8822 为核心的微电脑程控电风扇的电原理图如图 2-20 所示。

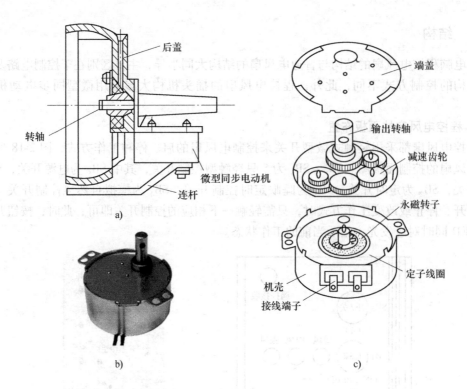

图 2-19　程控电风扇的电动式摇头机构与同步电动机

a）摇头机构　b）同步电动机实物　c）同步电动机结构

该电风扇设有强、中、弱 3 挡风速控制。定时器选择分 60min、120min、240min；或 30min、60min、120min。仿自然风分为强、弱、睡眠周期 3 挡。另外还具有风扇扇头摇头和照明、遥控输入等其他功能。每项操作皆有对应 LED 显示，按键时有音响提示。

1. 芯片 MH8822

MH8822 为 28 脚双列直插式 CMOS 集成电路，其内部是四位单片机及特别编制的程序，能实现各种控制功能。芯片管脚功能如图 2-21 所示。

2. 电路功能分析

（1）键盘矩阵和复位电路

键盘矩阵由微电脑 MH8822 的 3 条键扫描输出线 27 脚、28 脚、3 脚和两条键扫描输入线 5 脚、6 脚组成，共有 $3 \times 2 = 6$ 个键，实用中只用其中的 5 个键。复位电路由 R_4、C_5 以及复位按钮组成。

接通电风扇电源开关，220V 交流电压经变压器变压、$VD_1 \sim VD_4$ 桥式全波整流、C_1 滤波和调整管 VT_6 后，获得平稳工作电压 +5V。在 +5V 电压建立的瞬间，因 C_5 两端电压不能突变，而使 MH8822 的复位端（9 脚）得到一高电平。由此可见，开机瞬间实际上是向微电脑 9 脚输入了一个正脉冲（按复位键时，也相当于向 9 脚输入一个正脉冲）。MH8822 接收到正脉冲后，由 ROM 中取出复位程序，各寄存器清零，微处理器自动复位，进入中断状态等待工作指令。这时，电风扇主电机、摇头机构为停止状态，照明灯，各功能发光二极管均为关闭状态。

然后，微电脑执行键盘输入监控程序和红外线遥控监控程序。若此时有键按下，微电脑就立即分析该键键码，并到 ROM 中调出相应子程序执行。

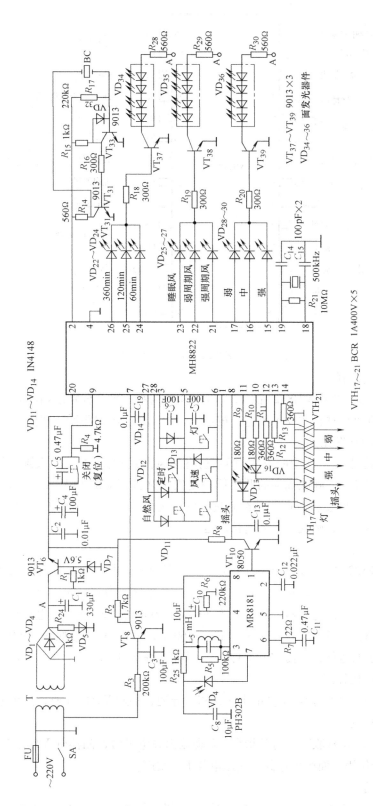

图 2-20 MH8822 为核心的微电脑程控电风扇电原理图

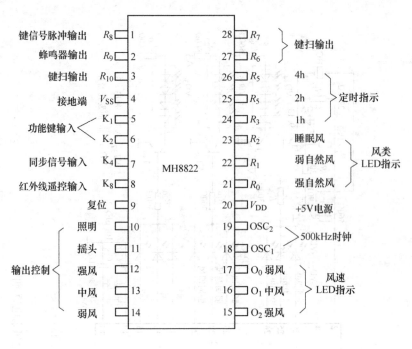

图 2-21　MH8822 芯片管脚功能图

（2）风量方式控制

1）风速控制键：芯片 MH8822 的 12、13、14 脚为高电平，分别使相应的晶闸管触发导通，这样便可得到可供选择的 3 种风速，按强风—中风—弱风顺序循环变换，并且使相应挡位的发光二极管 LED 发光。

2）仿自然风控制键：从中断方式（即不仿自然风方式）起，按动一次则变换一种方式，按强周期——弱周期——睡眠周期的顺序循环变换，并且相应的 LED 发光，在强或弱周期自然风下运转时，如果按动仿自然风控制键，则变为低速运转。在睡眠周期自然风下运行时，如果按仿自然风键，则变为弱风速长期运行。

（3）定时控制

当芯片 MH8822 的 3 脚与 5 脚间接有二极管 VD_{14} 时，定时器选择时间为 60min、120min、360min，3 脚与 5 脚间不接 VD_{14}，定时器选择时间为 60min、120min、240min；若 VD_{14} 接至 1 脚与 5 脚，则定时器选择时间为 30min、60min、120min。在电风扇运转状态下，重复按定时控制键，定时器按 60min—120min—360min 循环，最后按照停止的位置执行定时时间。停止电风扇的运行，只需按下"停止"（复位）键即可。

（4）摇头电动机控制

当芯片 MH8822 的 10 脚输出高电平时，VD_{16} 导通，触发 VTH_{18} 导通，摇头电动机运转。

（5）蜂鸣器控制

当芯片 MH8822 每接收一次有效指令，2 脚输出高电平时，晶体管 VT_{31}、VT_{33} 工作，经电阻 R_{16} 的正反馈作用，而产生振荡，使压电片 HA 发声。

（6）显示电路

当芯片相应端子输出高电平时，对应的发光二极管发光，显示电风扇当前的工作状态。

（7）遥控控制

遥控接收电路主要由 MR8181 集成电路和红外线光敏二极管 VD$_9$ 组成，接收到的信号经放大后送入芯片 MH8822 的 8 脚，经芯片译码并执行操作。

遥控发射器由 MT8803CMOS 集成电路构成。控制指令经过红外发光二极管 SE303 发射编码信号。发射的指令采用脉冲编码调制（16 位编码）。每次发射两次，其中一次是反相的，以防止接收器收到错误编码。

2.5.3 控制电路常见故障与检修

1. 检修步骤与注意事项

1）首先应熟悉微电脑集成芯片的基本原理、各引脚的作用及各引脚的正常电压参考值。

2）检修故障时，应先查 IC 的外围元器件，如某个引脚的实测电压与正常值相差很多，则应首先检查与该引脚相连的外围元器件，在确认外围元器件、外围电路正常后，再检查、拆卸、更换集成电路。

3）集成电路各引脚的排列紧凑，检测各引脚的电压时，注意不要使两引脚之间造成短路，以免造成新的故障。

4）拆卸集成电路时要用专用的拆卸工具，以免印制电路板上的焊盘损坏。不允许带电拆卸。

2. 微电脑芯片故障的常见原因

微电脑芯片的工作电压通常为 5V，工作电压低，损坏率也比较低，直接导致微电脑芯片损坏或不能正常工作的常见原因，是微电脑芯片的外围电路出现故障后影响到微电脑芯片，常见的有：

1）晶闸管控制脚。这类引脚通常经电阻或二极管等与晶闸管的门极相连，当晶闸管击穿时，电流可能通过对应的控制脚使微电脑芯片损坏。

2）红外遥控信号输入脚。该脚外围电路出现故障，微电脑芯片得不到遥控指令信号，而不能实现遥控。

3）主时钟脉冲输入脚。主时钟脉冲输入脚一般外接电容器和晶体振荡器，当主时钟脉冲输入脚的外围元器件出现故障时，振荡停止。微电脑芯片内部的中央处理系统无法运转，电风扇所有功能均不能实现。

4）50Hz 基频脉冲输入脚。该脚输入的基频脉冲一般直接取自市电，经降压、整流、限幅后得到 50Hz 的脉冲信号。当其外围电路发生故障，无基频脉冲输入，微电脑芯片中的计时电路停止工作，导致电风扇的定时、程控风、仿自然风等功能不能工作。

5）复位脚。微电脑芯片工作正常时，该脚无复位电平输入，如因该脚所接外围电路出现故障而出现复位电平，则微电脑芯片处于复位状态，导致电风扇所有程序停止运行。

3. 检修实例

下面以图 2-20 所示 MH8822 微电脑程控电风扇为例进行讨论：

1）电风扇遥控、手控均不能工作。首先检查芯片 MH8822 的电源供电电压是否为 +5V。如电压过低，则电路中有短路故障；电压过高有可能是稳压管 VD$_7$ 断路，该电压正常后测量芯片 18 脚和 19 脚的电压是否为 2.4V 左右，过低和无电压，有可能是 500kHz 晶体振荡器损坏，更换后应能正常工作。

如果还不能正常工作，则应检查各按键开关通断是否良好，并断开芯片 8 脚，此时应能正常工作。否则需检测 MH8822 芯片各脚的电压值来判断其是否损坏。当断开芯片 8 脚时，手控如能正常工作，可检测 MR8181 及其外围电路。另外 MH8822 第 9 脚所接的复位电容失效，也会造成 8 脚为高电位而遥控失效。

2）手控正常，但遥控不能工作。如果遥控器正常，则该故障通常在遥控信号前置放大电路 MR8181 及外围电路上，先检测 MR8181 各脚工作电压是否正常，如果外围元件及 MR8181 各脚电压均正常，应检查红外接收管 VD_9 和晶体管 VT_{10} 是否损坏，如果仍不能排除故障。则应考虑更换 MR8181。

3）手控、遥控均正常，但负载工作异常。如确认风扇电动机、摇头电动机和照明灯 3 个负载正常，则有可能是某一路负载电路出现故障（例如晶闸管损坏等），此时，可检测芯片 MH8822 与某一路负载电路相关联的引脚有无信号输出，如无输出，则为芯片损坏。若有输出，可顺着信号流向检查相关元件。例如，强风挡负载不工作，应测芯片 12 脚有无强风信号输出，如有信号应测 R_{11} 的电阻值及晶闸管有无触发。

4）遥控器的故障。如果电路不能发射信号，多数为晶体振荡器损坏。如果检测晶振及外围元件都正常，可判定红外遥控发射器集成电路（如 MT8803）损坏，更换后即可排除故障。另外，遥控器故障率最高的是按键，可通过修理或更换按键的方法解决。

2.6　空调扇

空调扇是一种全新概念的电风扇，兼具送风、降温、取暖和净化空气、加湿等多功能于一身，以水为介质，可送出低于室温的冷风，也可送出温暖湿润的暖风。与普通电风扇相比，空调扇更有清新空气、清除异味的功能，且功率只有 60 ~ 80W 左右，价格也相对比较便宜。其外观如图 2-22 所示。

空调扇实际上就是一个装备了水冷装置的电风扇，靠内置的水泵使水在机内不断循环从而将周围的空气冷却，这样，扇叶送出的风就有了冷的感觉。业内人士称之为物理储能制冷。不过，这种冷风冷得很有限，出风口处温度比环境温度最多只低 3 ~ 5℃左右，而空调如果开足马力，出风口处的温度仅有 10 ~ 12℃，比环境温度低 20℃以上。目前，也有使用半导体制冷元器件辅助降低出风口温度的空调扇，但制冷效果仍然有限，所以，希望靠空调扇保持恒定舒爽的室温并不现

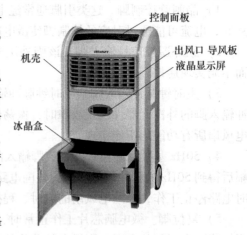

图 2-22　空调扇

实，但考虑到价格、节能等诸多因素，空调扇还是占有一定市场空间的。

2.6.1　空调扇的控制电路

空调扇的控制电路与普通电风扇基本相同，图 2-23a 所示为一般空调扇的控制电路，图

中 PT 为定时器，$SA_1 \sim SA_5$ 分别是风向开关、冷风开关、电热器开关、调速开关和高热开关，LED_1 是电源及送风指示，$LED_2 \sim LED_4$ 是导风、制冷、加热等相应工作状态的指示灯。M_3 是风扇电动机，采用抽头方式调速，可分为高、中、低 3 挡风速，M_1 是导风板驱动电动机，M_2 是水泵电动机。为防止加热过程中过热，在电热器 PTC_1、PTC_2 回路中串接了温控器 ST，C 是风扇电动机起动电容器。

图 2-23b 所示为一款普通空调扇的控制面板。

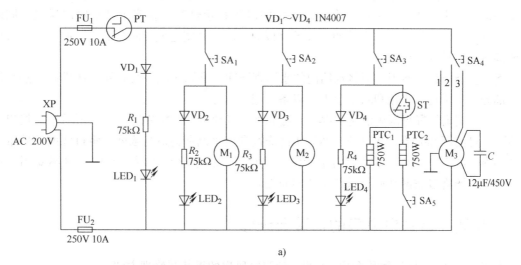

a)

b)

图 2-23 空调扇控制电路及控制面板

2.6.2 空调扇的使用与维护

空调扇的使用与维护应注意以下几点。

1）水平放置。空调扇应水平放置，不得倾斜，使用前要检查插座电源是否与风扇铭牌上的参数一致。

2）常常加水。新机或长时间停用后的空调扇，必须在使用前在水箱中灌注清水，可通过水标观察水位情况，控制加水量。有条件时加注低温冷水或冰水，降温效果更佳。若在水中加入适量香料，吹出来的将是一阵阵馨香清凉的和风。

加水前应拔下电源插头，以防止电气元件受损，待灌的水位上升到接近"最高"位置即可，不要过满；灌好水后，把扇门关上，在作制冷使用时，要注意观察水标的情况，当水位下降到接近"最低"位置时，应补充加水，否则将会失去制冷效果。

3）冷冻冰晶。一般的空调扇都配有两个冰晶，每天晚上，把其中一个放在家里的冰箱冷藏柜里冷藏一段时间，第二天拿出来放到水箱里用，效果更好。

4）摆动送风。一般的空调扇都具有左右摆动送风功能，当需要摆动送风时，只需要按"风向"选择键一次，使"摆动风"指示灯亮，就可自动左右送风，送风角度120°，若不需要摆动送风，再按风向选择键一次，使"定向风"指示灯亮，就停止摆动定向送风。同时还可调整上下送风位置，如用手调整长导风板的方向，可使送风方向全部向下或向上，根据需要调整到最理想的位置。

5）空调扇长期不用，应将水箱内的水清理干净，常温送风一段时间，让机内特别是过滤网部分完全干透，再用塑料袋套上，以备再用。

6）空调扇最好每两周清洗一次，方法如下：拔掉电源；扭松螺钉，取下后罩；拔出接线器，将过滤网和后罩一起拿开；然后用洗涤剂和清水调和为适当浓度，将过滤网与后罩放入容器内，洗 10～15min 后换上清水清洗，注意不要将小电动机浸入水中，也不要用水冲洗；清洗完毕将过滤网和后罩重新安装回原处。

2.7　实训　台式电风扇的拆装及维修

本节以台式电风扇（简称台扇）为例，学习电风扇的拆装与修理方法。

2.7.1　实训目的

1）了解台式电风扇的结构、工作原理及正确的使用方法。
2）学习和掌握台式电风扇的拆装调整方法。
3）学习和掌握台式电风扇常见故障的维修方法。

2.7.2　实训器材

1）台式电风扇	1 台
2）组合螺钉旋具、扳手、尖嘴钳、20W 电烙铁等	1 套
3）万用表	1 块
4）绝缘电阻表	1 台

2.7.3　实训内容与步骤

1. 台扇的拆装

（1）台扇扇头的拆装

1）把台扇置于工作台上，用手掰下网罩下部的塑料扣夹，再取小号一字螺钉旋具轻轻撬开网罩左右两侧的内卡，取下前网罩。

2）用一字螺钉旋具旋松风叶紧固螺母，取出扇叶。

3）再用手逆时针旋出后网罩的塑料紧固螺盖，取下后网罩。

4）用十字螺钉旋具旋出电动机前外壳的紧固螺钉，取下前外壳。

5）用十字螺钉旋具旋出摇头机构的揿拔柄上的紧固螺钉，取下揿拔柄，用一字螺钉旋具旋出后外壳后面的螺钉，取下后外壳。

6）用螺钉旋具旋下电动机电容器的固定螺钉，用电烙铁焊下电源连接线，取下电容器。

7）用尖嘴钳取下摇头机构的摇摆连杆上的开口销钉，取下摇摆连杆，再旋出摇头机构的固定在电动机上的螺钉，取下蜗轮，再用尖嘴钳取下摇头直齿轮的开口挡圈，取下摇头直齿轮。

8）用尖嘴钳取下中心轴下面的开口销钉，取下风扇电动机，再取下中心轴套，分解电动机，旋出前后端盖的紧固螺钉，分开前后端盖定子和转子。

9）扇头的安装步骤和上述步骤相反，注意要旋紧紧固螺钉。

（2）台扇底座的拆装

1）台扇的扇头拆卸后，把台扇横放在工作台上，先拔下定时器的旋钮，再用十字螺钉旋具旋出底板上的 4 颗紧固螺钉，取下底板。

2）用十字螺钉旋具旋出调速开关的紧固螺钉，用电烙铁焊下调速开关上的电源线，取下调速开关。注意焊下的电源线一定要做好标记，以防安装时电源线接错。

3）用十字螺钉旋具旋出定时器上的两颗紧固螺钉，用电烙铁焊下定时器上的电源线，取下定时器。

4）最后用十字螺钉旋具旋出指示灯座的紧固螺钉，取下指示灯和指示灯座，旋出熔丝管座的紧固螺钉，取下熔丝座，拧开熔丝座，取出熔丝。

5）台扇底座的安装和上述步骤相反，注意电源连线不要焊错。

2. 测量电动机绕阻直流电阻

用万用表的欧姆挡测量电动机两个绕阻的直流电阻。将测量结果填入表 2-3。

3. 测量电抗器直流电阻

用万用表的欧姆挡测量电抗器各引出线间的直流电阻。将测量结果填入表 2-4。

4. 检测电动机的绝缘电阻

用绝缘电阻表检测电动机的绝缘电阻。检测结果填入表 2-3。

5. 台扇的维修

由指导教师按本章 2.4 节的内容，对实训用电风扇设置一种或几种故障，要求学生在教师指导下独立完成维修工作。将检修结果记录于表 2-5 中。

2.7.4 实训报告

1. 数据记录

数据记录表格见表 2-3 ~ 表 2-5。

表 2-3 电动机绕组的直流电阻及绝缘电阻

引出线编号	引出线颜色	主绕组电阻/Ω	副绕组电阻/Ω
1			
2			
3			
电动机的绝缘电阻			

表 2-4　电抗器各引出线间的直流电阻

引出线编号	引出线作用	引出线间的直流电阻/Ω
1	最大值	
2	快—中	
3	中—慢	
4	快—慢	
5	指示灯	
6		

表 2-5　台扇的维修实训报告

	故 障 现 象	故障原因分析	检 修 结 果
故障 1			
故障 2			
故障 3			
故障 4			

2. 收获、体会及课后思考题

将收获、体会写成书面材料，要求不少于 300 字。根据实训内容由任课教师布置思考题，解答后将答案写在实训报告上。

2.8　习题

1. 电风扇有哪些类型？它的型号如何表示？请举例说明。
2. 台扇由哪几部分组成？简述它们的作用。
3. 台扇的扇头由哪些主要部分构成？
4. 电风扇的主要技术指标有哪些？
5. 电风扇调速方法常见的有哪几种？
6. 电抗法调速的原理是什么？
7. 简述以 555 电路为核心组成的模拟自然风电路的工作原理。
8. 分析红外遥控发射与接收电路的工作过程。
9. 电风扇工作时噪声大的主要原因是什么？
10. 简述电风扇调速失灵的主要原因及检修方法。

第3章 洗 衣 机

【教学目标】

- 掌握普通双桶波轮式洗衣机的结构、控制电路原理及故障检修。
- 掌握全自动波轮式洗衣机结构、控制电路原理及常见故障检修。
- 掌握全自动滚筒式洗衣机结构、控制电路原理及常见故障检修。

3.1 洗衣机的类型与规格

洗衣机是现代家庭必备的家用电器之一。随着科学技术的发展，洗衣机的自动化程度不断提高，利用微电脑、传感器和模糊逻辑控制技术，使洗衣机由简单的"能洗衣"，发展到具有高洗净度、低磨损率、健康型、智能化、节水节能等高层次功能，满足了不同档次的需求。目前洗干一体化全自动洗衣机已进入普通家庭。

3.1.1 类型

1. 按洗衣机的自动化程度分类

按自动化程度分类，可以分为普通洗衣机、半自动洗衣机和全自动洗衣机。

1）普通洗衣机是指洗涤、漂洗、脱水各功能的转换都需要人工操作的洗衣机，它装有定时器，可根据衣物的脏污程度预定洗涤、漂洗和脱水的时间，预定时间到自动停机。这类洗衣机具有结构简单、价格便宜、使用方便等优点，适合一般家庭使用。普通洗衣机在洗涤脱水过程中，仅起着省力的作用，进水、排水及将衣物从洗涤桶取出放入脱水桶均需人工完成。

2）半自动洗衣机是指洗涤、漂洗、脱水各功能中，至少有一个功能的转换需用手工操作而不能自动进行的洗衣机。一般由洗衣和脱水两部分组成，在洗衣桶中可以按预定时间自动完成进水、洗涤、漂洗直到排水功能，但脱水时，则需要人工把衣物从洗衣桶中取出放入脱水桶进行脱水。

3）全自动洗衣机是指洗涤、漂洗、脱水各功能的转换都不需要手工操作，完全是自动进行的洗衣机。在选定的工作程序内，整个洗衣过程是通过程控器发出各种指令，控制各个执行机构的动作而自行完成。

2. 按照洗涤方式分类

按照洗涤方式可将洗衣机分为波轮式、滚筒式、搅拌式3大类。波轮式、滚筒式、搅拌式全自动洗衣机分别占全球洗衣机市场份额的33%、52%和15%。由于使用习惯及地域性的因素，搅拌式洗衣机目前在我国占有的份额很小。

1）波轮式洗衣机又称为波盘式洗衣机，依靠波轮定时正、反向转动或连续转动的方式进行洗涤。其优点是洗净率高，对衣物磨损小，结构简单，价格低，体积小，重量轻，耗电省；其缺点是用水量大，洗衣量小，缠绕率高，衣物磨损也较大。

2）滚筒式洗衣机是将被洗涤的衣物放在滚桶内，部分浸入水中，依靠滚桶定时正反转或连续转动进行洗涤的洗衣机。其优点是对衣物磨损小，特别适于洗涤毛料织物，用水量小，并且大多有热水装置，便于实现自动化；其缺点是洗涤时间长，在相同条件下与波轮洗衣机相比洗净率较低，耗电量大，结构复杂，价格高。

3）搅拌式洗衣机，又称为摇动式洗衣机。通常在洗衣桶中央竖直安装有搅拌器，搅拌器绕轴心在一定角度范围内正反向摆动，搅动洗涤液和衣物，好似手工洗涤的揉搓。这类洗衣机的优点是洗衣量大，功能比较齐全，水温和水位可以自动控制，并备有循环水泵；其缺点是耗电量大，噪声较大，洗涤时间长，结构比较复杂。

3. 按照结构形式分类

按照结构形式，洗衣机可以分为普通型单桶、双桶，多桶型，全自动波轮式和前装式全自动滚筒式、顶装式全自动滚筒式等。

3.1.2 型号与规格

国产洗衣机的型号由 6 部分组成。其含义如下：

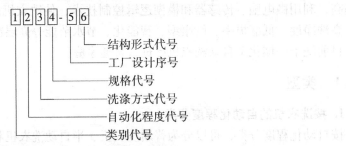

类别代号：洗衣机代号为汉语拼音字母 X，脱水机代号为 T。

自动化程度代号：P 表示普通型，B 表示半自动型，Q 表示全自动型。

洗涤方式代号：B 表示波轮式，G 表示滚筒式，J 表示搅拌式。

规格代号：它表示洗衣机额定洗涤（或脱水）容量的大小。额定洗涤（或脱水）容量是指衣物洗涤前干燥状态下所称得的重量，以 kg 为单位，标准的规格分别为 1.0，1.5，2.0，2.5，3.0，4.0，5.0，共 7 个级别。洗衣机型号中的数字是以规格容量乘以 10 表示的，即去掉小数点，如额定洗涤容量为 2.0kg，则代号表示为 20。

工厂设计序号：工厂设计产品的序号。

结构形式代号：S 表示双桶，单桶则不标。

在脱水机型号中，略去 2，3，6 部分。

例如，XPB20-4S 型洗衣机，表示洗涤容量为 2kg 的波轮式普通型双桶洗衣机，4 表示是该生产厂家的第四代产品。XQG50-4 表示洗涤容量为 5kg 的全自动滚筒式洗衣机，属于第四代产品。

3.1.3 洗涤原理

洗衣机的洗涤原理是由模拟人工手搓衣物的原理发展而来的，即通过翻滚、摩擦、水的冲刷和洗涤剂的表面活化作用，将衣物上附着的污垢除掉，从而达到洗净衣物的目的。

洗涤衣物的过程在于破坏污垢在衣物纤维上的附着力并脱离衣物，这个过程可概括为：

$$衣物 \cdot 污垢 + 洗涤剂 \xrightarrow[\substack{洗涤前}]{外力作用下} 衣物 + 污垢 \cdot 洗涤剂$$
$$\underset{洗涤前}{} \qquad\qquad\qquad \underset{洗涤后}{}$$

衣物上的污垢主要来自人体的分泌物和外界环境的污染，包括可溶于水的人体分泌物、食物、可用溶剂或洗涤剂除去的油质性污垢(如矿物油、动植物脂肪等)以及一些不溶于有机溶剂或洗涤剂的固体污垢(如尘埃、泥土、沙石等)。这些固体污垢被洗涤剂分子吸附，而脱离被洗涤的衣物。

可见，为了使污垢与衣物分离必须借助于外界力的作用，来降低和破坏污垢与衣物之间的各种结合力，使衣物上的污垢从纤维缝隙中分离出来。

3.1.4 主要技术指标

1. 洗涤性能参数

1）额定洗涤容量。又称为额定洗衣量，是指洗衣机在正常洗涤条件下，能够洗涤的干衣物的最大重量，单位为 kg。

2）额定水量。指洗涤额定衣量时所需要的水量，单位为 L 或 kg，额定洗衣量与额定水量之比取 1:20(波轮式)或 1:13(滚筒式)。

3）洗净性能。用洗净比来衡量洗衣机的洗净性能。它由被测洗衣机的洗净率与参比洗衣机的标准洗净率的相对比值决定。国家标准规定洗衣机的洗净比不小于 0.8。

4）织物磨损率。磨损率是衡量洗衣机对衣物的机械磨损程度的指标。它是通过测量在洗涤水及漂洗水中过滤所得分离纤维及绒渣的重量，以此来确定洗衣机对标准织物的磨损程度。即磨损率(%)等于过滤所得纤维与绒渣的重量(kg)与额定负载布的重量(kg)之比值。波轮式洗衣机的磨损率不得大于 0.2%。

5）脱水率。脱水率是指额定脱水容量与额定脱水容量的洗涤物脱水 5min 后的重量的比值。在洗衣机性能测试中，一般是先称取干的额定洗涤物重量，经洗涤、脱水后再次称量，然后求出两次称重的比值，以确定其脱水率。脱水率较高，表明洗衣机对洗涤物的脱水程度越大。离心式脱水桶的脱水率应大于 45%。

2. 电气性能参数

1）额定电压。指洗衣机工作时使用的电压，如单相交流 220V，50Hz。

2）额定电流。指洗衣机满载工作时，在额定电压的条件下所使用的电流值，单位为安[培](A)。

3）额定功率。洗衣机铭牌上标明的额定功率指洗衣机电动机轴上输出的功率，对于使用两台电动机(洗涤电动机与脱水电动机)的洗衣机，则分别标明洗涤功率和脱水功率。

4）绝缘电阻：洗衣机带电部分与非带电的机箱金属部分之间的绝缘电阻值，规定用 500V 绝缘电阻表测量，热态和潮态时的绝缘电阻都不应小于 2MΩ，冷态或干燥时的绝缘电阻应大于 10MΩ。

5）温升。电动机温升，E 级绝缘时不超过 75℃；电磁阀的温升，B 级绝缘不超过 80℃。

3. 其他性能参数

1）定时器指示误差：5min 脱水定时器误差应不超过 ±1min；15min 洗涤定时器误差不应超过 ±2min；程序控制器的定时误差应不超过 ±2min。

2）排水时间：在洗涤桶中注入额定洗涤水量。在不放入洗涤物的情况下，2.5kg以下容量的洗衣机排水时间不超过2min；容量3.5kg的洗衣机排水时间不超过3min。

3）噪声：洗衣机在洗涤、脱水时噪声均不应大于75dB。

4）振动：洗衣机在额定工作状态下运转达到稳定时，用测振仪测量机箱前后左右各侧面中心部位的振幅，应不大于0.8mm；机盖中心部位的振幅应不大于1mm。

5）制动性能：离心式脱水装置和脱水机，在额定负载情况下使脱水桶转速达到稳态时，其线速度超过40m/s，桶转速超过60r/min时，洗衣机应装有防止机盖或机门打开装置，当机盖或机门打开超过12mm时，脱水电动机应能断开电源并且脱水桶转速不能超过60r/min。

3.2 普通双桶波轮式洗衣机

普通双桶波轮式洗衣机由洗涤部分和脱水部分组成，这两部分的机械系统和电气系统都自成一体，既可同时工作，也可单独工作。普通双桶波轮式洗衣机，以其洗净率高、造价低廉、体积小、重量轻等优点在我国被广泛使用。

3.2.1 结构

普通双桶波轮式洗衣机主要由箱体、洗衣桶、脱水桶、波轮、洗涤电动机、传动机构、控制机构（包括定时）、排水机构等部分构成，如图3-1所示。

1. 箱体

箱体是双桶洗衣机的外壳，用以安装洗衣机的各种组件，并对箱内安装的部件起保护作用。箱体的制造除要求美观大方外，还应有足够的刚性和稳定性，以使洗衣机在工作时，能减轻振动和噪声。箱体通常多采用冷轧钢板冲制而成，表面喷漆（或烤漆）起防腐蚀和装饰作用。为了便于维修，箱体后部可以拆卸。

一般在洗衣机顶面装有一倾斜的操作面板，面板的正面安装各种控制旋钮与按钮、定时器等。

2. 洗衣桶

洗衣桶是用来盛装洗涤物和洗涤液

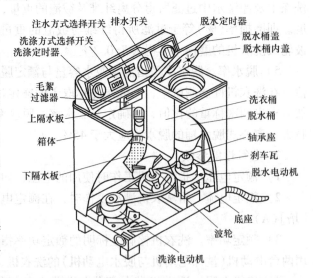

图 3-1 普通双桶波轮式洗衣机的结构

的容器，是完成洗涤或漂洗功能的主要部件。当衣物在桶内洗涤液中翻滚时，衣物间相互摩擦，衣物与桶壁摩擦，达到洗涤目的。对洗衣桶的要求是：耐热、耐腐蚀、耐冲击、耐老化、机械强度高等。就制造的材料而言，洗衣桶有塑料桶、铝合金桶、搪瓷桶、不锈钢桶等。桶纵截面的形状多为U形，为了增加湍流数量，有的洗衣机还在洗涤桶内增加挡流凸筋。功能较完善的洗衣机，在洗涤桶内还装有排水过滤罩、溢水过滤罩和强制循环毛絮过滤系统，它们的外形如图3-2所示。

1）排水过滤罩安装在桶体的最低处，上面有几排小孔，用于过滤洗涤桶内的脏水，防止异物堵住排水阀和排水管。

2）溢水过滤罩安装在桶壁上，上面有几排长形小孔。当洗衣桶的水位高出长形小孔的时候，可通过这些小孔迅速从溢水管排出，以免水溢出桶面。另外，长形小孔还起着过滤作用，不让大于长形小孔的悬浮物进入溢水管。

3）强制循环毛絮过滤器结构如图 3-3 所示，主要由毛絮过滤网架、集水槽、循环水管、回水管、回水罩挡圈、左右进水口、波轮叶片等组成，其中挡圈与波轮叶片组成一个离心泵，洗涤时电动机驱动波轮旋转，依靠离心作用将回水管中的洗涤液泵入左右进水口，经循环水管，集水槽后注入毛絮过滤网。过滤网收集了洗涤液中的毛絮、纤维等细小杂物后，让洗涤液流回洗涤桶内，这样反复循环，不断地收集洗涤液中的毛絮。

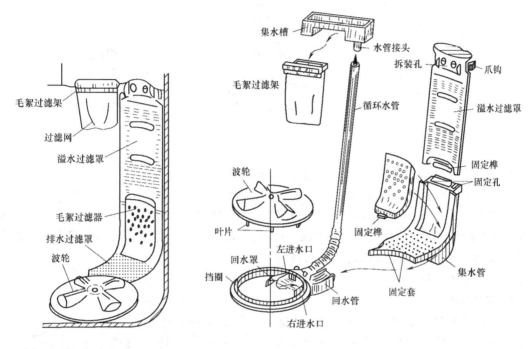

图 3-2　排水过滤罩、溢水过滤罩和
　　　　强制循环毛絮过滤系统

图 3-3　强制循环毛絮过滤器结构

3. 脱水桶

脱水桶也叫甩干桶。它与脱水电动机同轴旋转，在它的桶壁上有许多小圆孔，洗涤物中的水分在离心力的作用下由此甩出。脱水桶内有一塑料压盖，用于压洗涤物。

为了安全，脱水桶盖与安全联锁开关（俗称盖开关）是联动的，即盖好脱水桶盖则安全联锁开关闭合，打开脱水桶盖则安全联锁开关断开，切断脱水电动机的电源。

4. 波轮

波轮是波轮式洗衣机对洗涤物产生机械洗涤作用的主要部件，波轮一般采用聚丙烯塑料或 ABS 塑料注塑成型，形状如图 3-4 所示，通常外表面有几条凸起的光滑过渡筋。一般的双桶洗衣机波轮采用小波轮，波轮直径为 180～185mm，转速为 450～500r/min，多数洗衣机的波轮装配在洗衣桶底部中心偏一些位置。因其转动时水流形成涡流，故称为涡流式，洗涤效果较好。

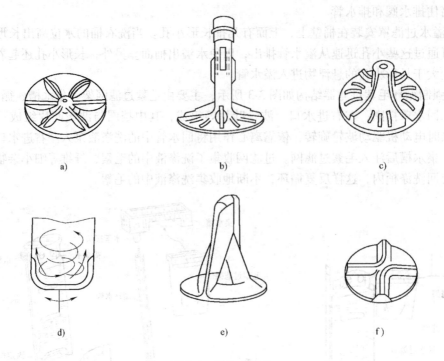

图 3-4 波轮的形状

a）心形波轮 b）高棒形波轮 c）L形波轮 d）半桶形波轮 e）掌形波轮 f）小波轮

目前市场上常见一些新水流洗衣机，主要是对波轮作了一些改进，如增高、增大，改变形状，适当降低转速，旋转时形成新水流，称为新水流洗衣机。新水流洗衣机的主要特点是洗涤时衣物不易缠绕，洗涤均匀，对衣物磨损小，但洗净率要差一些。

5. 传动结构

电动机的旋转，必须经过传动机构才能带动波轮转动。传动机构均采用一级带减速传动方式，传动带一般为单根V带。在传动机构中，波轮轴总成是支撑波轮、传递动力的关键部件，其质量的好坏将直接影响整机的运行状态、噪声大小、振动情况及整机的寿命。波轮轴总成由波轮轴、含油轴承、密封圈等构成，如图3-5所示，波轮轴上端安装着波轮，顶端的螺孔用螺钉将波轮与波轮轴紧固在一起，波轮轴的下端与大带轮相连接，并有紧固螺母压紧。波轮轴的主要作用是支撑波轮和传递电动机的动力，要承受很大的转矩，且工作条件比较恶劣，因此，要求它必须具有足够的强度和刚度、耐磨和抗

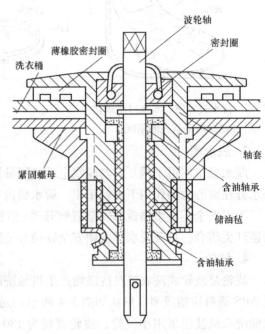

图 3-5 波轮轴总成

腐蚀能力。

6. 电动机

电动机在各种类型的洗衣机上，作为洗涤和脱水的动力，主要采用的是电容式单相交流异步电动机。单桶洗衣机只用 1 台电动机，双桶洗衣机使用两台电动机，1 台用于洗涤，1 台用于脱水。波轮洗衣机普遍采用四极电动机，其外形与结构如图 3-6 所示。

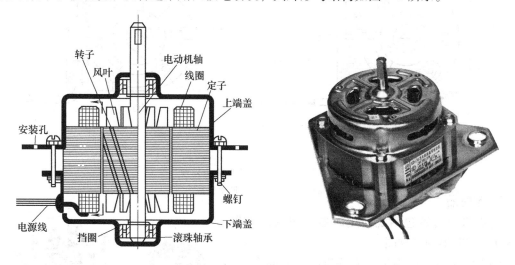

图 3-6　波轮洗衣机的电动机

1）洗涤电动机。洗涤电动机通常有 4 种功率规格：90W，120W，180W 与 280W，配用 6 ~ 10μF 的运转电容器。由于洗涤电动机采用正、反向频繁换向的运转方式，因此它的两个定子绕组无正、副之分。为了使洗涤运转时正、反向转动都具有同样的起动特性和转动力矩，两个绕组的匝数、线径、节矩等必须完全相同。

2）脱水电动机。脱水电动机的功率通常为 75 ~ 140W，旋转方向都是逆时针方向，这是由脱水桶制动装置决定的。由于脱水电动机只有一个转动方向，因此其定子绕组有主、副之分。主绕组线径较粗，电阻较小，副绕组线径较细，电阻较大。脱水电动机是直接驱动脱水桶运转的。由于电动机以 1400r/min 的高速度旋转，加上脱水桶内的衣物分布不可能完全均匀，因此，转动时脱水桶将产生较大的振动。为了减小振动和偏摆，在脱水电动机与洗衣机底座之间安装 3 组弹簧支座（减振装置），减振装置是由减振弹簧、橡胶套和上、下支架组成，其结构如图 3-7 所示，通过 3 个弹簧支座将脱水系统（包括脱水电动机、脱水桶）支承起来。此外脱水电动机还具有制动装置（刹车机构），如图 3-8 所示，当洗衣机工作在脱水状态时，刹车机构工作在如图 3-8b 所示状态，此时钢丝套中的钢丝拉紧，刹车块离开刹车鼓，脱水内桶自由转动。当脱水电动机运转时或脱水过程结束后，若打开脱水桶外盖，安全联锁开关就会切断电源，并把钢丝放松，使得刹车块在

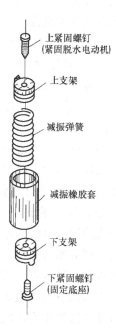

图 3-7　脱水电动机的减振装置

89

刹车弹簧收缩力作用下，紧紧地压在刹车鼓上的外圆柱面上，如图3-8a所示，这样刹车块与刹车鼓之间产生很大的摩擦力，使得脱水桶迅速(约10s)停止转动。

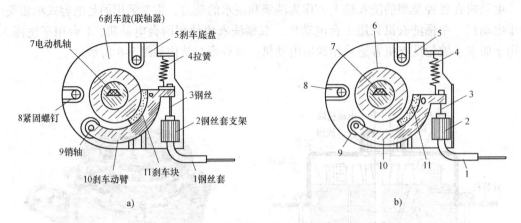

图 3-8　脱水电动机的制动装置
a) 制动状态　b) 脱水状态

7. 定时器

洗衣机定时器包括洗涤定时器与脱水定时器。图3-9是定时器的实物图。

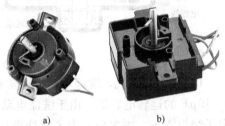

洗涤定时器是控制洗衣机洗涤的总时间及洗涤过程中波轮的正转-停-反转程序；脱水定时器用来控制洗衣机的脱水时间。定时器按其动力源可分为发条式、电动式和电子式。

1）发条式定时器。主要由发条、钟表齿轮传动机构电气开关组件等组成，为了实现对电动机控制，

图 3-9　洗衣机定时器

增加了电气开关组件，应用发条的反弹力驱动齿轮传动机构和凸轮机构，实现各触点的组合，从而控制运转的时间、电动机的正反转时间等。发条式定时器结构简单，成本低。

2）电动式定时器。是以微型同步电动机或微型罩极式电动机为动力源，主要由电动机、齿轮传动机构以及电气开关组件等部件构成。电动式定时器工作稳定，定时精确度高。

3）电子式定时器采用电子延时电路，按预先设定好的工作程序及时间让执行元件动作，由继电器控制电动机的通断，实现电动机的正转、停及反转的时间。电子式定时器，特别是采用大规模集成电路的电子式定时器，电路更加简单，控制更为准确和灵敏。

洗涤定时器额定时限一般为15min，脱水定时器时限一般为5min，实际使用时脱水1～2min即可，继续延长脱水时间，脱水率也不会明显提高。

8. 进、排水系统

普通波轮洗衣机的进水完全是由人工操作的，由洗衣机进水管外接水管，手工拧动自来水龙头控制进水与水位，也可以直接往洗涤桶中加水直到认为满意为止。排水则通过排水开关、排水阀及排水管来实现。图3-10所示为一种常用的桶外排水系统机构图，它主要由1个四通阀和橡胶阀塞组成，其中四通阀的4个管口分别与排水管、洗涤桶溢水管、脱水桶外排水管及洗涤桶相连，使用时当需要排水时，将排水开关(面板上)旋至"排水"位置，通过杠杆作用，排水拉带被绷紧并往上提，橡胶阀塞随之上移，如图3-10b所示，这时洗涤桶

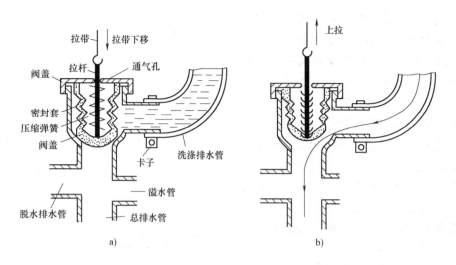

图 3-10　桶外排水系统机构

a) 不排水　b) 排水

的水便从排水管中排出。水排净后，再将排水开关旋到原位，此时排水拉带松弛，橡胶阀塞依靠装在内部的弹簧弹力，将排水阀口紧紧堵住，关闭排水通道。注意排水阀对脱水外筒的水及溢水管中的水不起控制作用。

3.2.2　控制电路

普通双桶波轮式洗衣机控制电路由两部分组成：一部分是洗涤控制电路；另一部分是脱水控制电路。这两部分电路是相互独立的，可以独立操作。

1. 洗涤控制电路

洗涤控制电路主要包括洗涤定时器、洗涤选择开关（琴键开关）、电动机及电容器等，其中洗涤定时器用来控制电动机按规定时间运转，同时，定时器按规定时间把电容器与电动机的两个绕组轮流串接以改变电动机的旋转方向。

控制正反转的接线图如图 3-11 所示。图中 SA_1、SA_2 均为定时器内的控制开关，在定时范围内 SA_1 始终闭合，洗涤时，定时器利用 SA_2 周期性地将电容器转换接入两个绕组中，实现洗衣机正、反转的要求。假如 SA_2 接上 A 触点，电动机中绕组 I 作为主绕组，绕组 II 作为起动绕组，电动机正转；SA_2 位于中间，电动机停转；SA_2 接上 B 触点，此时绕组 II

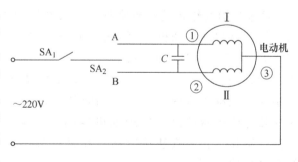

图 3-11　控制正反转的接线图

作为主绕组，绕组 I 作为起动绕组，这样就改变了旋转磁场的方向，电动机随之反转。

图 3-12 所示是普通双桶波轮式洗衣机控制电路原理图。洗涤定时器的主触点开关和洗涤选择开关串联在电路中，顺时针转动洗涤定时器旋钮，主触点就接通，此时若不按下洗涤选择开关中的某一个按键，电动机仍不运转。

使用洗衣机时，首先按下所需的洗涤选择开关，例如按下强洗（单向）洗涤按键，然后顺时针方向转动洗涤定时器至需要设定的时间位置，此时主触点闭合，电源经定时器主触点开关 SA 和单向洗涤选择开关向洗涤电动机供电，电动机单方向运转直到定时器主触点断开，电动机停止运转。如果选中标准（或轻柔）洗涤按键，并设定洗涤定时器的时间，此时电源经定时器主触点开关 SA 和标准（或轻柔）洗涤开关，然后通过洗涤定时器内的时间控制组件的触点开关 SA_1（或 SA_2），向洗涤电动机供电，电动机在定时器的时间控制组件的控制下，按预定时间分别完成正转-停-反转的周期性动作，从而实现标准（或轻柔）洗涤。一般标准洗涤时，电动机正或反转 25 ~ 30s，间歇 3 ~ 5s；轻柔洗涤时，正或反转 3 ~ 5s，间歇 5 ~ 7s。

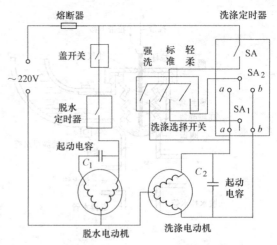

图 3-12　普通双桶波轮式洗衣机控制电路原理图

2. 脱水控制电路

脱水控制电路由脱水电动机、脱水定时器、脱水桶盖开关等组成。由于脱水内桶只单方向转动，所以脱水定时器只有一个触点开关。在电路中脱水定时器与盖开关相串联。由盖开关原理可知，只有完全合上脱水桶外盖，盖开关才闭合，因此需要脱水时，首先将衣物放入桶中，合上盖板，顺时针旋转脱水定时器至所需的时间位置，此时电源经盖开关、脱水定时器开关向脱水电动机供电，脱水电动机运转，洗衣机进入脱水工作状态，直到脱水定时器预定的时间到，定时器的触点开关断开，脱水电动机停转，脱水操作结束。

3.2.3　常见故障的检修

普通双桶波轮式洗衣机常见故障大致可分为电气故障与机械故障两大类。洗衣机的电气部分包括电动机（洗涤电动机与脱水电动机）及其控制电路（洗涤定时器、脱水定时器、洗涤方式选择开关、电容器等）；机械部分包括机械传动系统（带轮、波轮轴总成、脱水的制动装置等）、桶组件（洗涤桶、脱水桶、箱体等）。洗衣机故障检修的一般步骤为：观察故障现象→分析判断故障部位和原因→检查验证分析判断的结果→针对故障部位的器件进行修理或更换四个步骤。在观察故障现象时，常用询问法、操作检查法和感官检查法等方法。在进行分析判断和检查时，可采用仪器仪表检测法等来进行检查。

普通双桶波轮式洗衣机的常见故障及检修方法见表 3-1。

表 3-1　普通双桶波轮式洗衣机的常见故障及检修方法

故障现象	可能原因	检修方法
洗衣机通电后不能工作	1）电源线插头与插座接触不良	1）将电源线插头拔下，重新插入插座，使其接触良好或者换新的插座

故 障 现 象	可 能 原 因	检 修 方 法
洗衣机通电后 不能工作	2）电源线断裂或机内导线接头处接触不良 3）熔丝熔断	2）换电源线重新接好导线接头 3）更换熔丝。在更换熔丝时，应同时检查机内电气线路中有无短路现象，若有，必须及时排除
只是洗涤部分 不能起动	1）洗涤定时器损坏，触点接触不良或引线断落 2）洗涤电容器变质、开路或击穿短路 3）洗涤方式选择开关接触不良 4）洗涤电动机烧毁	1）修理或更换定时器，引线断落可重新焊上 2）更换同规格电容器 3）修理或更换洗涤方式选择开关（通常为琴键开关） 4）修理或更换电动机
波轮转动慢	1）电源电压过低 2）洗涤衣物过多 3）传动带过松、打滑 4）大带轮或小带轮紧固螺钉松动 5）电容器的容量减少 6）波轮轴与轴承配合较紧	1）待电源电压正常时使用 2）控制洗涤衣物量 3）松开电动机安装螺钉，重新调整传动带张力或更换 V 带 4）重新拧紧螺钉 5）更换同规格的电容器 6）添加润滑油或拆开清洗
运转时噪声大	1）洗衣机未放稳 2）电动机轴承或传动轴承磨损过大或碎裂 3）传动带过松、过紧 4）波轮变形与洗衣桶摩擦 5）紧固件松动，引起共振 6）洗涤电动机的防振橡胶垫圈变质或脱落 7）波轮轴与密封圈之间缺少润滑剂	1）重新放平稳洗衣机 2）更换轴承 3）调整洗涤电动机的位置 4）更换波轮 5）旋紧紧固件 6）更换防振橡胶垫圈 7）密封圈内唇口上添加润滑剂或调换密封圈
波轮时转时停 或不能反向转动	1）洗涤定时器故障 2）电气部件接触不良 3）波轮与轴打滑 4）传动带过松	1）修复或更换定时器 2）检查电气连接点，重新紧固或焊牢 3）拧紧固定螺钉或更换波轮或轴 4）调整洗涤电动机的位置
洗涤桶漏水	1）洗涤桶破裂 2）紧固波轮轴的紧固螺母松脱，水从轴套周围漏出 3）波轮轴的密封圈破裂 4）排水管外部划破 5）排水管与桶底部或排水管与排水阀连接处密封不严	1）更换洗涤桶 2）拧紧紧固螺母 3）更换同规格的密封圈 4）更换排水管 5）拆下排水管重新安装，或加添密封胶
洗涤桶不排水 或排水不畅	1）排水旋钮内孔磨损严重，拧动排水旋钮时打滑 2）排水拨杆损坏 3）排水拉带与排水阀架连接不牢固或脱开 4）排水拉带过长或断开 5）排水阀弹簧弹性太大，弹性太硬	1）更换排水旋钮 2）更换排水拨杆 3）将排水带挂在排水阀架的挂钩处 4）更换排水拉带 5）更换排水阀弹簧

故障现象	可能原因	检修方法
脱水桶内桶不转	1）脱水定时器损坏 2）盖开关失灵、不闭合 3）脱水电容器损坏 4）制动钢丝过长或脱钩，制动块或制动鼓不能离开 5）脱水电动机损坏 6）脱水电动机与脱水桶的联轴器松脱	1）更换定时器 2）调整修复或更换 3）更换脱水电容器 4）调整钢丝长度使脱水桶外盖打开5cm，使制动块与制动鼓能靠紧为宜 5）修复电动机或更换 6）紧固装牢
脱水内桶转动时有异常声响	1）脱水内桶转轴处的含油轴承碎裂 2）脱水内桶与脱水外桶之间有异物 3）制动块放置不当，如距离太近，运转过程中有部分接触产生尖叫声	1）更换含油轴承 2）先取下脱水内桶，再取出异物 3）重新安装制动块，使其与制动鼓的距离适中
脱水桶制动性能不佳	1）制动拉杆与制动板的连接太紧，造成制动时，制动块与制动鼓的接触面小，产生的摩擦力小，使制动时间延长 2）制动拉簧太软，或长期使用后弹性下降 3）制动块的材质不好，磨损严重 4）制动动臂失灵	1）调整制动拉杆与制动挂板的孔眼位置，使制动块与制动鼓的距离适宜 2）更换制动弹簧 3）更换制动块 4）在制动臂转动轴处滴几滴润滑油，并转动几次使其灵活
脱水效果不佳	1）脱水桶转速低（如电源电压低，或电容器容量不足等） 2）脱水衣物过多 3）脱水桶排水不良	1）等待电源恢复正常或更换电容器等 2）适当减少衣物 3）清理脱水桶排水口的杂物
漏电	1）电动机、电容器、开关等部件受潮引起绝缘不良 2）导线接头封闭不好受潮、漏电或带电部分碰触金属部件 3）机壳没有接地，或接地不良	1）烘烤后浸漆或更换部件 2）用绝缘胶布包好接头，加强绝缘处理 3）接好地线

3.3　全自动波轮式洗衣机

　　目前国内洗衣机消费正向成熟型转变。许多家庭早期购买的洗衣机已到了更新换代期，全自动洗衣机开始占主导地位。从型号品种来看，目前以全自动波轮式为主；全自动波轮式洗衣机的特点是洗净率高，机型结构紧凑；有各种洗涤程序供自由选择，可任意调节工作状态，洗涤、脱水时间在面板上可任意调节，具有各种故障和高低电压自动保护功能，能自动处理脱水不平衡，工作结束或电源故障会自动断电，无需用人看管，是一种较为理想的家用洗涤用具。

3.3.1 基本结构

全自动波轮式洗衣机通常都采用将洗涤（脱水）桶套装在盛水桶内的同轴套桶式结构，即在外桶内部有一脱水桶，脱水桶底部有一波轮，套桶波轮结构有 L 形波轮式、U 形波轮式等不同形式。整机由洗涤、脱水系统，进、排水系统，电动机和传动系统，电气控制系统和支承机构五大部分组成，图 3-13 所示是全自动波轮洗衣机的内部结构。

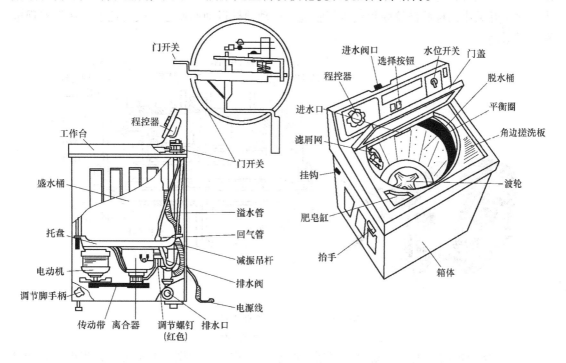

图 3-13　全自动波轮式洗衣机的内部结构

1. 洗涤、脱水系统

洗涤、脱水系统主要由盛水桶、洗涤桶、波轮等组成。盛水桶又称外桶，固定在钢制底板上，通过 4 根吊杆悬挂在洗衣机箱体上，电动机、离合器、排水电磁阀等部件都安装在桶底下面。

1）洗涤桶。洗涤桶又称脱水桶或离心桶，也称为内桶。它的主要功能是用来盛放衣物，在洗涤或漂洗时配合波轮完成洗涤或漂洗功能。在脱水时便成为离心式脱水桶。

2）平衡圈。为了消除因衣物盛放不均匀造成异常振动，洗涤桶的上端均设有平衡圈。洗涤桶工作时，由于投入的衣物是不规则的，在洗涤桶内的分布也是不均匀的，如无良好的动平衡，势必引起振动与噪声。因此，在洗涤桶上设有特殊装置，以使洗衣机在有衣物的情况下作高速转动时能取得新的动平衡。最简便的方法是在洗涤桶的顶部安装一个液体平衡圈，所谓液体平衡圈，就是一个塑料制成的空心圆环。圈内侧有不少隔板。圈内注有高浓度的食盐水，它一般占圈容积的 70%。当桶在高速旋转时，平衡圈中的液体会自动流向与衣物偏沉的一侧相对的一侧，使洗涤桶取得平衡，减少了振动和噪声。

3）波轮。波轮是洗衣机对衣物产生机械作用的主要部件。早期生产的一些全自动洗衣机上采用小波轮，而目前生产的全自动洗衣机上都普遍采用能产生各种新型水流的大波轮。

2. 进、排水系统

全自动洗衣机的进、排水系统主要由水位开关、进水电磁阀及排水电磁阀等组成。通过水位开关与电磁进、排水阀配合来控制进水、排水以及电动机的通断，从而实现自动控制。

1）水位开关。空气压力式水位开关是应用得最多的一种，其外形和结构如图 3-14 所示。气室的入口与洗衣桶中的贮气室相连接。当水注入洗衣桶后，贮气室口很快被封闭，随洗衣桶水位上升，与贮气室相通的软管水位也上升，软管与气室中被封闭的空气压强逐渐增大，水位开关中的橡胶波纹膜片受压而胀起，推动顶杆运动而使触点改变位置，从而实现电路自动通断。

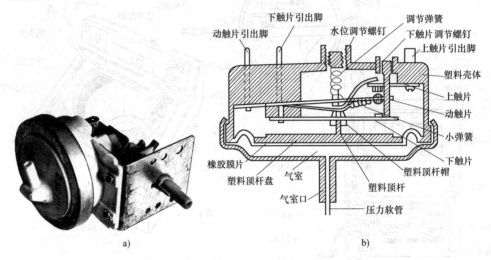

图 3-14　空气压力式水位开关

a）实物外形　b）内部结构

2）进水电磁阀。进水电磁阀起着通、断水源的作用，如图 3-15a 所示，当电磁线圈 1 断电时，移动铁心 2 在重力和弹簧力的作用下，紧紧顶在橡胶膜片 3 上，并将膜片的中心小

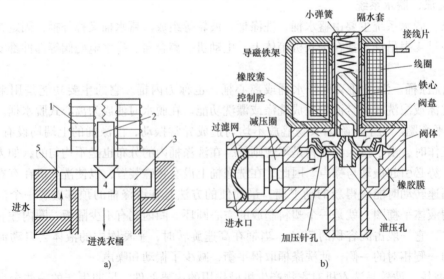

图 3-15　进水电磁阀

a）进水电磁阀原理图　b）进水电磁阀结构图

孔 4 堵塞，这样阀门关闭，水流不通。当电磁线圈通电后，移动铁心在磁力作用下上移，离开膜片，并使膜片的中心小孔打开，于是膜片上方的水通过中心小孔流入洗衣桶内。由于中心小孔的流通能力大于膜片两侧小孔 5 的流通能力，膜片上方压强迅速减小，膜片在压力差的作用下上移，阀门开启，水流导通。图 3-15b 是进水电磁阀的结构图。

3）排水电磁阀。排水电磁阀是全自动洗衣机上的自动排水装置，同时还起改变离合器工作状态（洗涤或脱水）的作用。它由排水阀和电磁铁两部分组成。微电脑控制的全自动洗衣机常采用直流电磁铁。

3. 电动机和传动系统

波轮式全自动套桶洗衣机的传动系统主要由电动机和离合器组成。电动机同时作为洗涤和脱水时的动力源，普遍采用主、副绕组完全对称的电容式电动机。它的结构与双桶洗衣机中的洗涤电动机类似，都是 4 极、24 槽、节距为 6 的电动机。

全自动洗衣机的传动系统设在洗衣机脱水桶的底部，主要由波轮、脱水桶、离合器、传动带、电动机、电磁铁及减振系统组成。由单相电容式电动机通过 V 带带动离合器的内外轴，实现洗涤和脱水两种功能。

离合器的结构如图 3-16 所示。它是内外轴复合为一体的结构。离合器的内轴（洗涤轴），一端固定波轮，另一端固定离合套，离合套上固定大带轮。离合器外轴（离心轴）的一端固

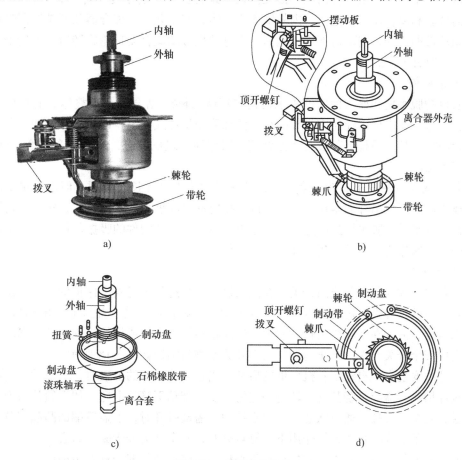

图 3-16　离合器的结构

a）离合器实物　b）离合器的整体结构　c）离合器的内轴结构　d）离合器的棘轮结构

定离心桶(脱水桶)，另一端通过抱簧与离合套连接。

内外轴的联动或分动(即实现脱水或洗涤)，是由拨叉控制抱簧和制动盘来实现的。图3-16c为内轴装配图。制动带盘焊在外轴上，制动带钢带内侧贴有石棉胶带，其一端固定在壳体上，另一端与摆动板连接。顶开螺钉控制制动带的松开和抱紧。外轴依靠轴承支承，固定在壳体和端盖上。

离合器的外轴抱簧与扭簧都是用矩形弹簧钢丝绕制而成的。抱簧与扭簧的结构十分特殊，精度要求也高。抱簧装于棘轮内孔，一端被固定，头部扣入棘轮小孔连成一体。抱簧的旋向是右旋，它与离合套、外轴表面柔性接触。脱水时，抱簧抱紧外轴与离心套，这时棘爪与棘轮分离；而洗涤时，抱簧则松开，棘爪将棘轮拨过一定的角度，如图3-16d所示。

扭簧套在外轴上，其位置在离合器壳体内的制动盘上方，两端用U形固定叉和拉簧固定在壳体上。其旋向为左旋，用以防止洗涤时离心桶随着波轮一起作逆时针方向旋转。

洗涤时，拨叉的棘爪对准棘轮中心。抱簧松开，离合套和离合器的外轴脱离；拨叉的另一端控制制动带，使之抱紧制动盘。即当电动机带动离合器带轮旋转时，带轮只带动内轴，从而使波轮旋转；而外轴则被制动带抱紧，再加上外轴扭簧的控制，外轴不能被电动机带动。

脱水时，牵引电磁铁吸合衔铁，拨叉被调节螺钉拨过一定角度，棘爪和棘轮脱离接触，抱簧将离合套和离合器外轴抱住，内外轴连成一体，产生联动。离合器顶开螺钉同时推开摆动板，制动带即松开，制动盘不再被抱紧。当电动机带动离合器带轮旋转时，带轮带动离合器外轴作顺时针方向旋转。

4. 支承机构

洗衣机的脱水桶和盛水桶借助支承机构与箱体(外壳)结合成一个整体。盛水桶与脱水桶复合在一起，脱水桶口径比盛水桶的小。两桶采用悬挂式固定，即在箱体的四个角上分别固定一根减振吊杆，吊杆下部装有减振弹簧、阻尼筒、阻尼胶碗，通过底盘将两只桶固定，如图3-17所示。

为保证洗衣机在脱水时能正常工作，洗衣机的4根吊杆长度相同，但避振簧则两两相同。箱体正面的两根吊杆的避振簧较长，以支持电动机的重力。避振簧的长短，保持了重心的静平衡。脱水时，脱水桶虽高速旋转，但由于避振及其他配件的吸振作用，再加上脱水桶上平衡圈的平衡作用，故整机仍能保持平衡工作。

5. 安全开关

安全开关也称为盖开关或门开关，在洗衣机的运行过程中起安全保护的作用。洗衣机脱水时，若上盖被打开到一定的高度，安全开关动作，离合器制动，并且断开电动机的电源，终止脱水运行。另外在洗衣机运行过程中，洗涤物不平衡会造成桶体晃动，若晃动的幅度太大，也会使安全开关动作，终止运行。安全开关实物与结构如图3-18所示。

安全开关安装在全自动洗衣机面框的后部，当盖好洗衣机的上盖时，上盖后端的凸起部分将盖拉杆抬起，盖拉杆绕其支点转过一定的角度，带动下簧片上翘，使下簧片与上簧片的触点接触，安全开关处于通电状态。当洗衣机的上盖被打开时，上盖后端的凸起部分与盖拉杆分离，上、下簧片在自身弹性作用下，触点分开，安全开关处于断电状态。

当处于通电状态时，如果洗衣机运转不平稳，使盛水桶与安全杆发生碰撞，安全杆的凸起部分将上簧片向上抬起，使上、下簧片的触点分离。当安全杆受力消失时安全杆在压簧作

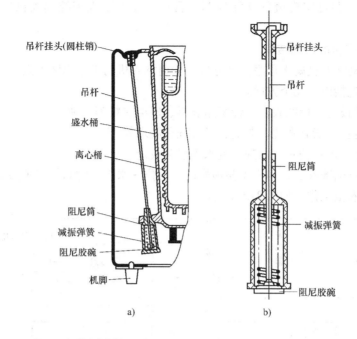

图 3-17 脱水桶和盛水桶的支承机构

a）支承机构　b）减振吊杆

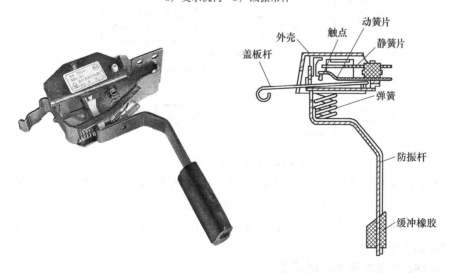

图 3-18 安全开关

用下，恢复到自由状态，上、下簧片在自身弹性作用下，触点再次接触。

3.3.2 微电脑程序控制器的控制原理

程序控制器是全自动洗衣机的核心。程序控制器主要有机械电动式和微电脑式两种。机械电动式程序控制器由一个恒磁单相罩极式低速同步电动机作动力源，带动齿轮减速和凸轮转动，使各有关触点有规律通、断，完成进水、洗涤、排水、脱水等操作。而微电脑程控器是由单片机(微电脑)和有关电子元器件组成的，功能全，控制精度高，采用无触点控制元件，并可实现最优洗涤控制。目前，微电脑程序控制器已完全取代机械电动式程序控制器。

1. 微电脑洗衣机的控制结构

微电脑全自动洗衣机属于程序控制方式，普通洗衣机的工作程序需人工在面板上加以设定。设定的内容包括以下几个方面。

1）衣物质地设定：标准衣料、针织品衣料、轻柔衣料等多种。

2）操作设定：一般有强洗、弱洗、经济洗和脱水等。

3）洗衣程序设定：洗衣、漂洗、脱水等组合设定。

对于普通微电脑洗衣机，用户需要预先设定水位、水流、时间等有关参数，微电脑按输入的参数控制洗衣机工作，如图3-19所示。

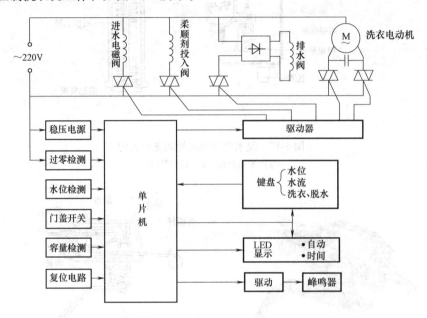

图3-19 洗衣机的控制结构框图

在工作时，有4个功率部件受微电脑输出信号的控制，它们是进水电磁阀、排水阀、柔顺剂投入阀和洗衣电动机，微电脑只有检测到门盖开关盖上后才进入正常工作。水位不到时，进水电磁阀进水，当水位达到后，开始洗涤。在洗涤过程中，微电脑会把有关工作状态在LED显示器上显示出来。

2. 微电脑洗衣机的基本控制原理

微电脑程序控制器是全自动洗衣机的控制核心，由微电脑和按键、开关、发光二极管、双向晶闸管等电子器件组成，如图3-20所示。以控制进水电磁阀、洗衣电动机、排水阀等正常工作。

微电脑程序控制器在工作中主要执行下列几个过程：

1）进水过程。当按下"起动/暂停"键时，洗衣机开始工作，微电脑检测到这个按键状态时，就会发出进水控制信号，触发晶闸管 VTH_1 使其导通，进水电磁阀通电开启，开始注水。当桶内水位到达设定位置时，水位开关受压闭合，微电脑检测到水位开关闭合信息后，停止发出进水信号，进水电磁阀断电关闭，停止进水。

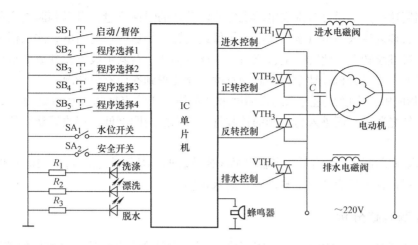

图 3-20　微电脑程序控制器

2）洗涤和漂洗过程。当微电脑检测到水位开关关闭并停止进水后，进入洗涤过程。微电脑根据程序选择状态选定的工作程序工作，VTH_2 和 VTH_3 轮流导通，控制电动机执行"正转→停→反转→停"的循环方式周期工作（典型的时间为正转 1.6s + 停 0.56s + 反转 1.6s + 停 0.56s）。

漂洗分为贮水漂洗和进水漂洗两种。前者为进足水后执行漂洗；后者则是在进足了水后，一边漂洗，一边仍然进水。

3）排水过程。洗涤结束后，微电脑就会发出信号触发晶闸管 VTH_4 导通，排水电磁阀通电打开排水。微电脑程控洗衣机的排水是根据实际水量及排水状况来进行动态时间控制的。因水位开关采用空气压力开关，进水时，当水位上升使空气压缩产生的压力和设定水位对应时，开关闭合；当水位下降到使空气压力为 $P/2$ 时，才会使开关恢复打开。压力为 $P/2$ 时，说明水位已下降一半，所以在排水时微电脑首先给出一个排水限制时间（一般取与进水时间相同的时间），在限定的时间内水位开关应断开。取排水开始到水位开关断开这一段时间为 T_1，微电脑控制继续执行排水 $T_1 + 30s$，停止排水操作。保证了将水排完后再进入脱水过程。

4）脱水过程。排水完成，微电脑发出正转控制信号，触发 VTH_2 导通，电动机高速单向运转，进入脱水过程。脱水时，若衣物偏于一边，微电脑会控制两次进水，进行不平衡修正，使衣物均布于桶内，最后再进行脱水。

当洗衣程序完成后，微电脑发出信号驱动蜂鸣器发声。

3. 全自动智能型模糊控制

近年来，家电市场上出现了智能型模糊控制全自动洗衣机。这种洗衣机以人们洗衣操作的成熟经验作为模糊控制规则，采用先进的检测手段检测洗衣状态信息，应用模糊控制技术分析检测结果，决定供水量、洗涤剂投放量、洗涤时间的长短和水流方式，并对洗衣全过程进行自动控制，能最大限度地模拟人工操作，达到理想的洗涤效果。

智能型模糊控制的全自动洗衣机，可以自动判断水温、水位、衣质衣量、衣物的脏污情况，决定投放适量的洗涤剂和最佳的洗涤程序。

1）当洗衣桶内衣物的多少和质地不同，而注入水使其达到相同的水位时，其总重量是不同的。利用这一点，通过对洗衣电动机低速转动后的惯性测量，可以判断衣质和衣量。方法是：在洗衣桶内注入一定量水后使电动机低速运转，平稳后快速断电，洗衣桶在惯性作用下带动电动机继续转动。此时，电机绕组产生反电动势，对其半波整流并放大整形后获得一矩形脉冲系列。通过分析脉冲个数和脉冲宽度。就能得到衣质衣量情况。

2）衣物的脏污程度是通过水的透明度来判断的。在洗衣桶的排水口处加一红外光电传感器，使红外光通过水而进入另一侧的接收管。若水的透明度低，接收管获得的光能小，说明衣物较脏。

3）脱水时采用压电传感器。当脱水桶高速旋转时，从脱水桶喷射出来的水作用于压电传感器上，根据这个压力变化，自动停止脱水运转。

3.3.3 控制电路分析

现以国产某品牌 XQB40-1 型洗衣机为例分析微电脑全自动波轮式洗衣机的控制电路。

XQB40-1 型全自动洗衣机采用 8 位单片机（微电脑）程序控制，具有两种计数定时（标准、节约）、3 种洗涤方式（15min、10min、5min）、3 种脱水方式（5min、3min、1min）、两种水流方式（标准漂洗、注水漂洗）、两种漂洗方式（漂洗一次、漂洗两次），共有 $2 \times 3 \times 3 \times 2 \times 2 = 72$ 种洗衣程序供选择。XQB40-1 型全自动波轮式洗衣机控制电路如图 3-21 所示。

1. 电源电路

220V 交流电压经变压器后降为 12V，经 $VD_{26} \sim VD_{29}$ 桥式整流，C_1 滤波得到 12V 直流电压，再经三端集成稳压器 IC_1 得到 5V 直流电压，供给微电脑 IC_2 使用。复位管 VT_1 在每次接通电源后，因 VT_1 射极电容 C_4 的充电时间限制，而使 VT_1 提供给微电脑 4 脚的复位电压较 40 脚的供电电压延迟一些时间。

2. 键扫描电路

由微电脑 27 脚输出的键扫描脉冲信号波形，经反相器 D_5 的 8、9 脚，D_4 的 10、11 脚倒相加到 $S_1 \sim S_5$ 键盘上，同时 27 脚输出的键扫描脉冲经 D_4 的 12、13 脚倒相，加到 $S_6 \sim S_{10}$ 键盘上。微电脑的 30 ~ 34 脚为键控脉冲输入端，根据键控脉冲的极性和键控脉冲的输入脚，微电脑便可以调用放在 IC_2 ROM 中的相应程序进行相对应的程序控制，并通过 IC_2 的 21、22 脚（低电平有效）控制电动机正、反转，23、28 脚（低电平有效）控制进水、排水电磁阀的动作。

3. 电动机正、反转及排水、软化剂控制电路

1）电动机正转。IC_2 的 21 脚为电动机正转控制脚。当 21 脚为低电平时，经 D_5 倒相成高电平，晶体管 VT_7 饱和导通，晶闸管 VTH_{30} 获得触发电压而导通，此时电动机正转。

2）电动机反转。当 IC_2 的 22 脚为低电平时，经 D_5 倒相，使 VT_8 导通，触发晶闸管 VTH_{31} 导通，此时电动机反转。

3）进水控制。当 IC_2 的 23 脚为低电平时，经 D_5 倒相，使 VT_9 导通，触发晶闸管 VTH_{32} 导通，此时进水电磁阀打开进水。

4）排水控制。当 IC_2 的 28 脚为低电平时，经 D_5 倒相，使 VT_{10} 导通，触发晶闸管 VTH_{33} 导通，此时排水电磁阀打开排水。

5）软化剂控制电路。当 IC_2 的 29 脚为低电平时，经 D_5 倒相，使 VT_{11} 导通，触发晶闸管 VTH_{34} 导通，软化剂电磁线圈通电，织物软化剂自动送入洗涤桶内。

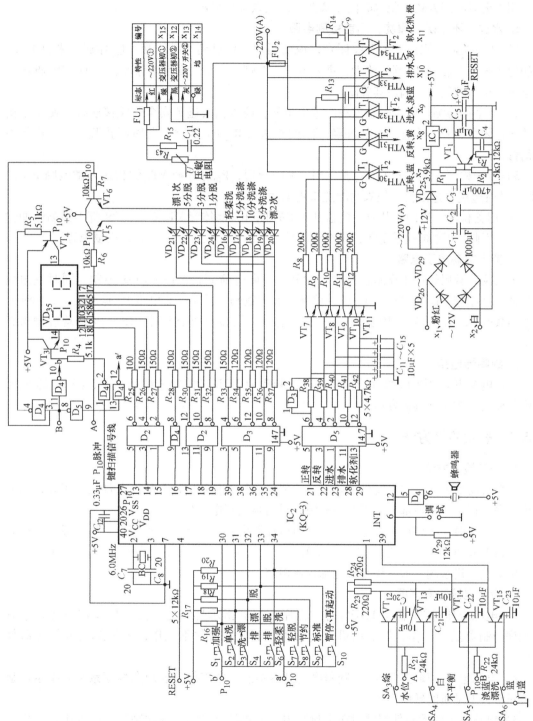

图 3-21　某品牌 XQB40-1 型全自动波轮式洗衣机控制电路图

4. 显示电路

IC_2 通过其 24、35、36、38、39 脚，经 D_3 和 VT_5、VT_6 控制 $VD_{16} \sim VD_{24}$ 9 只发光二极管，用于洗涤时间方式、脱水时间方式及漂洗次数选择显示。

5. 水位、不平衡、漂洗、门盖检测电路

1）水位检测。水位开关 SA_3 闭合，说明桶内水位已到，晶体管 VT_{12} 导通。来自 IC_2 27 脚的检测脉冲 P_{10} 经 VT_{12} 倒相放大，进入 IC_2 的 1 脚，当 IC_2 测到该脉冲输入时，23 脚输出低电平，从而控制进水阀使其关闭。

2）不平衡检测。脱水时若出现严重不平衡，脱水桶会碰到安全开关接触杆，使不平衡开关 SA_4 闭合，VT_{13} 导通，P_{10} 脉冲经 VT_{13} 倒相送入 IC_2 的 39 脚，此时停止脱水，并进行不平衡修正。

3）漂洗检测。漂洗开关 SA_5 按下时，VT_{14} 导通，P_{10} 脉冲经 VT_{14} 倒相送入微电脑 IC_2 的 1 脚，此时边进水边溢流，使衣物漂洗得更彻底。

4）门盖检测。当门打开时，门盖开关 SA_6 断开，晶体管 VT_{15} 截止，39 脚无检测脉冲输入，IC_2 使排水电磁阀线圈断电，脱水桶停转。当门盖开关 SA_6 闭合时，恢复原程序。

6. 荧光数码显示电路

七段荧光数码管用于显示程序剩余时间，受微电脑 IC_2 第 13 ~ 19 脚控制。同时左边数码管还受晶体管 VT_3 集电极的 P_{10} 脉冲控制，右边数码管受 VT_4 集电极 P_{10} 脉冲控制。如欲显示左边数码 8，IC_2 的 13 ~ 19 脚均应输出 P_{10} 脉冲；需显示两个 8 时，13 ~ 19 脚均应输出高电平。

7. 蜂鸣器电路

当微电脑 IC_2 的第 12 脚输出高电平时，频率为 2kHz 的蜂鸣连续脉冲串，经 D_4 的 5、6 脚倒相放大，控制蜂鸣器发声。

3.3.4 故障检修方法

1. 一般检修方法

当全自动微电脑洗衣机发生故障时，一般应先检查使用方法和使用条件是否正确，电源和供水是否正常，机械部分是否存在故障，最后再进行电路检查。

检查电路时，主要检查电源电路、微电脑控制电路、晶闸管驱动部分等。一般的检查思路是：根据故障的现象，先检查电源开关、水位开关、安全开关，其次检查电动机、电容器、电磁铁、进水阀，最后检查微电脑控制电路。

2. 检修电路注意事项

1）电源电压过低(低于 180V)时，程序控制器指示灯不亮，按压操作按钮无效。有时程序控制器虽能工作，但电动机转动无力，部分元器件不工作，极易造成电气元器件损坏。

2）电源电压不稳定时，微电脑程序控制器不能正常工作，表现在程序紊乱，指示灯显示不正常，电动机时转时停。

3）电路板上的元器件都灌封在密封胶内，不能随意检测，因此判断故障要准确，修好后还需将撬开处重新密封好。

4）检修中，要防止静电对集成块的损坏。带电检测时要注意安全，以防触电。

5）从电路板上焊下、焊上元器件时，要使用小功率电烙铁，电烙铁在电路板上停留时间要尽量短，以防损坏电路板。

3. 微电脑板故障检修

微电脑 IC_2 是控制电路的核心，只有内电路正常且外部条件满足时才能工作。

（1）微电脑正常工作的外部条件

1）IC_2 的 26、40 脚必须有电源电路提供的 5V 直流电压。

2）4 脚必须有 4.3V 复位电压，否则电脑板不工作，蜂鸣器长鸣不止。

3）2、3 脚时钟脉冲必须正常。

4）1、39 脚能输入水位、漂洗及安全开关通断被检脉冲。

（2）微电脑板外围电路故障

1）电子元器件故障（如二极管、晶体管、双向晶闸管的断路和击穿，电容器的短路、断路、严重漏电，发光二极管断路等）。

2）电子元器件在电路板上虚焊、接触不良。

3）电脑板的铜皮烧断、短路、断裂等。

（3）微电脑板故障检查方法

在排除了机械部分和电动机、开关等的故障后，就需对微电脑进行检查。微电脑的作用是通过插座向所连接的电动机、进水电磁阀、电磁铁、安全开关和水位开关等部件输出工作电压。因此可通过检查输入电压和输出电压的方法检查微电脑板的故障。

检查前，先将微电脑板拆下，并将电源回路以外的导线插头从微电脑板上拔下，然后接通电源，开始测量。在正常情况下，应符合以下几点：

1）进水电磁阀的输出电压为交流 220V。

2）水位开关两插座间的输出电压为直流 2V。

3）电动机正反转的输出电压为 220V。测量时进行无水波轮运转操作。也可在水位开关短接后，接通电源，按下起动键，测量时该电压应忽有忽无。

4）电磁铁的输出电压为直流 200~210V。测量时进行无水运转检查的脱水运转操作，此时可同时对安全开关的输出电压进行测量，应为直流电压 2V。测量时也可选择单脱水程序，按压一次起动键后，再进行测量。

表 3-2 列出的是微电脑 IC_2 的测试数据，供检查微电脑 IC_2 故障时参考。

表 3-2　微电脑 IC_2 测试数据（500 型万用表，$R \times 1k\Omega$ 挡）

引脚号	功　能	电　压/V	电阻（红表笔测）/kΩ	电阻（黑表笔测）/kΩ
1	水位、漂洗检测输入	无输入为 5、有输入为 2	6.2	26
2	时钟脉冲振荡	1.5	14	17.5
3	时钟脉冲振荡	2	2.9	2.4
4	复位输入	4.3	5.3	8.3
5	空脚	2.5	9.5	38
6	测试脚	5	9	13.5
7	接地	0	0	0

引脚号	功　　能	电　压/V	电阻(红表笔测)/kΩ	电阻(黑表笔测)/kΩ
8	空脚	4	6.2	∞
9	空脚	4	6.2	∞
10	空脚	4	6.2	∞
11	空脚	1	6.2	∞
12	蜂鸣器驱动	无输入为0、有输入为2.2	4.4	∞
13	数码管驱动a	分0、2、5共3种电平	4.4	∞
14	b			∞
15	c			∞
16	d			∞
17	e			∞
18	f			∞
19	g			∞
20	接地	0	0	0
21	电动机正转控制	正转时0，其余5	3.6	6.5
22	电动机反转控制	反转时0，其余5	3.6	6.5
23	进水控制	进水阀打开时0，关闭为5	3.8	6.5
24	指示灯控制	分0、2、5共3种电平	3.9	6.5
25	空脚	4	6.4	∞
26	电源 V_{DD}	5	1.8	1.4
27	键扫描输出	2	3.5	6.3
28	排水控制	排水阀打开时0，关闭为5	3.6	6.3
29	软化剂控制	电磁铁动作为0，否则为5	3.7	6.3
30			5.2	6.3
31			5.2	5
32	键扫描输入	输入时为3，否则为5	5.2	5
33			5.6	5
34			5.6	5
35			4	6.4
36	指示灯控制	分0、2、5共3种电平	4	6.4
37			4	6.4
38			4	6.4
39	门盖、平衡开关检测	无输入为5、有输入为2	10	25
40	电源 V_{CC}	5	1.8	1.4

（4）微电脑板的常见故障

1）无直流5V电源。检查时，先检查电源电路的变压器输出是否有12V交流输出，整流稳压后有无5V直流电压。若无5V直流电压，应重点检查整流二极管有无击穿，三端集成稳压器有无损坏，然后视情况修复或更换。

2）双向晶闸管损坏。双向晶闸管 VTH_{30} ~ VTH_{34} 工作在高电压、大电流状态，极易损坏，是电脑板最常见的发生故障之处。其中 VTH_{30}、VTH_{31}、VTH_{33} 功率较大，VTH_{32}、VTH_{34} 功率较小。

双向晶闸管短路损坏时，受控制的电气部件可能出现连续通电状态，如进水阀常开、进水不止、电磁铁常吸、排水阀排水不止等；双向晶闸管断路时，电动机只单向运转或不运转，电动机转动无力，转速变慢等。

若怀疑晶闸管损坏，可将其焊下检测，也可用万用表在印制电路板上直接检测。测量时，双向晶闸管的 T_1、T_2 极之间以及 G 与 T_1 之间正反向电阻应为无穷大，G 与 T_1 极之间的正反向电阻应符合表 3-3 所列。

根据经验，洗涤电路和电磁铁电路上的双向晶闸管短路较常见。

表 3-3　晶闸管 G 与 T_1 之间正反向电阻

万用表接法 \ 被测晶闸管	VTH_{30}、VTH_{31}、VTH_{33}	VTH_{32}、VTH_{34}
黑表笔接 G，红表笔接 T_1	175Ω	300Ω
红表笔接 G，黑表笔接 T_1	135Ω	300Ω

3）微电脑集成块 IC_2 损坏。若微电脑的外部条件满足，应能正常工作。当用万用表测 $IC_2$26、40 脚有 5V 直流电压，经操作后双向晶闸管的门极及驱动器的输入端均无信号，可确认 IC_2 损坏。

在检修微电脑全自动洗衣机时，为避免静电对 IC_2 芯片的损坏，应将微电脑板上的导线插头拔下。电烙铁使用时，要接好地线，或将电烙铁烧热断电后再焊接。

3.3.5　微电脑洗衣机典型故障分析

1. 接通电源后，无反应

1）熔断器熔断：按原规格更换。

2）电源电路中的变压器、整流管、复合管 VT_1 损坏，用万用表检查，确定后更换。

2. 电动机单向运转不停

此故障应重点检查双向晶闸管 VTH_{30}、晶体管 VT_7、双向晶闸管 VTH_{31}、晶体管 VT_8，确定后，更换损坏的元器件。

3. 不能进水

造成不能进水的主要原因可能是 VTH_{32}、VT_9、C_{20}、VT_{12} 损坏。检查时，先排除双向晶闸管 VTH_{32} 故障。带电检查，正常进水情况下，VT_9 集电极为 0V，D_5 的 2 脚为 0V。$IC_2$23 脚为 0V、1 脚电压为 5V，若测得 1 脚电压低于 5V，多因 C_{20} 击穿所致，更换 C_{20} 即可排除故障。

4. 通电后蜂鸣器长鸣不停

此故障多因 5V 直流供电电压和 4.3V 直流复位电压过低造成，重点检查电源电路，更换相关元件。

5. 通电后蜂鸣器长鸣，指示灯跳跃发亮，按键无效果

首先确认 5V 直流供电电压和 4.3V 复位电压是否正常，如果正常，一般为晶体 BC 损坏，用示波器观察 IC_2 的 2、3 脚振荡波形，若发现波形异常（正常为标准正弦波），说明晶体 BC 损坏，更换即可恢复正常。

6. 剩余时间显示错乱

重点检查七段荧光数码管 VD_{35}、晶体管 VT_3、VT_4 以及倒相集成块 D_2、D_4 以确定故障所在。

3.4 全自动滚筒式洗衣机

滚筒式洗衣机作为当今洗衣机国际流行的新趋势，具有洗涤范围广、洗净度高、容量大、被洗涤的衣物不缠绕、不打结、磨损率小的优点。滚筒式洗衣机的洗涤是以滚筒提升衣物，利用衣物自重跌落机中冲刷和浸泡洗涤为主。

3.4.1 基本结构

全自动滚筒式洗衣机尽管型号很多，但其基本结构大致相同，其基本结构如图 3-22 所示，从整体上可分为洗涤部分、传动部分、操作部分、支承部分、给排水系统和电气部分。

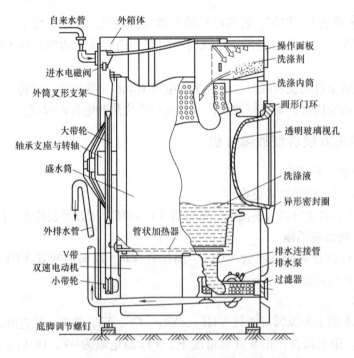

图 3-22 全自动滚筒式洗衣机基本结构图

1. 洗涤部分

洗涤部分主要由内筒（滚筒）、外筒（盛水筒）、内筒叉形架、转轴、外筒叉形架、轴承等组成。

内筒又称滚筒，它的主要作用是用来盛装洗涤和脱水的衣物。由圆桶、前盖、后盖等构成，这 3 个部件均采用 0.4mm 厚的不锈钢板制成。圆桶的圆周壁上布满直径为 4mm 的圆孔，孔与孔的间距约 15～20mm。圆孔自内向外冲制，翻边向外，内壁光滑，以免挂坏衣物。如图 3-23 所示。前盖中心有一个大圆孔，衣物由此孔投入。桶内壁沿轴向有 3 条凸筋，称为提升筋或举升筋，提升筋主要用来在内筒转动时举起衣物和增大衣物与筒壁的摩擦，产生抛掷、搓洗动作。内筒的叉形架、轴套被铸成一体，然后用螺栓固定于内筒后端面上，用来支持内筒。

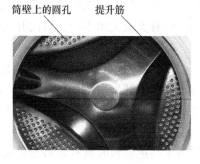

图 3-23 滚筒洗衣机的内筒

外筒是用来盛放洗涤液和水的容器，同时还对双速电动机、加热器、温控器、减振器等部件起支承作用，由筒体、前盖、后盖和外筒叉形架组成。外筒叉形架中心孔外面还有轴承支架与之相连，内筒主轴穿过外筒叉形架中心孔后，再穿过轴承支架的轴承内孔，然后在轴端安装上大带轮。大带轮通过传动带与电动机轮相连，当电动机运转时，内筒转动。

2. 动力与传动部分

全自动滚筒式洗衣机由双速电动机作为驱动内筒的动力，传动部分由大小带轮、V 带等构成，如图 3-24a 所示。双速电动机为单相异步电容运转型电动机，有两套绕组装在同一定子上，具有结构简单、大速比、高转矩、低电流、噪声低、转速稳定、控制简便的工作性能。图 3-24b 是双速电动机的外形照片。脱水时，接通 2 极绕组，电动机转速可达 3000r/min；洗涤时，接通低速线圈 12 极绕组，电动机转速仅有 500r/min。通过传动带减速就可以得到 350r/min 左右的脱水速度和 55r/min 左右的洗涤、漂洗速度。

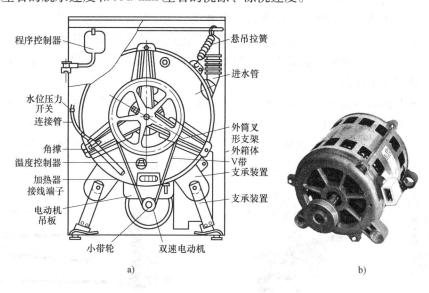

图 3-24 传动部分与双速电动机

a）传动部分 b）双速电动机

3. 操作部分

全自动滚筒式洗衣机的操作部分主要由操作盘和前门结构组成。洗衣机的操作部件都装配在操作盘上，通常由前面板、程序标牌、琴键开关及指示灯、程控器旋钮等组成。洗衣机前门主要由玻璃窗、门手柄、手柄按钮、门开关、门开关抓钩等组成。当衣物放入滚筒内，关好前门，门开关抓钩钩住箱体，同时压下箱体上的门开关，使洗衣机进入正常工作过程。如门没有关或关闭不严，则门开关没压下，洗衣机不能运行。

4. 支承部分

支承部分由拉伸弹簧、弹性支承减振器、外箱体及底脚等组成。洗衣机外筒采用整体吊装形式，上部采用 4 个拉伸弹簧，将外筒吊装在箱体的 4 个顶角上，使洗衣机在工作时有较好的随机性；外筒底部采用了两个弹性支承减振器支承在箱体的底部。这样的弹性连接，所以使外筒的振动通过上部的拉伸弹簧和下部的减振器得以衰减，保证了洗衣机工作时，特别是脱水高速旋转时具有足够的稳定性。

5. 给排水系统

全自动滚筒式洗衣机由于具有自动添加洗衣粉、漂白剂、软化剂和香料的功能，因此进水系统除包括有进水电磁阀等部件外，还包括洗涤剂盒。洗涤剂盒分格装着洗衣粉、漂白剂、软化剂和香料，在程序控制器的作用下，随着水流自动冲进筒内。进水电磁阀的基本结构和波轮式洗衣机相同。滚筒洗衣机一般采用上排水方式，不设排水阀，而是采用排水泵排水。排水泵电动机为开启式单相罩极电动机，功率为 90W，排水泵扬程为 1.5m 左右，排水量为 25L/min，一般安装在洗衣机外箱体内右后下方，其外形如图 3-25 所示。

6. 电气部分

全自动滚筒式洗衣机的电气部分由程控器、水位开关、加热器、温控器、门开关等基本电器部件组成。滚筒式全自动洗衣机整个工作过程是由程控器来实现的，洗衣机的所有指令和动作过程都是由程控器统一指挥，它是洗衣机中最复杂的电气元件，同全自动波轮式洗衣机一样，全自动滚筒式洗衣机的程控器也有机电式、微电脑式两种。

水位开关又称压力开关，水位控制器，在多数滚筒式洗衣机上使用的是双水位开关，能够控制两种水位，一种是标准洗涤水位，另一种是节水洗涤水位。其结构与全自动波轮式洗衣机的水位开关基本相同。

滚筒式洗衣机的加热器是用来加热洗涤衣物的洗涤水，使洗涤效果比采用冷水洗涤效果更好，该加热器是一只由封闭式电热元件组成的水浸式管状加热器，外壁为不锈钢管，内装一根电热丝。如图 3-26 所示。加热器功率一般为 0.8~2.0kW，通常安装在外筒与滚筒的下部间隙里，离滚筒稍远而离外筒略近，以保证滚筒在脱水甩干时的振动不会碰撞加热器。

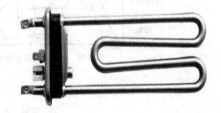

图 3-25　全自动滚筒式洗衣机的排水泵　　　　　　　　图 3-26　加热器

温控器的作用是控制洗涤液的温度，通常控制在 40~60℃，常见的有机械式温控器和电子式温控器两种。

门开关是安装在洗衣机前门内侧的微动电源开关，它串接在电源电路中，洗衣机门打开时，门开关断开，起到保护操作者安全的作用。

3.4.2 控制原理

无论是机电式控制方式还是微电脑式控制方式，洗衣机工作过程的控制可分为时间控制
与条件控制两种方式。时间控制
是指滚筒每次进水、加温、正反
向运转洗涤、排水、脱水、结束
等程序的编排与时间有关的控
制。条件控制是洗衣机工作状态
的改变有一定条件限制的控制。
进水时，如水未达到额定水位，
条件不具备，则水位开关不动
作；加热时，洗涤液温度未达到
所设定的温度，温度控制器不动
作。上一个程序未完成，则不能
进入下一个程序等。微电脑式全
自动滚筒洗衣机整机电原理图如

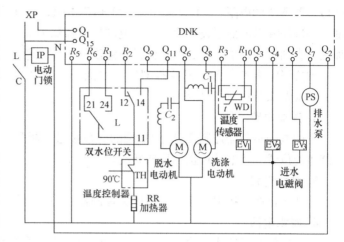

图 3-27   微电脑式全自动滚筒洗衣机整机电原理图

图 3-27 所示，主要由微电脑控制器(DNK)、双水位开关(L)、温度传感器(WD)、加热器(RR)、
电动机(M)、进水电磁阀(EV)、排水泵(PS)、温度控制器(TH)、电动门锁(IP)等组成。

1. 供电电路

洗衣机接通电源后，经内部变压器降压、整流、滤波、稳压后获得的直流电压加至
DNK 的 Q_1、Q_{15} 端，微电脑控制器此时可以接受指令工作。若 10s 内面板上无按键输入信
号，则电脑控制器自动执行内部设定程序；有信号输入，就执行相应程序。程序起动后，由
微电脑控制器的 Q_2 端输出电流，经电动门锁内 PTC 发热元件形成回路，热敏电阻发热，双
金属片变形使电动门锁内部触点闭合，微电脑控制器的 R_5 得电，从而使其中强电部分得电
工作。如果程序起动后 8s 内，门没有关好，造成微电脑控制器在 8s 内从 R_5 处检测不到电
压信号，则单片机触发蜂鸣器电路，使洗衣机报警。

2. 供水电路

洗衣机的预洗、主洗或漂洗程序选定后，微电脑控制器首先检测用户是否选择了节能功
能，如果选择了节能功能，则微电脑控制器检测其 Q_{11} 端，看与其相接的水位开关触点 11、
14 是否接通，接通表明水位达到，则不给微电脑控制器的 Q_3（或 Q_4、Q_5）端供电。未接通表
明无水或水位未达到，则微电脑控制器的 Q_3（或 Q_4、Q_5）输出电压，起动进水电磁阀进水，
在进水过程中，微电脑控制器仍不断检测触点 11、14，直到检测到水位开关触点 11、14 接
通的信息后再切断进水阀电源，停止注水。如果未选择节能功能，则微电脑控制器不断检测
R_6 和 R_1 端，看与其相连的水位开关 21、24 是否接通。如未接通表明水位未达到，Q_3（或
Q_4、Q_5）输出电压，接通进水阀，进行注水；如接通表明水位已达到，则切断进水阀电源，
停止注水。微电脑控制器具体触发 Q_3、Q_4、Q_5 中哪一端，要视程序编排而定。当洗衣机执
行预洗程序时，Q_3 端得电，接通进水阀 EV_1，向洗衣粉盒 A 格进水，将放在 A 格内的洗衣
粉冲入洗衣机内；当洗衣机进行主洗程序时，Q_4 端得电，接通进水电磁阀 EV_2，向洗衣粉
盒 B 格进水，将放在 B 格内的香料冲入洗衣机内；当洗衣机进入漂洗程序时，Q_5 端得电，

向洗衣粉盒 C 格进水，将放在 C 格内的软化剂冲入洗衣机内。

3. 加热电路

当选择加热功能时，在相应加热程序段中，微电脑控制器不断检测 R_3 和 R_{10} 端外接的温度传感器 WD 的电阻，WD 实际上是一个热敏电阻，因此检测了电阻值，就相当于检测了温度。当洗涤液温度低于设定值时，微电脑控制器给 Q_{11} 端输出电压接通加热回路，给洗涤液加热，直到检测出洗涤液温度达到设定温度值，才切断给 Q_{11} 端的供电。

加热回路中串有 90℃ 温控器 TH，当洗涤液温度达到 90℃ 时，其触点断开，切断加热回路，使水温保持在 90℃ 以下。

4. 洗涤电路

由微电脑控制器控制其 Q_6、Q_8 端的交替接通、断开，从而控制电容器 C_1 接入洗涤电动机绕组的位置，使电动机正、反向转动。

5. 排水电路

当洗衣机执行排水程序时，微电脑控制器给 Q_7 端供电，接通排水电路，洗衣机排水。

6. 脱水电路

当洗衣机执行脱水程序时，一方面测检 R_2 端，看低水位是否复位，待低水位复位后，DNK 根据在 R_2 端检测到的信号，给 Q_9 端供电，接通电动机进行脱水。

3.4.3 常见故障及检修方法

全自动滚筒式洗衣机的基本检修程序、检修故障的方法与全自动波轮式洗衣机基本相同，常见故障及检修方法见表 3-4。

表 3-4 滚筒式全自动洗衣机常见故障及检修方法

故障现象	可能原因	检修方法
按下电源开关，指示灯不亮，洗衣机不工作	1) 门微动开关损坏 2) 电源开关损坏 3) 电动门锁损坏或连接导线接触不良	1) 修理或更换门微动开关 2) 修理或更换电源开关 3) 修理或更换电动门锁，重新连接导线
电源指示灯亮，但洗衣机不进水、不工作	1) 进水阀损坏 2) 水位开关或有关导线接触不良 3) 进水阀塑料过滤网被堵塞 4) 程控器、进水阀等相关的导线断开、脱落或接触不良	1) 更换进水阀 2) 检修或更换水位开关，连接好相关导线 3) 清理异物 4) 检查相关部位，将导线重新连接好
进水结束后，不洗涤	1) 双速电动机连接导线脱落 2) 不加热开关或连接导线存在问题 3) 水位开关常开触点接触不良 4) 温度控制器故障，不能转入洗涤程序 5) 电动机或电容器损坏	1) 重新连接好导线 2) 检修或更换不加热开关，重新接导线，插紧接头 3) 检修或更换水位开关 4) 检修或更换温度控制器 5) 检修或更换电动机，更换同规格电容器

故 障 现 象	可 能 原 因	检 修 方 法
选择加热洗涤程序时，不能加热	1）加热器损坏 2）程控器与不加热开关、节能开关、加热器、温控器等连线接触不良	1）更换加热器 2）检查故障点，重新连接导线
不排水或排水太慢	1）排水滤清器被异物堵塞 2）排水泵受潮生锈，转子不能转动 3）内、外桶之间进入小衣物，堵塞了排水 4）程控器与排水泵之间相关导线接触不良	1）清除异物 2）拆下排水泵，清除锈斑，添加润滑剂 3）打开洗衣机后盖，取下加热器或波纹管，用镊子将小衣物取出 4）检查故障点，重新连接导线
不脱水	1）水位开关故障，不能复位进入脱水程序 2）程控器触点未接通或接触不良 3）电动机损坏或相关连接导线松脱	1）修理或更换水位开关 2）修理程控器，排除故障 3）检修或更换电动机，重新插紧接线

3.5 实训 普通型双桶波轮式洗衣机的拆装及检修

3.5.1 实训目的

1）了解普通型双桶洗衣机的结构、工作原理及正确使用方法。
2）学习和掌握普通型双桶洗衣机的拆装方法。
3）熟练掌握使用常用仪表和工具检测双桶洗衣机的方法。
4）理解普通型双桶洗衣机的常见故障产生的原因。

3.5.2 实训器材

1）普通型双桶洗衣机　　　　　　　　　　　1台
2）MF500型万用表　　　　　　　　　　　　1只
3）20W电烙铁　　　　　　　　　　　　　　1只
4）组合螺钉旋具、组合扳手、尖嘴钳等　　　1套

3.5.3 实训内容与步骤

1. 普通型双桶洗衣机的拆装

双桶洗衣机的拆装可以分为3部分进行：操作面板部分、桶组件部分与底座部分。

1）操作面板部分。操作面板一般位于洗衣机顶面的后侧，倾斜安装，操作面板上安装有洗涤定时器、脱水定时器、选择洗涤方式的琴键开关等，如图3-28所示，可按如下步骤拆装。

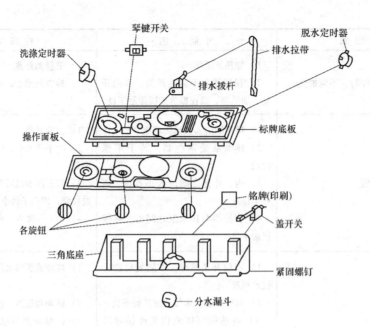

图 3-28 双桶洗衣机的操作面板

① 用手拔下操作面板上的洗涤定时器、脱水定时器、洗涤排水转换开关的旋钮。

② 用十字螺钉旋具旋出标牌底板的固定在三角底座后侧的紧固螺钉，揿开标牌底板。

③ 用手去除钩挂在洗涤排水转换开关的拉带，再用尖嘴钳去除钩挂在水位调节开关上的挂钩，分开标牌底板与三角底座的连接。

④ 用十字螺钉旋具旋出机箱后侧盖板的紧固螺钉，取下后侧盖板。

⑤ 在机箱底部找出洗涤定时器、脱水定时器及蜂鸣器与其他部件的连接线，去除它们与其他部件的连接，注意做好标记，以免安装时接错。

⑥ 用十字螺钉旋具旋出洗涤定时器、脱水定时器的紧固螺钉，取下洗涤定时器和脱水定时器。

⑦ 用一字螺钉旋具轻轻拨开蜂鸣器、水流选择开关、水位调节开关和注水选择开关固定在标牌板上的塑料内卡，取下蜂鸣器、水流选择开关、水位调节开关和注水选择开关。

⑧ 用一字螺钉旋具轻轻拨开固定在标牌底板上的铝质操作面板的内卡，取下铝质操作面板。

⑨ 操作面板的安装步骤和上述拆卸步骤相反。

2）桶组件部分。桶组件部分主要包括洗涤桶、脱水桶及其有关组件等，双桶组件部分的装配如图 3-29 所示。其拆装步骤如下。

① 首先拆去操作面板部分，用手拿下洗衣桶盖，再用手去除钩挂在脱水桶盖上的制动拉带，用尖嘴钳去除固定在脱水桶盖和三角底座之间的合页弹簧。

② 用十字螺钉旋具旋出三角底座的紧固螺钉，用电烙铁焊下固定在三角底座上的脱水开关的电源连线，取下三角底座，再用一字螺钉旋具轻轻拨开脱水开关的塑料卡，从三角底座上取下脱水开关。

③ 用一字螺钉旋具轻轻拨开脱水桶盖固定在箱体上的内卡，取下脱水桶盖，再用十字螺钉旋具旋出脱水桶内盖固定座的紧固螺钉，取下脱水桶内盖固定座和脱水桶内盖。

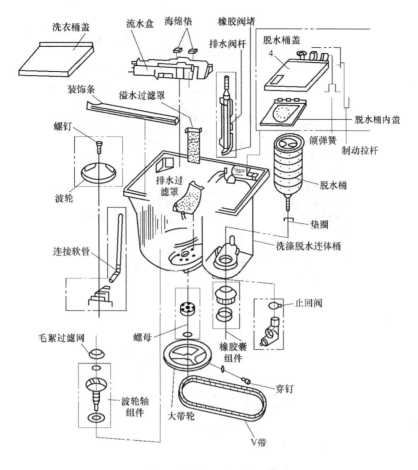

洗衣桶盖　流水盒　海绵垫　橡胶阀堵
排水阀杆
脱水桶盖
装饰条　溢水过滤罩
脱水桶内盖
螺钉
领弹簧　制动拉杆
波轮
排水过滤罩
脱水桶
连接软管
垫圈
洗涤脱水连体桶
止回阀
毛絮过滤网　螺母
橡胶囊组件
穿钉
波轮轴组件
大带轮
V带

图 3-29　双桶洗衣机组件部分装配图

④ 用手掰开溢水过滤罩的塑料内卡，取下溢水过滤罩，用十字螺钉旋具旋出排水过滤罩的紧固螺钉，取下排水过滤罩，用一字螺钉旋具旋出集水槽的紧固螺钉，取下集水槽。

⑤ 用十字螺钉旋具旋出洗涤脱水连体桶固定在箱体上的紧固螺钉，然后把洗衣机放倒，旋出箱体与底座的紧固螺钉。

⑥ 用手拔出排水管与洗涤脱水连体桶的连接，去除底座部分与操作面板部分的电源连接线，注意做好标记，以免安装时接错。

⑦ 用手去除洗涤电动机上的 V 带，用十字螺钉旋具旋出脱水电动机制动鼓与脱水桶连接的紧固螺钉，用尖嘴钳去除制动钢丝，这样就可分开桶体部分与底座部分。

⑧ 最后再分开脱水桶与洗涤连体桶的连接，卸下大带轮及波轮等组件。

⑨ 桶组件部分的安装步骤和上述拆卸步骤相反。

3）底座部分。底座部分主要包括洗涤电动机、脱水电动机、制动装置、电容器等。底座部分的装配如图 3-30 所示，其拆装步骤如下。

① 先用万用表表笔给洗涤电动机电容器和脱水电动机电容器放电，然后去除它们与其他部件的电源连接线，用一字螺钉旋具拨开固定电容器的塑料卡，取下两只电容器。

② 选用小型活动扳手旋出洗涤电动机的紧固螺母，然后去除洗涤电动机与其他部件的电源连接线，取下洗涤电动机，再用十字螺钉旋具旋出电动机带轮的紧固螺钉，取下电动机带轮。

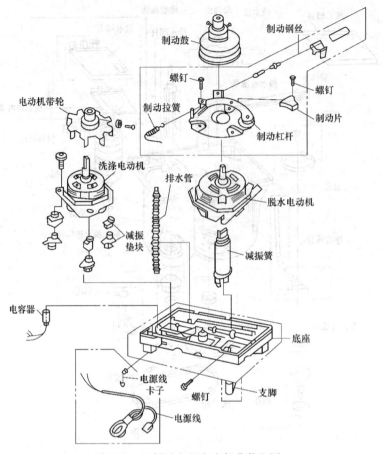

图 3-30 双桶洗衣机底座部分装配图

③ 用尖嘴钳去除制动钢丝，然后去除脱水电动机与其他部件的电源连接线，再用尖嘴钳去除脱水电动机减振弹簧固定在底座上的内卡，取下脱水电动机和减振弹簧。

④ 用十字螺钉旋具旋出 3 只减振弹簧的紧固螺钉，取下 3 只减振弹簧，再旋出制动杠杆的紧固螺钉，取下制动杠杆和制动片，旋出制动鼓的紧固螺钉，取下制动鼓。

⑤ 底座部分的安装步骤和上述拆卸步骤相反，注意仔细看图，按照图中安装线逐步安装。

全部拆卸、安装步骤完成后，将实训过程和实训中出现的问题以及心得体会写入实训报告。

2. 普通型双桶洗衣机常见故障的检测

1）波轮不转动的检测步骤。

① 接通电源洗涤电动机不运转。首先检查电源是否有电，电源插头是否接触不良，扭转脱水定时器，脱水电动机是否转动，如脱水电动机也不转，则说明电源有故障；如果脱水电动机运转，则说明电源正常，故障在洗涤电动机回路。

② 检查洗涤方式选择开关(通常为琴键开关)是否接触不良，用万用表电阻挡进行检测，按下琴键时开关应导通，如不导通则为接触不良，甚至不能接触。轻微的接触不良，可以拆开琴键开关，以细砂布或什锦锉打磨触点，使之接触良好，如果严重接触不良，应更换琴键开关。

③ 检查定时器是否损坏，如果其触点不能接通，则电动机不能运转，可用万用表电阻

116

挡检测定时器引出脚的通断情况，扭动定时器旋钮后，定时器引出脚仍一直处于断开状况，则说明其触点不能接通，应予以更换。

④ 检查洗涤电动机的电容器是否损坏(受潮变质、开路或击穿短路等)，这是可能造成电动机不运转的常见故障之一。检测电容器的方法如下：将 MF500 型万用表置于 $R \times 100$ 或 $R \times 1k$ 欧姆挡，两只表笔分别触及电容器的两极，电容器正常时，万用表指针摆动一定幅度，再均匀地缓缓返回几百千欧以上的位置，如万用表指针不摆动，说明电容器已开路；万用表指针摆动幅度很小，说明电容器的容量很小；万用表指针摆动指零且不返回，说明电容器已击穿短路；万用表指针摆动虽未指零却指小欧姆值且不返回，说明电容器漏电严重。电容器开路、电容器容量严重不足、击穿短路、漏电严重等，均应更换同规格型号的新电容器。测量结果填入表 3-5。

⑤ 检测洗涤电动机绕组是否正常，是否短路、断路，可用万用表电阻挡进行检测。洗涤电动机的接线见图 3-7 所示两个绕组(图中标明Ⅰ与Ⅱ)3 个引出端(图中标明①,②与③)，用万用表电阻挡检测引出端①与③，②与③，①与②之间的直流电阻值 R_{13}、R_{23}、R_{12}。正常时 $R_{13} = R_{23}$，$R_{12} = R_{13} + R_{23}$。如 $R_{13} \neq R_{23}$，数值明显偏小的绕组有短路；如果 $R_{13} = R_{23}$，但 $R_{12} \neq R_{13} + R_{23}$，表明绕组Ⅰ与绕组Ⅱ之间有短路；如实测值比手册给的参数值小很多，也说明该绕组有短路。洗涤电动机绕组开路时，也可用上述方法检测。查出电动机绕组有故障后可重绕或更换新的洗涤电动机。测量结果填入表 3-6。

⑥ 接通电源洗涤电动机运转而波轮不转动，则拆开洗衣机后侧盖板，检查 V 带及带轮，如传动带脱落，应重新装好；传动带松弛，应适当调整洗涤电动机安装位置，使传动带松紧适度；传动带过松则应更换。如带轮松脱，应重新装上并紧固；传动带或带轮被卡死，应清除异物，使其转动灵活自如。

2) 波轮轴漏水。由波轮轴总成的结构可知，波轮轴漏水的主要原因是密封圈磨损或损坏，波轮轴锈蚀。导致不密封，检测步骤如下。

① 如果是波轮轴受水侵蚀而生锈导致密封不良而漏水，则需更换波轮轴，参照图 3-29 进行拆卸、装配。具体操作步骤如下：松开波轮固定螺钉，拆下波轮；松开螺钉，拆下从动皮带轮；用扳手松开紧固螺母，取出波轮轴。更换新波轮轴后，按相反的顺序进行装配，注意拧紧紧固螺钉与螺母，装配完毕，用手转动波轮或带轮，无异常声响，即可使用。

② 如果是密封圈老化变质，失去密封作用而漏水，则需更换密封圈，密封圈包括橡胶水封与橡胶油封，更换时的拆卸和装配可参照图 3-31 进行。

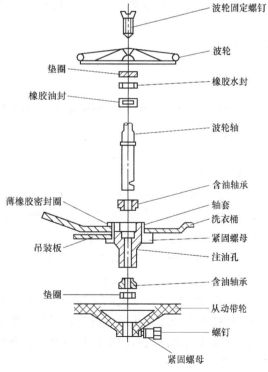

图 3-31　波轮轴总成结构分解图

3.5.4 实训报告

1. 数据记录

数据记录表格见表 3-5、表 3-6。

表 3-5 洗涤电容器检测记录

标 称 值		检测时所用挡位: $R \times$ _____ 挡	
容量/μF	耐压/V	开始时指针位置	结束时指针位置

表 3-6 洗涤电动机检测记录

洗涤电动机				
型 号	功 率/W	绕组直流电阻/Ω		
		R_{13}	R_{23}	R_{12}
绝缘电阻/Ω				

2. 收获、体会及课后思考题

将实训过程、实训中遇到的问题、实训中的体会与心得,形成文字材料,填入实训报告。报告格式自拟。

根据实训内容由任课教师布置思考题,解答后将答案写在实训报告上。

3.6 习题

1. 洗衣机有哪些类型?

2. 说明型号为 XPB25-5S、XQB40-10、XQG50-5 的洗衣机,型号中的各个字母、数字各表示什么意义。

3. 洗衣机主要技术指标有哪些?

4. 普通双桶波轮式洗衣机由哪些主要部分构成?

5. 普通双桶洗衣机故障检修一般步骤是什么?检修方法有哪些?

6. 阐述普通双桶波轮式洗衣机波轮不转的检修步骤和方法。

7. 脱水系统的盖开关和制动装置的作用是什么?它是如何实现这种功能的?

8. 全自动波轮式洗衣机由哪些主要部分构成?

9. 简述全自动波轮式洗衣机水位压力开关的结构和工作原理。

10. 全自动波轮式洗衣机的洗涤桶和平衡圈的作用是什么?

11. 简述全自动波轮式洗衣机离合器的工作原理。

12. 目前全自动洗衣机使用的程控器有几种?根据图 3-20,说明微电脑程控器在工作中主要执行哪几个过程?

13. 参考图 3-21,简述全自动波轮式洗衣机的电气控制原理。

14. 阐述微电脑式全自动洗衣机的几种典型故障及原因。

15. 全自动波轮式洗衣机出现不排水现象，产生原因有哪些？如何排除？

16. 滚筒式洗衣机按衣物投入方式可分为哪两种类型？

17. 滚筒式洗衣机的基本结构由哪几部分组成？

18. 简述滚筒式洗衣机的洗涤特点。

19. 对照滚筒式全自动洗衣机电气原理图，简述其洗涤过程。

20. 全自动滚筒式洗衣机电源指示灯亮，但不进水、不工作，可能的故障有哪些？如何排除？

第4章 吸尘器与吸油烟机

【教学目标】

- 掌握家用吸尘器的结构和工作原理。
- 掌握吸尘器的拆装与检修方法。
- 掌握吸油烟机的结构和工作原理。
- 掌握吸油烟机的拆装与检修方法。

4.1 吸尘器

4.1.1 类型及主要技术指标

1. 吸尘器的类型

吸尘器是一种新型、先进的除尘器具，用途十分广泛，其种类与型式很多，一般按以下方法分类。

1）按外形分类。可以分为立式、卧式与便携式3类，如图4-1所示。立式吸尘器工作时，电动机主轴垂直地面，在圆筒壳体内，由上到下依次安装着电动机、风机、集尘室与过滤装置。卧式吸尘器工作时，电动机主轴平行地面，外形近似于圆锥体，水平方向依次安装着集尘室、过滤装置、电动机与风机。便携式吸尘器也称手持式吸尘器，具有体积小、重量轻的特点，但它的使用范围较窄。

图4-1　吸尘器外形图

2）按功能分类。可分为干式吸尘器、干湿两用吸尘器、旋转刷式地毯吸尘器和打蜡吸尘器等。干式吸尘器不能吸水，干湿两用吸尘器可以吸肥皂水之类或多水性泡沫污物，常用于洗脸间、厨房等水分较多地方。旋转刷式地毯吸尘器专门用于清洁地毯，它的底部装有特殊的刷子，可一边刷一边将灰尘吸入吸尘器。打蜡吸尘器底部装有2~3个高速旋转的刷子，在打蜡时将灰尘吸掉，它的吸力较小，主要以打蜡上光为主。

3）按电气安全等级分类。可分为Ⅰ类、Ⅱ类、Ⅲ类吸尘器。Ⅰ类，Ⅱ类吸尘器的额定电压均在42V以上。Ⅰ类吸尘器一般只有基本绝缘，如果损坏即有触电危险，故其壳体部分接地。Ⅱ类吸尘器采用双重绝缘，除基本绝缘外，还有一层保护绝缘，不用接地。Ⅲ类吸尘器的额定电压低于42V，设有安全隔离变压器或用直流蓄电池供电，安全可靠，一般用于火车、汽车、船舶等。

吸尘器的规格是按其输入功率来划分的，统一规格有：小于100W、150W、200W、250W、400W、500W、600W、700W、800W及1000W以上的吸尘器。如立式和卧式吸尘器的输入功率一般约在400~1000W之间。

2. 吸尘器的主要技术指标

1）输入功率。输入功率指吸尘器稳定运转时的电功率。在额定电压（我国为220V）、额定频率（50Hz）以及进风道全部畅通的条件下，风量最大时的电功率是吸尘器的最大输入电功率。允许偏差为±15%。

2）吸入功率。吸入功率指吸尘器吸嘴处的空气流所具有的功率，如果不考虑各连接处的泄漏，吸入功率就是风机的有效功率。

3）效率。吸尘器的效率为

$$\eta = \left(\frac{P_2}{P_1}\right) \times 100\%$$

式中　η——吸尘器的效率（百分数表示）；

　　P_1——吸尘器的输入功率（W）；

　　P_2——吸尘器的吸入功率（W）；

P_1和P_2应为同一条件下的对应值。

4）真空度。真空度指吸尘器工作时，吸嘴处与外界大气之间的负压差。

5）噪声。吸尘器的噪声应不高于75dB，国际标准在54dB以下。吸尘器的噪声主要源于电动机，为了降低噪声，应选用高质量的电动机，并在吸尘器结构设计与制造时充分考虑吸声与隔声。

6）绝缘电阻。使用500V的绝缘电阻表，对吸尘器电气系统与机壳之间施加电压1min，读取测量值，即为绝缘电阻，要求Ⅰ类吸尘器的绝缘电阻≥2MΩ，Ⅱ类吸尘器的绝缘电阻≥5MΩ。

4.1.2　基本结构及工作原理

1. 基本结构

吸尘器主要由外壳体、吸尘部分、电动机、风机、消声装置及附件等组成。立式吸尘器结构如图4-2所示，壳体分上、下两部分。上壳体主要用于安装电动机、风机、消声装置、出风口及电源开关等，顶部还设有提把，灰尘指示器、阻塞保护机构等功能性机构也安装于上壳体；下壳体内主要安装吸尘部分和脚轮等，桶壁上设有吸入口。

卧式吸尘器电动机、风机、过滤器及集尘室在壳体内沿水平方向顺序安装，具体结构如图4-3所示。卧式吸尘器一般都配有伸缩管或二接管，可以深入角落进行清理。

旋转刷式地毯吸尘器的结构如图4-4所示。其吸嘴固定连接在吸尘器的主体上，不能更换，吸嘴处装有能转动的毛刷，传动带转动带动毛刷转动，并将地毯或地板上的尘土吸走。

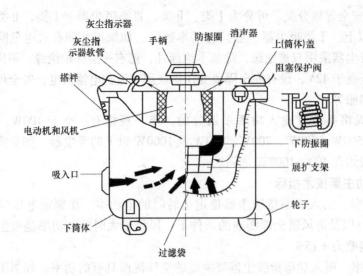

图 4-2　立式吸尘器结构图

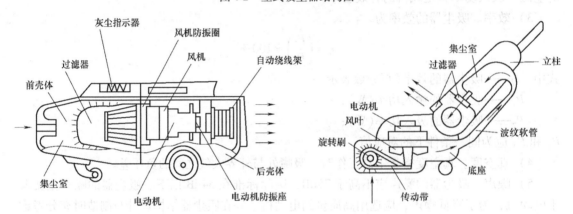

图 4-3　卧式吸尘器结构图　　　　图 4-4　旋转刷式地毯吸尘器结构图

1）吸尘器的壳体起支撑和装饰作用，一般用金属和塑料制成，要求具有较高的机械强度，电源开关、灰尘指示器等部件安装在壳体外，电动机和其他附件装在壳体内，壳体一般由 2～3 个部分接合而成，连接处缝隙较小，密封程度高，以便提高吸尘器的吸力。壳体上还设有吸风口与出风口，壳体下面装有几个滚轮，使吸尘器可以方便地移动。

2）吸尘器的吸尘部分由过滤器和集尘室两部分组成。从外界吸进的灰尘和垃圾随高速气流通过过滤器，滤出垃圾和灰尘后，成为清洁空气进入风机，而灰尘和垃圾被收集在集尘室内。过滤器由过滤袋与展扩支架组成，过滤袋有 1～2 层，两层过滤袋的滤尘效果更佳；展扩支架的作用是吸尘时扩大过滤袋的有效面积，提高滤尘效果。当灰尘积集到一定量时，可以打开吸尘器壳体，将集尘箱取出，倒掉灰尘，然后重新装入即可。

3）吸尘器一般采用单相交流串激整流子电动机，电动机起动时，能产生较大的起动转矩和过载能力，使吸尘器获得 20000r/min 以上的高转速、大转矩。风机是吸尘器产生负压的部件，由离心式叶轮、导轮和风罩等组成，风机的叶轮由电动机直接驱动。

4）吸尘器的附件主要包括吸管和吸嘴，吸管有硬管和软管两种。硬管包括直管和弯管，一般由几段有一定锥度的管串接而成，它一端与软管相连，另一端与吸嘴相连。硬管上留有把手(手柄)和装有吸力调节装置。软管一端通过连接器与硬管相连,另一端与进气口相连,软管有一定的强度,能受压和弯曲。吸嘴是吸尘器的工作头,按清洁对象的不同,可分为平刷、圆刷、长形刷、扁吸嘴等几种形式。

2. 工作原理

当吸尘器接通电源时,电动机直接驱动风机高速旋转,风机叶轮带动空气以极高的速度向机壳外排放,此时,在风机前面形成局部真空,使吸尘器内部与外界产生很高的负压差,在此负压差的作用下,位于吸嘴旁的含尘气体源源不断地补充到风机中去,通过吸嘴和管道,使充满灰尘和脏物的空气吸入吸尘器的集尘室内,经过滤器过滤,使灰尘和脏物留在集尘室内,而过滤后的清洁空气从风机、电动机的后部出气口排出,重新送入室内,达到吸尘的目的。

干湿两用吸尘器与普通吸尘器不同的是多了一个离心室。当灰尘、空气、水被吸入离心室时,重量较大的水被高速旋转后,甩向离心室内壁后流入下面的集水桶。而较轻的灰尘和空气经过离心室后,进入过滤袋内过滤灰尘。

4.1.3 控制电路

吸尘器电路的作用是控制电动机的通断和转速。按吸尘器的功能,电动机有一速、二速及无级调速等几种。电动机转速的改变通过开关及电子调速电路来实现。

1. 单转速的吸尘器电路

如图 4-5 所示为单转速单开关的吸尘器电路,开关闭合,电动机单速运转,吸尘器工作,开关断开,电动机断电,停转,吸尘器停止工作。由于串励电动机在工作时产生的火花及电弧,使电网电流和电压产生连续的急剧振荡脉冲,并在空间以电磁波方式传播,在无线电通信范围内产生干扰,所以一般在吸尘器电路中设有抑制无线电干扰装置,即滤波器,最简单的滤波器是在电动机上并联容量为 $0.1 \sim 1\mu F$ 的电容器,如图 4-5 中所示的电容器 C,将电动机产生的高频干扰信号滤除。

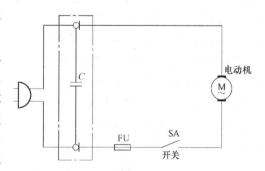

图 4-5 单转速的吸尘器电路

2. 充电式吸尘器电路

图 4-6 为充电式小型吸尘器的电路图。该类吸尘器具有充电器,充电时,变压器将工频交流电转换为低压交流电,低压交流电经限流电阻 R_1 和整流二极管 VD_1 整流成直流电,对电池充电。使用时,接通开关,吸尘器即工作,在图 4-6b 中还具有用作充电指示的发光二极管 VD_2 和电动机转速(即吸力)选择开关 SA。在充电期间,充电电流有部分流过 VD_2,VD_2 点亮;充电快要结束时,充电回路中电流很小,VD_2 微亮;充电结束后,充电回路中无电流,VD_2 熄灭。当开关 SA 与 2 端接通时,电动机以全电压(4.8V)工作,转速高;当开关 SA 与 1 端接通时,4.8V 电压经 R_2 降压后加到电动机上,电动机转速降低。

3. 电子调速的吸尘器电路

电子调速电路一般由晶闸管等电子元器件组成,通过调整晶闸管的控制角,来改变施加

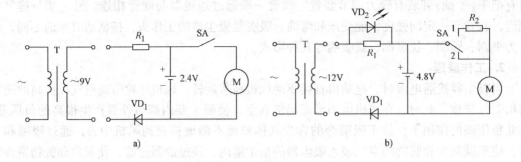

图 4-6 充电式小型吸尘器电路

到电动机上的平均电压,从而实现改变电动机的转速,达到调节吸尘器吸力的目的。

1)双速电子调速吸尘器。双速电子调速吸尘器的电路如图 4-7 所示,该吸尘器采用两挡调速,功率分别为 620W 和 400W,由开关 SA 来控制。当开关 SA 的 2-1 接通时,则晶闸管调速电路被断开,串激电动机 M 直接与 220V 交流电源接通,此时,电动机转速最高,吸力最强,功率达 620W。当开关 SA
的 2-3 接通时,晶闸管调速电路被
接入,与电动机串联,交流 220V 经
电感 L 和电阻 R_1 降压后,开始对电
容器 C_2 充电,当 C_2 两端电压达到
双向二极管 VD 的转折电压时,VD
导通,C_2 放电,使双向晶闸管 VTH
门极流过触发电流而被触发导通,
电动机得电工作,由于受到晶闸管
的作用,电动机两端的工作电压小

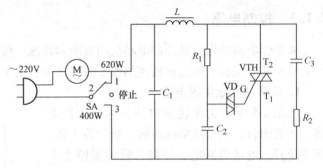

图 4-7 双速电子调速吸尘器电路

于 220V,故电动机转速下降,输出功率约 400W。图中 L 和 C_1 组成滤波电路,用来抑制电动机产生的电磁干扰。

2)无级调速吸尘器电路。图 4-8 所示为无级调速的吸尘器电路。电路以集成电路 IC(NE555)为核心,与外围电路组成脉冲触发器。交流 220V 电源电压经电源变压器 T_1 降压

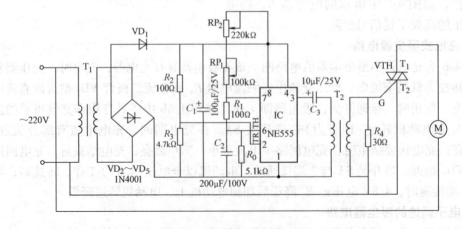

图 4-8 无级调速吸尘器电路

后，经 $VD_2 \sim VD_5$ 组成的桥式整流电路整流后，形成与电源保持同步的单向脉动电源。这一单向脉动电源一路经二极管 VD_1 隔离、电容 C_1 滤波后为 IC 提供直流工作电压；另一路经电阻 R_2、R_3 分压后为 IC 的触发端第 2 脚 TR 端提供外触发同步信号。

IC 在该同步信号触发下反转；RC 定时回路由安装在手柄上的电位器 RP_2、微调电阻 RP_1、电阻 R_1 与电容 C_2 组成，电容 C_2 上的电压随充电时间逐渐上升，当达到 IC 的 6 脚阈值电平时，IC 反转，IC 的输出端 3 脚由高电平突变为低电平，这一突变电平经电容 C_3、脉冲变压器 T_2 耦合到双向晶闸管 VTH 的门极，使晶闸管得到触发而导通，与此同时，7 脚放电端对地导通，电容 C_2 上的电荷经电阻 R_1、IC 放电端迅速对地泄放，为下一次同步信号的到来做好准备，工作波形如图 4-9 所示。

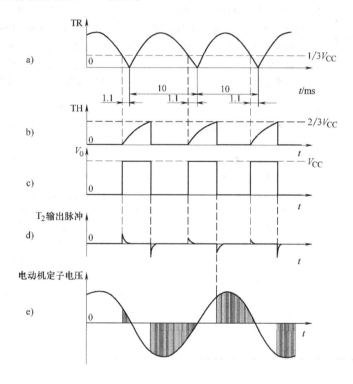

图 4-9　电压波形图

a) IC（NE555）2 脚 TR 端波形　b) IC（NE555）6 脚 TH 端波形　c) IC（NE555）3 脚输出波形
d) 变压器 T_2 输出脉冲　e) 电动机定子电压波形

旋动手柄上的功率强弱开关，即改变了电位器 RP_2 阻值，也就改变了电容 C_2 充电到 IC 阈值电平所需时间，当 RP_2 为最小值时（相当于强挡位置），由 RP_2，RP_1，R_1，C_2 所组成的定时电路定时时间约为 1.2ms；RP_2 为最大值时（相当于弱挡位置），定时时间约 7ms，从而改变了晶闸管的控制角，使吸尘器电动机功率在一定范围内实现无级调速。

4.1.4　故障与检修

吸尘器的常见故障及检修方法见表 4-1。

表 4-1 吸尘器常见故障及检修方法

故障现象	可能原因	检修方法
合上开关，电动机不转动	1）电源插头与插座接触不良 2）熔丝熔断或电源线断 3）开关接触不良 4）电动机换向器与电刷严重磨损或烧毁 5）电动机绕组断路、短路 6）电动机轴承严重磨损 7）卷线器触点失灵	1）重新插好插头，保持接触良好 2）更换同规格熔丝，检查断线处并连接好 3）检查开关，修理或更换 4）更换电刷 5）检修或更换电动机 6）更换轴承 7）修理弹簧触片，保证接触良好
电动机能转动，但吸力不足	1）吸尘器的集尘箱灰尘、垃圾过多 2）软管、吸嘴或过滤袋、出风口堵塞 3）吸尘部分与电动机部分之间密封不良 4）电动机转速低 5）转刷刷毛严重磨损	1）清理灰尘、垃圾 2）清除堵塞异物，使通道畅通 3）检修或更换橡胶密封圈 4）检修或更换电动机 5）调节转刷的位置或更换转刷
吸尘器过热	1）连续使用时间太久 2）吸尘器风路系统（包括吸嘴、软管、过滤器、出风口等）堵塞 3）轴承缺油或严重磨损 4）电刷或换向器磨损 5）电动机绕组短路	1）停机休息 2）清除堵塞异物，使风路通畅 3）清洗加油或更换轴承 4）更换电刷，修理换向器 5）修理或更换电动机
运转时噪声过大	1）轴承缺油或严重损坏 2）风叶变形或移位 3）电刷与换向器接触不良 4）紧固件松动	1）清洗加油或更换轴承 2）更换叶轮或调整位置 3）更换电刷，使其接触良好 4）重新进行紧固
漏电	1）电动机绝缘失效 2）带电部分与金属壳体相碰 3）吸尘器受潮严重	1）更换电动机绕组 2）移开接触部分并加强绝缘 3）干燥吸尘器

4.2 吸油烟机

吸油烟机也称为排烟罩，是专供厨房使用的电动器具，它能迅速有效地排除厨房由于烹饪所产生的油烟和有害气体，保持厨房的清洁卫生和空气清新。

吸油烟机按照集油罩的深浅，分为深形罩和浅形罩两种型式，深形罩更便于集油烟，且油烟易被排出室外。按照控制方式可分为普通型和全自动型两种。全自动型具有油烟、煤气等气体传感器（气敏元件），当空气中的油烟或煤气的浓度达到一定值时，吸油烟机自动起动并及时排出这些气体。按吸气孔数可分为单孔和双孔吸油烟机。

4.2.1 基本结构

吸油烟机主要由风机系统、滤油装置、控制系统、外壳、照明灯、排气管等组成，具体结构如图 4-10 所示。

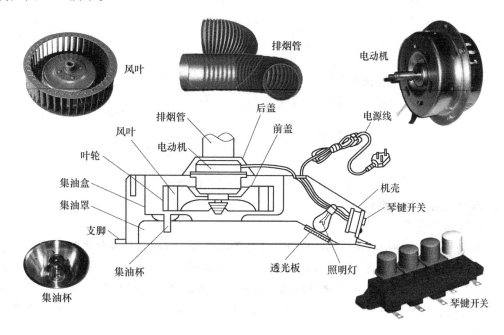

图 4-10　吸油烟机内部结构图

吸油烟机的风机系统主要由电动机、风叶、导风框等组成。电动机是吸油烟机的主要部件，是吸油烟机的动力源，通常均采用电容式单相异步电动机，功率在 30 ~ 100W 之间。

吸油烟机的风叶大都用离心式风叶，即利用离心式抽气扇将油烟吸进，滤除油污成分，再经过排气管排出室外。电动机与风叶的性能决定吸油烟机的排烟效果。目前，单电动机吸油烟机的排风量普遍都在 13m^3/min 以上。（国家标准规定在额定电压和额定频率下，吸油烟机以最高挡转速运转，在特定的试验装置中，当静压值为零时对应的排风量不低于 7m^3/min。风压大于或等于 80Pa，噪声不大于 74dB。）

吸油烟机的滤油装置由集油盒、排油管和集油杯组成。吸油烟机将吸入的油烟经分离后，油污成分被甩向集油盒，顺着排油管流入集油杯。

吸油烟机的控制系统一般由 4 ~ 5 挡琴键开关连接有关元件构成，可进行高速、低速、停止及照明控制或进行左、右、自动、停止、照明控制等。

4.2.2　工作原理

1. 普通型吸油烟机

普通型吸油烟机的控制电路如图 4-11 所示。使用时，将电源插入 220V 市电插座，按下左键或右键，左风道电动机或右风道电动机运转，电动机带动离心式叶轮以 1300r/min 左右的速度高速旋转，造成进气口内的空气压力大于排气口外的空气压力，迫使排气口内的空气向排气口外流动，这样，含有油烟的空气不断被吸入进气口，然后在风叶轮离心力的作用下，将油烟中的油污甩在风道的内侧壁上（即集油盒内），然后顺着内壁流入排油管进入集油杯，而其余气体则从排气口进入排烟管被排出室外。当按下双风道按键，左右风道电动机同时运转抽油烟；当按下琴键开关的照明灯按键时，照明灯亮；当按下停止按键时，各按键

127

自动复位，整机停止工作，照明灯熄灭。有些吸油烟机的照明灯不受停止键控制。

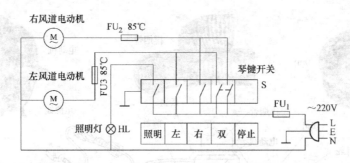

图 4-11　普通型吸油烟机控制电路图

2. 监控式自动吸油烟机

（1）气体传感器

气体传感器是一种把某种气体的成分、浓度等参数转换成电气量变化值的传感器。它的传感元件是气敏电阻。目前使用较多的是半导体气敏传感器。其中 SnO_2 是应用最多的敏感材料。SnO_2 气敏传感器主要由气体感应体、加热丝、防爆网和支撑封装 4 部分组成，其外形、引脚排列、符号如图 4-12 所示。其中 f-f 为加热丝，a-a′为输出信号一端，b-b′为输出信号另一端。

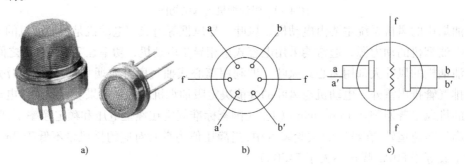

图 4-12　气敏传感器的外形、引脚排列、符号

a）外形　b）引脚排列　c）符号

由于半导体气敏传感器的灵敏度较高，故可用于对多种气体的检漏、浓度检测或超限报警。

（2）控制电路

监控式自动吸油烟机的控制电路如图 4-13 所示，它是在普通型吸油烟机的基础上，增加了由气敏监控电路和报警元器件组成的监控器。使用时，按下自动按键，进入自动监控状态，当室内的烟雾或可燃性气体（如煤气、液化气等）的浓度达到一定量时，吸油烟机就会自动起动，将这些气体排出，同时发出声光报

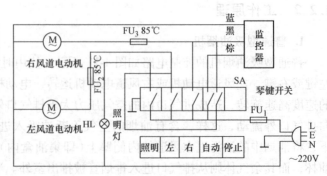

图 4-13　监控式自动吸油烟机控制电路图

128

警。当室内空气中烟雾或有害气体的浓度低于一定值时，吸油烟机便自动停止工作，恢复监控状态。

常用的气敏监控电路如图 4-14 所示，该电路主要由气敏传感器 QM 和 LM324 四运放比较器组成。其中 IC$_1$ 构成气敏检测控制电路，IC$_2$ 构成报警控制电路，IC$_3$ 构成误动作限制电路；IC$_4$ 构成排烟延时电路。当吸油烟机的自动键按下后，监控电路接通电源，绿色发光管 LED$_1$ 亮，1~3min 后自动投入有害气体监控工作。控制电路各部分的工作原理如下。

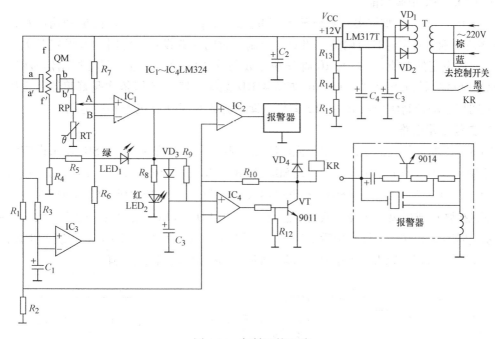

图 4-14　气敏监控电路

1）气敏检测控制电路。工作时，气敏元件 QM 引脚 f-f′之间的热丝通有电流，此时其输出端 F 点的电压将随环境空气中的油烟及有害气体的浓度而变化。浓度越高 U_F 越大。正常时，$U_F \approx 4.5V$，IC$_3$ 输出低电平，通过调节灵敏度电位器 RP 使 $U_A < U_B$，此时 IC$_1$ 输出低电平，LED$_1$（绿）被点亮，晶体管 VT 截止，继电器断电，电动机不运转。当有害气体浓度达到一定值时，即 U_F 升高到某一值时，使 $U_A > U_B$，IC$_1$ 输出高电平，LED$_1$ 灭，LED$_2$ 亮，IC$_2$ 输出高电平，报警器报警，同时 IC$_1$ 输出高电平经 VD$_3$ 向 C_3 充电，当 C_3 的电压升到一定值时，IC$_4$ 状态翻转，输出高电平，晶体管 VT 导通，继电器触点 KR 吸合，左右风道电动机起动进行排烟。

2）延时排烟电路。当室内烟雾浓度降到一定值时，使得 $U_A < U_B$，IC$_1$ 又转为低电平，此时 VD$_3$ 截止，C_3 上所充的电压只能经过 R_9（2.7MΩ）缓慢放电，使 IC$_4$ 输出高电平的时间延长，吸油烟机将继续运转一段时间，直到 IC$_4$ 状态翻转为止。

3）误动作限制电路。由于刚接通电源时，电路存在过渡过程，IC$_1$ 可能瞬间出现高电平输出，误使电动机运转。为防止误动作，在 IC$_3$ 的反相输入端接有大容量电容 C_1 和电阻 R_3，在通电瞬间，C_1 上的电压不能突变，IC$_3$ 输出高电平，迫使 $U_A < U_B$，IC$_1$ 输出低电平，直到过渡过程结束电路达到稳态，此时，C_1 已被充电，IC$_3$ 输出低电平，A 点和 B 点间恢复

了正常的电压关系，IC_1 进入正常工作状态。

4.2.3　吸油烟机的微电脑控制

目前新型的吸油烟机，大都采用单片微电脑集成电路作为电子控制系统中的主控芯片，现以 CMS-001 系列单片微电脑集成电路为例，说明其功能及应用。

CMS-001 集成电路采用 18 脚双列直插式封装，内含 CPU、时钟振荡电路及复位电路。

1. CMS-001 引脚功能

CMS-001 的 1~7 脚依次是数码显示管 b、a、f、g、e、c、d 字段的驱动输出端，同时 1~6 脚还分别兼有定时时间调整、照明灯控制、时间预置设定、定时时间设定开关、强风设定、弱风设定的功能。9 脚与 10 脚分别是数码管个位和十位显示驱动控制信号输出端，11 脚是复位控制信号输入端，13、14 脚接 4MHz 晶振，15~18 脚依次是蜂鸣器、强风、弱风、照明灯驱动控制信号输出端。12 脚与 8 脚分别是 +5V 工作电源和接地端。

2. 典型应用电路

CMS-001 组成的吸油烟机控制单元电路如图 4-15 所示。图中 SB_1~SB_6 用来设定定时时间和控制吸油烟机的工作状态，当按动 SB_3 或 SB_2、SB_4 时，16 脚或 17、18 脚对应输出高电平，VT_3 或 VT_4、VT_5 导通，分别驱动继电器 KA_1、KA_2、KA_3 接通风扇电动机或照明灯，使吸油烟机按强风或弱风挡运转及照明灯点亮。此时 LED_2~LED_4 显示当前的工作状态，数码管显示定时时间，并在运行开始后倒计时。设定时间结束，CMS-001 的 16 脚或 17 脚输出低电平，LED_2 或 LED_3 熄灭，继电器动合触点断开，风扇电动机停止运转。

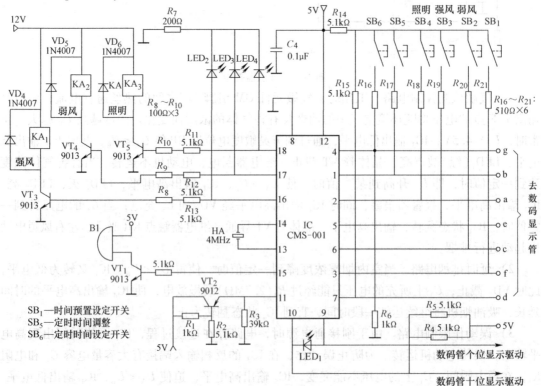

图 4-15　CMS-001 组成的吸油烟机控制单元电路

4.2.4 新型吸油烟机

1. 自动清洗型吸油烟机

由于中国猛火热油的传统烹调方式，吸油烟机的拆洗问题一直是困扰消费者的难题。普通吸油烟机的过滤油网并不能过滤全部油烟，即使网孔小到 $0.01mm^2$，也还是会有约37%的油烟进入到烟机内部，从而影响其吸力并磨损电动机。

自动清洗型吸油烟机采用独特的高压旋喷技术，增设了清洗泵，清洗水壶、导液管、控制电路等设备。清洗时，将中性洗涤剂和清水按5:200的比例调配后注入油烟机清洗水壶，在吸油烟机低速运行的情况下，按下清洗键，清洗泵便将水壶内的清洗液通过导液管喷嘴泵入风柜内，在风机的旋转及液体喷射的双重作用下，清洗液与风轮风柜内侧面发生高速旋流摩擦，使油污彻底分解，并通过导油管排出机外，完成自动清洗过程。

根据吸油烟机的污垢和环境气温情况，可适当调整清洗液的浓度和清洗次数。30~45s便完成一次清洗过程，将日常难以清洗的油烟机内部空间洗净。自动清洗型吸油烟机拥有"免拆洗"型烟机特有的清理油烟装置，做到一滤、二洗，实现双重清洁，相对于免拆洗而言是一次技术升级。

但不管是自动清洗还是免拆洗，都不会真正把吸油烟机里面沉积的油垢彻底清洗干净，仍然需要定期手动清洗，只不过清洗频率相对小一些。

2. 水帘式净油烟机

水帘式新型净油烟机与传统的吸油烟机最大的不同之处，是它不仅"抽"烟，更能"净"烟。水帘式净油烟机采用洗涤吸收法，利用添加有洗涤剂的水溶液，在吸排油烟的同时自动将雾化的水溶液与油雾发生乳化和皂化反应，烟尘也同时被润湿洗涤下来，燃料燃烧时产生的有害物质及烹饪过程中产生的油烟绝大部分被水溶液中和净化。当洗涤剂含油量较多、净化效率下降时，净油机会自动报警提醒用户更换洗涤剂。

3. 隔滤循环型吸油烟机

隔滤循环型吸油烟机靠外层吸油网与内层碳过滤网来吸滤油烟，经处理后的洁净空气循环排入室内，因而无需装设专用外排气管。这类无污染油烟处理机在国外使用较普遍，目前国内也有少量生产，并将会是今后普及的品种。

4.2.5 常见故障及检修方法

吸油烟机常见故障及检修方法见表4-2。

表4-2 吸油烟机常见故障及检修方法

故 障 现 象	可 能 原 因	检 修 方 法
按下琴键开关，风机不转，整机无任何反应	1）电源插头、插座接触不良 2）琴键开关损坏或触点接触不良 3）熔丝熔断 4）电动机定子绕组引线开路或绕组烧毁	1）检修插头、插座，或更换 2）打开集油罩，检修或更换开关 3）查明原因，换同规格熔丝 4）将引线焊牢，修理或更换绕组

故障现象	可能原因	检修方法
按下琴键开关，风机不转，但电动机有"嗡嗡"声	1）轴承损坏或磨损，导致转子、定子相碰 2）起动电容器开路失效 3）定子绕组损坏 4）叶轮轴套紧固螺钉松动，叶轮脱出与机壳相碰卡死	1）更换轴承 2）换同型号电容器 3）修理或更换绕组 4）调整叶轮位置，将螺钉重新拧紧
电动机时转时不转	1）电源线折断或电源插头与插座接触不良 2）琴键开关接触不良 3）机内连接导线焊接不良 4）电容器引线焊接不牢	1）检修或更换 2）检修或更换琴键开关 3）重新焊接 4）重新焊牢
电动机转速变慢	1）电容器量减小 2）定子绕组匝间短路	1）换同型号电容器 2）检修或更换绕组
工作时噪声大	1）轴套紧固螺钉松动，叶轮脱出与机壳相碰 2）叶轮严重变形 3）叶轮装配不良，与顶壳相碰	1）调整叶轮位置，将紧固螺钉拧紧 2）调校变形量，使之恢复原状 3）正确安装叶轮
排烟效果差	1）吸油烟机与灶具距离过高 2）排气管太长，拐弯过多 3）出烟口方向选择不当或有障碍物阻挡 4）排气管道接口严重漏气	1）重新调整高度 2）正确安装排气管 3）改变位置，清除障碍物 4）密封好
监控失灵	1）监控电路有故障 2）监控电路至气敏头之间连接导线脱落 3）气敏头污垢太多或损坏	1）找出故障点，修理或更换 2）重新焊牢 3）清洗或更换
漏油	1）排油管破损或脱离 2）集油盒封条破损 3）集油杯安装不良	1）更换、将脱离端重新插牢 2）更换、粘牢 3）重新装好集油杯

4.3 实训1 吸尘器的拆装及检修

4.3.1 实训目的

1）了解吸尘器的工作原理、结构及正确使用方法。
2）掌握吸尘器的拆装方法。
3）掌握使用常用仪表和工具检修吸尘器。
4）理解吸尘器常见故障产生的原因。

4.3.2 实训器材

1）实训用吸尘器　　　　　　　　　1 只

2）20W 电烙铁   1 只

3）组合螺钉旋具、尖嘴钳等   1 套

4）MF500 型万用表   1 块

4.3.3 实训内容与步骤

1. 吸尘器的拆装步骤

1）将卧式吸尘器置于工作台上，用手掰开壳体盖下部的塑料内卡，掀开壳体盖。

2）用手取出壳体前面的集尘器和滤尘器。

3）用十字螺钉旋具旋出壳体后盖的 4 颗紧固螺钉(壳体上面两颗,壳体下面两颗)，取下壳体后盖。

4）用十字螺钉旋具旋出壳体后盖上的电源开关和吸尘档位开关紧固螺钉，取下电源开关和吸尘挡位开关。

5）用十字螺钉旋具旋出电源控制板的紧固螺钉，取出电源控制板，用电烙铁焊去电源控制板与其他部件的连线，注意要做好标记，以免安装时接错。

6）用手拔除自动绕线架上的电源线插头，取出自动绕线架。

7）用手轻轻抽出电动机防振座，取下电动机、风机，最后取下风机防振圈。

8）用十字螺钉旋具旋出电动机与风机的风罩紧固螺钉，取下风罩。再顺时针旋出叶轮，用十字螺钉旋具旋出导轮的紧固螺钉，取下导轮。再旋出端盖的紧固螺钉取下端盖，分开电枢、定子和机壳，取下电刷。

9）吸尘器的装配步骤和上述拆卸步骤相反。装配时注意吸尘器的密封圈一定要装配好，否则漏气，影响吸尘效果。

2. 吸尘器的常见故障检修

由任课教师根据 4.1.4 节的内容，在实训用吸尘器上设置一种或几种常见故障，指导学生完成检修实训。

4.3.4 实训报告

1. 实训过程记录

记录表格如表 4-3、表 4-4 所示。

表 4-3 吸尘器的结构

结 构 部 位	主 要 器 件
前部	
后部	

表 4-4 吸尘器常见故障检修记录

	故 障 现 象	故障原因分析	检 修 结 果
故障 1			
故障 2			
故障 3			

2. 收获、体会及课后思考题

收获、体会要求不少于 300 字，形成书面材料。根据实训内容由任课教师布置思考题，解答后将答案写在实训报告上。

4.4 实训2 吸油烟机的拆装及检修

4.4.1 实训目的

1）了解吸油烟机的结构、工作原理及正确的使用方法。
2）掌握吸油烟机的正确拆装方法。
3）掌握吸油烟机常见故障产生的原因及维修方法。

4.4.2 实训器材

1）MF500 型万用表   1 只
2）20W 电烙铁   1 只
3）组合螺钉旋具、尖嘴钳等   1 套

4.4.3 实训内容与步骤

1. 吸油烟机的拆装

1）把吸油烟机置于工作台上，用手取下两只集油杯，用十字螺钉旋具旋出挡风罩的紧固螺钉，取下挡风罩。

2）用十字螺钉旋具旋出两只支脚的紧固螺钉，取下两只支脚。

3）用十字螺钉旋具旋出集油罩的 4 颗紧固螺钉，取下集油罩，再旋出透光板的紧固螺钉，从集油罩上取下透光板，旋出集油杯固定架的紧固螺钉，取下集油杯固定架，用手轻轻掰开风机网罩的塑料卡，取下风机网罩。

4）用手取下照明灯泡，用十字螺钉旋具旋出电源盒盖的紧固螺钉，取下电源盒盖，用电烙铁焊开里面的电源连线，注意做好标记，以免安装时接错。再旋出电源盒的紧固螺钉。取下电源盒。再分开琴键开关、风机电容器、灯座、电源连线等部件。

5）用十字螺钉旋具旋出集油盒的紧固螺钉，取下集油盒。

6）用手顺时针旋出两只电动机风叶的紧固塑料螺母，取下两只电动机风叶。

7）用十字螺钉旋具旋出两只电动机后盖的紧固螺钉，取下两只电动机后盖。

8）用十字螺钉旋具旋出两只电动机的紧固螺钉，取下两只电动机及电源连线。

9）吸油烟机的装配过程和上述拆卸步骤相反，安装时注意集油盒下面的密封圈不要掰坏，否则会漏油。

2. 吸油烟机常见故障的检修

由任课教师根据 4.2.4 内容，设置其中的一种或几种故障，指导学生完成检修实训。

4.4.4 实训报告

1. 实训过程记录

记录表格如表4-5、表4-6所示。

表4-5 吸油烟机的结构

结 构 部 位	主 要 器 件
电器控制部分	
结构件部分	

表4-6 吸油烟机的检修记录

	故 障 现 象	故障原因分析	检 修 结 果
故障1			
故障2			
故障3			

2. 收获、体会及课后思考题

收获、体会要求不少于300字，形成书面材料。根据实训内容由任课教师布置思考题，解答后将答案写在实训报告上。

4.5 习题

1. 吸尘器有哪些类型？各有什么特点？
2. 吸尘器由哪些主要部分构成？
3. 吸尘器的主要技术指标有哪些？
4. 简述吸尘器的工作原理。
5. 吸尘器的电动机不运转，如何检修？
6. 吸油烟机由哪些部件组成？
7. 参考图4-14，简述监控式吸油烟机的工作原理。
8. 分析图4-15所示电路的工作原理。
9. 吸油烟机的电动机转速变慢的原因是什么？
10. 吸油烟机漏油如何处理？

第5章 电 冰 箱

【教学目标】

- 掌握与制冷技术有关的热力学基础理论知识。
- 了解制冷剂的种类、命名及性质。
- 了解电冰箱的类型、结构与工作原理，掌握电冰箱制冷系统主要部件的性能与作用。
- 掌握电冰箱电气控制系统的工作原理。
- 掌握电冰箱常见故障的检测及维修方法。

5.1 热力学基础

为了掌握电冰箱的工作原理与维修技术，应具备与制冷技术有关的热力学基础理论知识。因为人工制冷的过程是以热力学、传热学为基础的。

5.1.1 热力状态参数

目前，获得低温的方法总体上可以分为两大类，即物理方法和化学方法。在电冰箱、空调器中多采用物理方法。物理方法制冷是应用物质的物理变化来实现的，人们把这些物质叫做制冷剂或制冷工质。制冷剂在制冷系统中不断地进行各种状态变化，即处于各种不同的热力学状态。用来描述制冷剂热力学状态的各种物理量称为热力工作状态参数，简称状态参数。状态参数有：温度(T)、压力(p)、质量(m)、密度(ρ)、焓(H)、熵(S)、内能(U)、质量体积(v)、热量(Q)、比热容(C)、功(W)、功率(P)等。

1. 温度

温度是表征物体冷、热程度的物理量，是物体冷热程度的量度。为了使温度的测量一致，需要有衡量温度的标尺(称作温标)，规定测量温度的基点和单位。目前，在日常生活和制冷技术中常用的是热力学温标 $T(\mathrm{K})$ 和摄氏温标 $t(℃)$。

1）热力学温标 T。热力学温标又称开尔文温标或绝对温标，单位是 K。它规定将纯净的水在一个标准大气压下的冰点定为 273.16K，沸点为 373.16K，其间分 100 等份，每一等份为 1K。在热力学中规定，当物体内部分子的运动终止，其热力学温度 $T=0\mathrm{K}$。

2）摄氏温标 t。摄氏温标又称国际温标，单位是℃。它是以纯净水在一个标准大气压下的冰点为 0℃，沸点为 100℃，其间分 100 等份，每一等份为摄氏 1℃。摄氏温标制为十进制，简单易算。相应的温度计为摄氏温度计。按照国际规定，当温度在零上时，温度数值前面加"＋"号(可省略)；当温度在零下时，温度数值前面加"－"(不可省略)。

两种温标制之间的换算关系如下：

$$T = (273 + t)(K) \qquad t = (T - 273)(℃)$$

测量温度的温度计的种类很多，制冷工程中常用的温度计有玻璃温度计、热电偶式温度计、电接点式温度计、电阻式温度计和半导体式温度计等。

2. 压力

压力是指单位面积上所受到的垂直作用力，物理学中称为压强（p），在热力工程上称为压力，压力的单位是帕[斯卡]（Pa），在工程应用时，帕的值太小，而是以它的 10^6 倍作常用单位，称为"兆帕"，用"MPa"表示。$1MPa = 10^3 kPa = 10^6 Pa$。

1）真空度。真空是指某一空间单位体积中气体分子数目减少到其压力低于标准大气压的气体状态。完全没有物质的"绝对真空"是不存在的。

真空度是用来表示真空程度的物理量。如果在一个封闭的容器上接一只压力表，当表针指在 -0.1MPa 时，说明该容器内已处于真空状态，如果压力表指 0Pa，说明容器内的压力恰好等于当时当地的大气压力。

如果压力表指 -0.02MPa，说明容积内的气压（或液压）为 0.08MPa，比外界大气压低 0.02MPa，这 -0.02MPa 就叫真空度。因此，容积内压力比外界大气压低的程度称为真空度。

2）绝对压力。以绝对零压力线（绝对真空）为测量基点测得的压力即为绝对压力，用符号 P_a 表示。

3）表压力（相对压力）。以一个标准大气压为测量基点测得的压力即为表压力，也就是压力表所指示的压力值，用符号 P_q 表示。

如果以 B 表示当地大气压力，则 P_a、P_q 与 B 有下列关系：

$$P_a = P_q + B$$

绝对压力、表压力与真空度三者之间的关系如图 5-1 所示。

3. 热量和比热容

1）热。热是物质热能的表达形式，可以表示物质吸热或放热的多少，用 Q 表示，单位为焦[耳]，用 J 表示。但因焦这个单位在工程应用中太小，故常以它的 10^3 倍作单位，即千焦，符号为 kJ。

制冷系统的制冷量也是热的形式，因此符号及单位与热一样，常用 Q_0 表示，专用于制冷量。

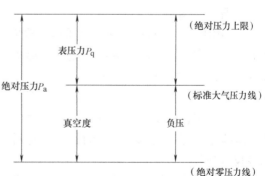

图 5-1 绝对压力、表压力与真空度三者之间的关系

2）比热容。1 千克（kg）的物质温度升高或降低 1 摄氏度（℃）时所吸收或放出的热，常用 C 表示，单位为千焦[耳]每千克开[尔文]（kJ/kg·K）。

3）热方程。热方程形式如下：

$$Q = Cm\Delta t$$

式中　Q——吸收或放出的热量（kJ）；

　　　C——物质比热容（kJ/kg·K）；

m——物质质量(kg);

Δt——温度升高或降低的幅度值(K)。

5.1.2 热力学基本定律与常用术语

1. 热力学第一定律

热力学第一定律是能量守恒定律，即一定量的热消失时必然产生一定量的功；消耗一定量的功必然出现与之相对应的一定量的热。热和功之间的转换用下式表示：

$$Q = AL$$

式中　Q——消耗的热量(J 或 kJ);

　　　L——得到的功(kg·m);

　　　A——功热当量(kJ/kg·m)。

因为热量和功的计量单位不同，所以式中引入一个功热能当量 A。

该定律说明了热能和机械能在数量上的相互转化关系，但没有指出能量转化的方向和必备条件。

2. 热力学第二定律

如果两个温度不同的物体相接触，热量总是从高温物体传向低温物体而不能逆向进行。机械能可以通过摩擦变为热能，而热能却不能通过摩擦转变为机械能。前一过程是自发进行的不需要任何条件，而后一过程却不能自发进行，要使它成为可能，必须具备一定的补充条件，即消耗一定的外界功。

热力学第二定律说明，热量能自动地从高温物体向低温物体传递，不能自动地从低温物体向高温物体传递。要使热量从低温物体向高温物体传递，必须借助外功，即消耗一定的机械能。例如，在制冷工程中，为了冷藏或冷冻食品，必须从低温物体(被冷冻对象)中吸热，再把热能转移给高温物体(周围介质—水或空气)，这需在制冷机上消耗一定的机械能才能实现。

3. 显热、潜热

1) 物质三态及状态变化。物质具有质量和占有空间。它以固态、液态和气态 3 种状态中的任何一态存在于自然界中，随着外部条件的不同，三态之间可以相互转化，如图5-2所示。如果把固体冰加热便变成水，水再加热就变成蒸汽；相反，将水蒸气冷却可变成水，继续冷却可结成冰。这样的状态变化对制冷技术有着特殊意义。

人们可利用制冷剂在蒸发器中汽化吸热，而在冷凝器中放热冷凝。即应用热力学第二定律的原理，通过制冷机对制冷剂气体的压缩，以及在冷凝器中的冷凝和蒸发器中的汽化，实现热量从低温空间向外部高温环境的转移，达到制冷的目的。

2) 显热。物体在加热(或冷却)过程中，

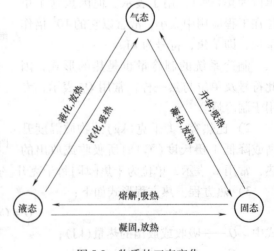

图 5-2　物质的三态变化

温度升高（或降低）所需吸收（或放出）的热量，称为显热，它能使人们有明显的冷热变化感觉。通常可以用温度计测量物体的温度变化。

如果把一杯开水（100℃）放在空气中冷却，不断地放出热量，温度也不断地下降，但其形态仍然是水，这种放热称为显热放热。同样，把一杯水放入电冰箱中，它的温度会逐渐下降，在冷却到0℃之前放出的热量也是显热。

3）潜热。当单位质量的物体在吸收或放出热量的过程中，其形态发生变化，但温度不发生变化，这种热量无法用温度计测量出来，人体也无法感觉到，但可通过试验计算出来，这种热量就称为潜热。

例如，100℃的水因沸腾而汽化时，所吸收的热量称为蒸发潜热，也称汽化潜热；相反，100℃的蒸汽变成100℃的水时，所放出的热量称为液化潜热。

4. 汽化和液化

1）汽化。物质由液态转变为气态的相变过程称为汽化。蒸发与沸腾都是由液体变成蒸汽的过程，但两者之间有明显的区别。一般说，蒸发是在任何压力和温度下都在进行。只是局限在表面的液体转为蒸汽，而沸腾是在一定压力下只有达到与此压力相对应的一定温度时才能进行，且从液体内部大量地产生蒸汽。

2）液化。液化与汽化过程恰恰相反，当蒸汽在一定压力下冷却到一定温度时，就会由蒸汽状态转为液体状态，这种冷却过程称为液化过程或称为凝结过程。

5. 饱和温度与饱和压力

1）饱和温度。液体沸腾时所维持不变的温度称为沸点，又称为在某一压力下的饱和温度。

2）饱和压力。与饱和温度相对应的某一压力称为该温度下的饱和压力。以水为例，其在一个大气压下的饱和温度为100℃，则水在100℃时饱和压力为一个大气压。

饱和温度与饱和压力之间存在着一定的对应关系，例如，在海平面，水到100℃才沸腾，而在高原地带不到100℃就沸腾。一般来说，压力升高，对应的饱和温度也升高；温度升高，对应的饱和压力也增大。

制冷剂的主要特点是沸点要低，这样才能利用制冷剂在低温下汽化吸热来得到低温。

6. 过热和过冷

1）过热。在制冷技术中；过热是针对制冷剂蒸汽而言的。过热是指在一定压力下，制冷剂蒸汽的实际温度高于该压力下相对应的饱和温度的现象；同样，当温度一定时，压力低于该温度下相对应的饱和压力的蒸汽也是过热。

2）过冷。制冷技术中，过冷是针对制冷剂液体而言的。过冷是指在某一定压力下，制冷剂液体的温度低于该压力下相对应的饱和温度的现象。

7. 临界温度与临界压力

气体的液化与温度和压力有关。增大压力和降低温度都可以使未饱和蒸汽变为饱和蒸汽，进而液化。气体的压力越小，其液化的温度越低；随着压力的增加，气体的液化温度也随之升高。温度升高超过某一数值时，即使再增大压力也不能使气体液化，这一温度叫做临界温度。在这一温度下，使气体液化的最低压力叫做临界压力。低于临界点温度的气体称为蒸汽。制冷剂蒸汽只有将温度降到了临界点以下时，才具备液化条件。表5-1列出了几种制冷剂的临界温度和临界压力，可供参考。

表 5-1　几种制冷剂的临界温度和临界压力

物 质 名 称	R12	R22	R134a	R600a
临界温度/℃	112.04	96.14	101.1	134.71
临界压力/MPa	4.133	4.974	4.01	3.64

对临界温度和临界压力的研究，在制冷技术中有着特别重要的意义。比如，对于制冷剂的一般要求中就有临界温度高、临界压力低、易于液化一项。

5.1.3　传热学基础

传热是热量从高温的物体通过中间媒介向低温物体转移的过程，它有 3 种形式，即热传导、热对流和热辐射。

在热传导和热对流的过程中，传热的物体必须相互接触，称为接触传热；在辐射传热时，物体之间不必相互接触，称为非接触传热。

在制冷技术中要解决传热的问题有两种：一种是力求传热的加强（如蒸发器、冷凝器的传热）；另一种是力求传热的减弱（如电冰箱、空调器或冷库中的隔热保温）。

1. 热的传导

热量因物质分子的运动而由物体的某一部分传递到令一部分或由相互接触的物体中的一个物体传递到另一物体，并且此时物体的各部分的物质并未移动，称为热的传导，也称导热过程。例如，手持铁棒一端，将另一端放在火上加热，过一段时间，手会感到灼热，这就是热的传递作用。一般来说，金属导热性好，非金属导热性差。反映各种物质导热能力大小的物理量称为导热系数，单位是 kW/m·℃。

根据导热系数的大小，物质可分为热的良导体（如钢、铝、铜等）和热的不良导体（如发泡塑料、软木、空气等）。在制冷工程中，有的部分需采用热的良导体，以加速热量的交换，如冷凝器的盘管与散热片，常采用铜管与铝板；有的部分又需用绝热材料，以防止热的散失，如冰箱的箱体常采用聚氨酯泡沫塑料隔热。几种常用材料的导热系数 λ 见表 5-2。

表 5-2　几种常用材料的导热系数 λ

材　料	λ/W/m²·℃	材　料	λ/W/m²·℃	材　料	λ/W/m²·℃
紫铜	383.79	霜	0.5815	水	0.5815
铝	197.71	空气	0.069	水垢	2.326
钢	45.36	油漆	0.2326	聚氨酯泡沫塑料	0.011 6~0.029 1

2. 热的对流

当液体或气体的温度发生变化后，其密度也随之发生变化。温度低的密度大，向下流动；温度高的密度小，向上升，从而形成对流。借助液体或气体分子的对流运动而进行的热传递称为热的对流。热的对流如果是由于液体或气体自身的密度变化所引起的，即为自然对流；如果是由外力（如风扇搅动或水泵的抽吸）所引起的，则称为强制对流。热对流的传热量由传热时间、对流速度、传热面积、对流的物质所决定。

3. 热的辐射

物体的热能在不借助任何其他物质做传热介质（即物体间不接触）的情况下，高温物体将热量直接向外发射给低温物体的传递方式叫热辐射。如太阳传给地球的热能就是以辐射方式进行的。

凡高温物体，都有辐射热传给周围的低温物体，辐射热量的大小决定于两物体的温差及物质的性能。物体表面黑而粗糙，发射与吸收辐射热的能力就较强；物体表面白而光滑，其发射与吸收辐射热的能力则较弱。因此，电冰箱和冷库的表面最好做成又白又光滑，以减少吸收辐射热。

5.2 制冷剂、润滑油

制冷剂又称为制冷工质，它是制冷系统中完成制冷循环所必需的工作介质。制冷剂的热力学状态在制冷循环中是不断发生变化的，如在蒸汽压缩式制冷循环中，制冷剂在蒸发器中吸收被冷却系统的热量而蒸发成为蒸汽，在冷凝器中将热量传递给周围环境介质（空气、水等）而被冷却，冷凝成液体。制冷机借助于制冷剂的状态变化，完成制冷循环，达到制冷的目的。

5.2.1 对制冷剂的要求

1. 热力学方面的要求

1）在标准大气压下，制冷剂的蒸发温度要足够低，以利于汽化吸热。

2）临界温度要高，在常温或普通低温范围内能够冷凝液化。

3）在工作低温下，蒸发器中制冷剂的压力，最好接近或稍高于大气压力，以防止系统外部的空气或水分渗入系统内。

4）在常温下冷凝压力不宜过高（小于 1.5MPa），以减小制冷设备承受的压力，降低对设备制造材料的强度要求和制造成本，减少渗漏的可能性和减少密封的困难。

5）制冷剂单位容积的制冷能力应尽可能大，以便提高制冷效率，减小制冷剂的循环量，从而相应地缩小多种设备的尺寸。

6）应有较高的导热系数和放热系数，以提高热交换器（蒸发器和冷凝器）的工作效能，减小热交换器的尺寸，提高传热效率。

2. 物理化学方面的要求

1）制冷剂的化学稳定性要好，在高温条件下不易分解、不易燃烧，无爆炸危险。

2）制冷剂的黏度和密度应小，以减小制冷剂在系统中流动时的阻力，从而减小压缩机的耗功量和缩小流通管径。

3）制冷剂对金属和其他材料应无腐蚀性和侵蚀作用。

4）制冷剂与水要有较大的亲和力，以避免由于系统中残存微量的水分，导致系统冰堵现象。

5）制冷剂应易与润滑油混合，而不损害其制冷效果，并有助于压缩机件的润滑。

6）制冷剂对机器缝隙的渗透能力应低，且在发生渗漏时容易查出。

3. 生理学和其他方面的要求

1）制冷剂对人的生命和健康不应有危害性，即不应有毒性、窒息性及刺激作用。与食物也不应有反应。

2）制冷剂应符合环境保护要求，尽量减少对大气臭氧层的破坏作用。制冷剂应价格低廉，容易买到。

5.2.2 制冷剂的种类与性质

目前，作为制冷剂的物质已有近百种，并且新的制冷剂还在不断被发现和研制，但常用的制冷剂只有十几种。制冷剂的表示方法是用英文单词 Refrigerant 的首写字母 R 作为制冷剂的代号，在 R 后面用规定的数字及字母来表示制冷剂的种类和化学构成等，如 R12、R22、R134a、R600a、R717 等。

目前常用的制冷剂有水、氨、氟利昂以及某些碳氢化合物，例如乙烯、丙烯等，其中冰箱常用的有 R12、R600a 等，家用空调一般用 R22，汽车空调用 R134a，大型冷库用氨。

氟利昂制冷剂中的 CFC 类（R11、R12、R13 等）我国已限期在 2006 年底停止使用。因此，目前生产的电冰箱中的制冷剂已基本全部由 R12 改为 R600a，而且箱体泡沫绝缘层也不使用 R11 发泡剂，即所谓的"无氟冰箱"。常用制冷剂及其主要性能如下。

1. 氨（NH_3 R717）

氨属于无机化合物制冷剂，是最古老的制冷剂之一，也是目前广泛被采用的中温中压制冷剂之一。氨的制冷范围为 $-70 \sim 5℃$，常用于不低于 $-60℃$ 的大、中型单级或双级活塞式制冷压缩机中。

氨有较好的热力学性质和热物理性质。氨的临界温度（133.0℃）高，凝固点（$-77.7℃$）较低，标准沸点为 $-33.3℃$。在常温下，氨在制冷系统中的蒸发压力为 $0.1 \sim 0.5MPa$，因而，空气不易渗入系统中，氨的冷凝压力一般为 $1.0 \sim 1.6MPa$，其压力比适中。

氨有强烈的刺激性气味，故泄漏易发现。由于氨极易溶于水，因此不能用肥皂水检漏，因为氨为碱性物质，可用酚酞试剂或试纸来检漏。

2. 氟利昂

氟利昂蒸气或液体都是无色透明的、没有气味，大多数品种的氟利昂对人体无毒害、不易燃烧和爆炸。

氟利昂制冷剂目前主要用于中、小型容积式制冷剂压缩机、空调用的离心式制冷机、低温制冷装置及其他特殊要求的装置。

1）二氯二氟甲烷（CCl_2F_2 R12）。R12 是一种曾经应用十分广泛的中温中压制冷剂，其凝固点为 $-158℃$，临界温度为 112℃，标准沸点为 $-29.79℃$。在常温下，蒸发压力比大气压力略高，空气冷却时冷凝压力不超过 1.2MPa，压力比适中。

R12 的蒸汽是无色的，并且有微弱的芳香味，对人体的伤害极小，当它在空气中的含量达 20% 时才会被人感觉到。当浓度过大时，含量达到 30% 以上就会引起人的缺氧窒息。R12

不易燃烧，和空气混合时也不会引起爆炸，是一种很安全的制冷剂。R12 与明火接触或温度高达 400℃ 以上时，才会分解出对人体有害的氟化氢、氯化氢和光气。

水在 R12 液体中的溶解度极低，在低温状态下，当制冷剂中水的含量超标时，极易形成冰塞而堵住节流阀或毛细管通道。同时 R12 含水过多时易产生卤氢酸，直接腐蚀金属。一般规定 R12 的含水量不得超过 0.002 5%（质量），故制冷系统管路上必须设置干燥过滤器。

R12 属于 CFC 类氟利昂，其对全球环境影响大，泄漏物在大气中的存在寿命长，臭氧层破坏潜在效应高，全球温室潜在效应也较高，属于首先被替代的制冷剂。

2）二氟一氯甲烷（$CHClF_2$　R22）。R22 也是较常用的中温中压制冷剂，其临界温度为 96℃，凝固点为 -160℃，标准沸点为 -40℃。在同一温度下，R22 的饱和蒸汽压力比 R12 高 65% 左右，压缩终温介于 R717 和 R12 之间，能制取的最低蒸发温度为 -80℃，所以 R22 比 R12 和 R717 更适用于低温。

R22 的蒸汽无色、无味、不燃烧、不爆炸，毒性比 R12 稍大，但仍属于安全的制冷剂。R22 的流动性比 R12 好，溶水性比 R12 稍大，规定含水量不得超过 0.0025%。

R22 属 HCFC 类制冷剂，在大气层中的寿命较短。R22 在大气层中易水解而随雨水回到地面，对大气臭氧层和全球温室效应影响较小，ODP 为 0.034，GWP 为 1700，属于过渡性替代制冷剂。

3）四氟乙烷（$C_2H_2F_4$　R134a）。R134a 是中温中压制冷剂，其物理特性（相对分子质量、沸点、汽化潜热和临界参数）与 R12 相似。R134a 传热性好，化学稳定性好，不燃烧。而且 ODP 与 GWP 值均较小，在替代 R12 制冷剂时制冷系统与设备只需要做少许改动。

R134a 渗透性大，因此对密封材料要求高，一般采用聚丁腈橡胶、二聚乙丙橡胶或氯丁橡胶等。另外，由于 R134a 与矿物油不相溶，因此，与 R134a 系统配套的润滑油必须是 PAG 或其他酯类冷冻油。

3. 异丁烷 C_4H_{10}（R600a）

R600a 属碳氢化合物，是常用的打火机燃料主要成分。R600a 为无色气体，微溶于水，性能稳定，其 ODP 值和 GWP 值为 0，没有公害，能就地净化。

R600a 能与普通冷冻油相溶，对制冷系统要求不高。制冷性能更好，节能达 30%～40%。易于获得，成本低廉。由于其有优异的环保性能，并且气化潜热大，因此相对原制冷剂可以减小充注量，并且其制冷性能略胜于其他制冷剂，用它来代替氟利昂制冷剂，原 CFC 系统可以不作太大改动。因此，目前在家用电冰箱中已被广泛应用。

R600a 最大的缺点是与空气能形成爆炸性的混合物。爆炸极限为 1.8%～8.5%（体积），在生产、维修时必须采取严格的安全操作工艺。

虽然碳氢制冷剂有可燃性，但是要让它产生这种危险的爆燃是需要一定的条件的：第一，必须是每小时要有将近 28.5g 的泄漏量，也就是说泄漏量要大到几乎每天都要补充制冷剂的程度才有可能发生燃烧，而一般在使用该碳氢制冷剂时，其充注量不会大于 450g，正常的泄漏量是每年不会超过 240g，而且其中还加有容易识别气味的物质；第二，须有大约 460℃ 的明火源。因此，一般正常使用是相对安全的。R600a 主要性能参数见表 5-3。

表 5-3 异丁烷(R600a)的主要性能参数

分子式	C₄H₁₀	沸点下蒸发潜热	366.5kJ/kg
分子量	58.12	临界密度	0.221g/cm³
沸点(常压)	-11.8℃	比热容(25℃,加压以液态存在)	2.35kJ/(kg·K)
密度(25℃,加压以液态存在)	0.551g/cm³	爆炸极限(ovl%)	1.8%~8.5%
蒸气压力(25℃)	0.498MPa	臭氧破坏系数值(ODP)	0
临界压力	3.64MPa	全球变暖系数值(GWP)	0

4. 混配制冷剂 R410A

R410A 是一种由 R32/R125(1:1)混合而成的双组份准共沸制冷剂,工作压力为普通 R22 空调的 1.6 倍左右,单位容积制冷量比 R22 约大 43%,制冷系数比 R22 约小 7.7%,其余参数与 R22 基本接近。R410A 不含任何破坏臭氧层的物质,其 ODP 值为 0,GWP 值为 1730,具有稳定、无毒、性能优越等特点;是目前为止国际公认的替代 R22 最合适的制冷剂,普遍应用于无氟变频空调器中。

5.2.3 润滑油(冷冻油)

润滑油在制冷压缩机中起润滑各运动部件、减少磨损、延长使用寿命、保证压缩机正常工作的作用,同时还兼具密封和冷却压缩机的作用。通常把制冷压缩机用的润滑油称为冷冻油,它是一种深度精制的专用润滑油。

1. 对润滑油的基本要求

1)润滑油的凝固点要低。如果凝固点高,就会造成低温流动性差,在蒸发器等低温处失去流动能力,形成沉积,影响制冷效率和制冷能力。此外,当压缩机温度低时,会影响机件润滑,造成磨损。一般家用电冰箱和家用空调器采用凝固点低于 -30℃的润滑油。

2)要有适当的黏度。如果黏度太小,在摩擦面不易形成正常的油膜厚度,会加速机械磨损,甚至发生拉毛气缸、抱轴等故障,机械密封性能也不好,制冷剂容易泄漏;如果黏度太大,润滑和密封性能虽好,但制冷压缩机的单位制冷量消耗的功率会增大,耗电量增加。润滑油的黏度过大或过小都会引起气缸温度过度升高,造成排气温度过高,影响制冷压缩机的正常运行。

3)要有较好的黏温性能和较高的闪点。制冷压缩机在工作中,气缸等处的温度高达 130~150℃,所以要求润滑油的黏度在温度变化时其变化要小,闪点要高。这才能保证在各种不同温度条件下,具有良好的润滑性能,不会使润滑油在温度高的情况下炭化。

4)要有良好的化学稳定性和抗氧化安定性。润滑油在制冷系统内与制冷剂经常接触,所以必须要有良好的化学稳定性和抗氧化安全性。在全封闭式的制冷压缩机内,要求能够使用 10~15 年以上,长期不换油。

5)不含水及酸之类杂质,要有良好的电气绝缘性能。在半封闭和全封闭式制冷压缩机中,电动机绕组要与润滑油经常接触,所以要求润滑油不能破坏电动机的绝缘物并有良好的绝缘性能。

2. 润滑油的种类

目前国产压缩机润滑油按其50℃时的运动黏度分为13号、18号、15号、30号和40号5种，其中13号润滑油又有凝点−40℃以下和−25℃两种。凝点−25℃的13号润滑油主要用于蒸发温度较高的冷藏、空调制冷系统。不同牌号的冷冻油不能混合使用，但可以代用，代用原则是高牌号可以代替低牌号使用。

5.3 电冰箱的结构与工作原理

电冰箱泛指以人工方法获得低温，供储存食物和药品等的冷藏与冷冻器具。一般来说，它是家庭、商业、医疗卫生和科研上用的各种类型、性能和用途的冷藏和冷冻箱（柜）的总称。本书所指的电冰箱，是以电能作为原动力，通过不同的制冷装置而使箱内保持低温的家用制冷器具。

目前，国内市场上95%以上的家用电冰箱为压缩式电冰箱；以油、气、电为动力的吸收式电冰箱仅占3%左右；而利用温差制冷原理的半导体电冰箱制冷效率低，价格高，产量少，仅适用于一些特殊场合。

5.3.1 电冰箱的分类

1. 按用途分

1）冷藏电冰箱。冷藏电冰箱泛指单门电冰箱，以冷藏食品为主，只有一个外箱门。箱内大部分空间的温度保持在0～10℃，专供冷藏食品之用。在箱内上部有一个由蒸发器围成的冷冻室，其温度一般为−12～−6℃，用以储存冷冻食品或制造少量冰块。

2）冷冻电冰箱。这类电冰箱又称冰柜、冷柜，没有高于0℃的冷藏功能，其常温一般在−18℃以下，专供食品的冷冻和储藏。目前我国生产的多数冷冻电冰箱制成卧式，其箱盖在顶部，为顶开式或移门式，一般容积为200～500L，主要供饮食业和科研单位使用。

3）冷藏冷冻电冰箱。冷藏冷冻电冰箱指双门或多门电冰箱。它们都是具有单独的冷冻外门。冷冻室容积大，占全箱容积的1/4～1/2，冷冻室的温度在−18℃以下，可对食品进行冷冻，有的还有速冻功能。冷藏室用间隔分开，各室的温度不同，适合不同食品的保存，由于冷冻室与冷藏室分开，拿取食品时，两者之间温度影响较小。

2. 按箱内冷却方式分

1）直冷式电冰箱。直冷式电冰箱又称冷气自然对流式或有霜电冰箱。电冰箱的冷冻室直接由蒸发器围成或冷冻室内有一个蒸发器，冷藏室上部再设一个蒸发器。由蒸发器直接吸取室内热量而进行冷却降温。单门电冰箱大多属于空气自然对流式，这种电冰箱结构简单，耗电量小。

2）间冷式电冰箱。间冷式电冰箱也称无霜电冰箱。从外观上看，这类电冰箱与直冷式双门双温电冰箱没有明显的区别。一般在冷冻室与冷藏室之间的隔层中横卧或在右壁隔层中竖立一个翅片式蒸发器。冷冻室的冷却间接由一小型风扇将翅片式蒸发器所产生的冷气进行强制对流，进行循环冷却降温。

冷藏室通过风门调节器调节风门的开度大小，控制冷风进风量来调节其中的温度。间冷式电冰箱在箱内见不到蒸发器，只能看到一些风孔、风道。这种电冰箱的冷冻室及冷冻物品上不会结霜，霜集中在温度很低的蒸发器表面。这种电冰箱设有电热器进行定时化霜。间冷式电冰箱的主要优点是箱内无霜，冷冻室容积利用率高，箱内温度分布均匀；缺点是耗电量较大，制造成本较高。

3. 按冷冻室的温度分类

一般来讲，电冰箱的冷藏室温度分布为 0~10℃，单门或双门电冰箱的冷冻室温度则是指冷冻室内装满冷冻负荷，在冰箱运行 24h 后，所能达到的温度，通常用星号表示。星级符号意义见表 5-4。

表 5-4　电冰箱星级符号意义

冷冻室性能级别	平均冷冻负荷温度/℃	冷冻食品贮藏期
＊（一星级）	不高于 − 6	1 星期
＊＊（二星级）	不高于 − 12	1 个月
＊＊＊（三星级）	不高于 − 18	3 个月
＊＊＊＊（四星级）	不高于 − 24	6~8 个月

4. 按化霜方式分类

1）人工化霜式。用拔下电源插头、使压缩机停止工作的方法来化霜。这种方式现在生产的电冰箱已不采用。

2）半自动化霜式。一般中档电冰箱采用这种化霜方式，其温控器上附设一个化霜按钮，按下此按钮，电冰箱即开始停机化霜。化霜完毕后，压缩机自动恢复运转。

3）全自动化霜式。它是高档电冰箱采用的方式，一般无须人工介入，它按某种间隔方式定时进行化霜。

图 5-3 所示是几种电冰箱的结构图。

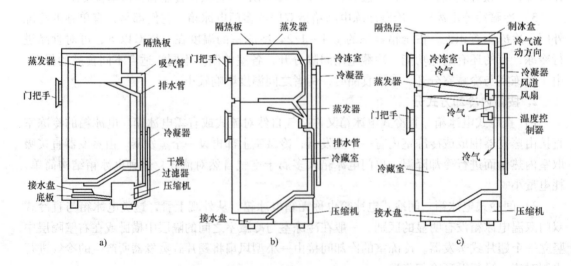

图 5-3　单门和双门电冰箱

a）单门直冷式　b）双门直冷式　c）双门间冷式

5.3.2 电冰箱的基本组成

目前国内外生产的电冰箱绝大多数为电动机压缩式电冰箱，它主要由箱体、制冷系统、自动控制系统和附件4部分组成，其基本组成框图如图5-4所示。

1. 电冰箱的箱体

电冰箱的箱体是电冰箱的重要部件，主要由箱外壳、箱内胆、隔热层、门封和台面等组成。

1) 箱外壳、门外壳。箱体外壳和门外壳是采用0.4~0.8mm的冷轧钢板制成的，成形后经适当处理，进行涂装和喷塑，以防止生锈和变色，同时使表面耐腐蚀、防刮碰。目前电冰箱的箱外壳和门外壳大都采用表面处理钢板制造。钢板表面预涂新型的有机材料，耐蚀、色彩鲜艳，不需表面涂覆，可减化箱体和箱门的加工工序。

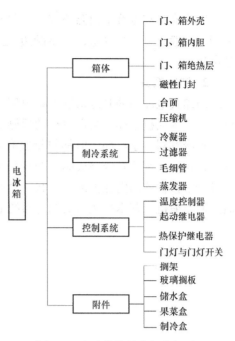

图 5-4 电冰箱的基本组成框图

2) 箱内胆、门内胆。箱体的内面称为内胆，门的内面称为门内胆，一般采用3~4mm的ABS工程塑料或高强度聚苯乙烯HIS板材经真空成型制成。ABS外观、色泽、强度、耐久性和抗化学性等方面都比HIS好。同时ABS内胆可与绝热层粘结在一起，使箱体刚度好。HIS不能直接与绝热层黏结在一起。

3) 隔热层。为使电冰箱保持低温、防止外部热量侵入，主要是依靠箱壳与内胆之间的绝热层来隔热保温的。

硬质聚氨酯泡沫塑料是目前使用最广泛、绝热性能最好的隔热材料。它是将箱壳和内胆用胎具固定后，把多元醇及异氰酸酯这两种主要原料加催化剂、发泡剂等放入箱壳和内胆之间的容腔中，使其起化学反应，然后再经熟化后生成的，它发泡后的颜色呈淡黄色，内部有均匀、至密而又各自封闭的微孔，称为硬泡，这些微孔是封闭的，水蒸气不会侵入，所以它的吸湿性很微弱，长期使用后导热系数变化很小。聚氨酯泡沫塑料具有一定的强度，而且能牢固地粘住箱壳的内胆，大大增加了箱体的刚性。

冷冻室由于箱内外温差大、隔热要求高，因此隔热层要厚一些，在内藏式冷凝器的侧壁上，为了有效地阻止冷凝器热量向箱内传递，绝热层也要厚一些。

4) 磁性门封。电冰箱的箱门使用磁性密封条，利用磁力作用使箱门四周与箱体门框密封贴合在一起，起隔热、隔流作用。以防止箱内外空气进行热交换。

磁性门封条由门封塑胶套内装磁性胶条构成，结构如图5-5所示。

门封塑胶套用软质聚氯乙烯挤压成型，中空的气室一方面用来增加弹性，另一方面用其中的静止空气来构成良好的隔热层，磁性胶条由渗有磁粉的橡胶条做成。使用时将磁条插入门封塑胶套，然后把门封条用压条及螺钉拧压在门胆四周，靠磁条对箱体门框上钢板外壳的磁性吸力，将门与箱体门框紧密贴合在一起。

因冷冻室和冷藏室内温差较大,因此冷冻室和冷藏室门的门封型式也有明显区别。冷藏室门封一般只有一个气室,一条翻边(也有的为两条翻边),而冷冻室门封有两个气室和两条翻边。

2. 制冷系统

压缩式电冰箱的制冷系统主要由压缩机、冷凝器、干燥过滤器、毛细管和蒸发器5大部件组成。压缩机整体安装在冰箱的后侧下部,冷凝器多安装在电冰箱背部,也有少数电冰箱的附加冷凝器装于底部,但都与箱底有8cm间隔。干燥过滤器装在电冰箱后部,便于与毛细管连接。毛细管常缠绕成圈,两端分别与干燥过滤器和蒸发器相接,外部包以绝热材料。蒸发器设置在冰箱内腔上部,形状为盒式,盒内为小型冷冻室。蒸发器的排气管自电冰箱背后返回压缩机。基本的压缩式制冷系统如图5-6所示。

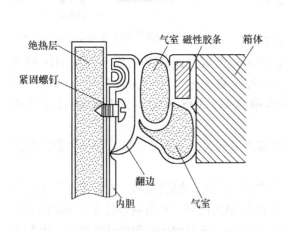

图 5-5　门封

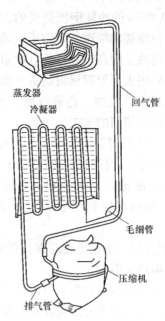

图 5-6　压缩式电冰箱的制冷系统

3. 电气自动控制系统

电气自动控制系统用于保证制冷系统按照不同的使用要求自动而安全地工作,将箱内温度控制在一定范围内,以达到冷藏、冷冻的目的。

5.3.3　压缩式电冰箱的制冷原理

热不会自动从低温物体传给高温物体,正如水不会从低处自动流向高处一样。要想使冰箱贮存的食物温度降至冷藏温度或冻结温度,实际上是要将热量从低温的物体(食物)传给高温物体(室内空气)。如借助水泵才能把水从低处抽向高处一样,这只有通过消耗一定的外界功来实现。消耗外界功的装置就是电冰箱的制冷系统。

制冷系统根据制冷剂在汽化过程中能吸收热量,降低其周围物质温度的性能,来达到制冷的目的。但要得到持续的低温,必须要不断地蒸发制冷剂,也就必须要不断地补充制冷剂。显然,不能让制冷剂在汽化后白白跑掉,而是要回收再用,这样就形成一个系统,即用压缩机抽吸已吸热成为蒸汽状态的制冷剂,经过压缩机做功,提高蒸汽的压力和温度，然后再送入冷凝器内将热量散放到外界去。这时制冷剂由汽态转变为液态，并重新进行新的循环，图 5-7 是这个循环的示意图。

当电冰箱工作时，制冷剂在蒸发器中蒸发汽化，并吸收其周围大量热量后变成低压低温气体。低压低温气体通过回气管被吸入压缩机，压缩成为高压高温的蒸气，随后排入冷凝器。在压力不变的情况下，冷凝器将制冷剂蒸气的热量散发到空气中，制冷剂则凝结成为接近环境温度的

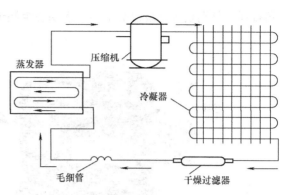

图 5-7　压缩式电冰箱制冷系统循环示意图

高压常温，也称为中温的液体。通过干燥过滤器将高压常温液体中可能混有的污垢和水分清除后，经毛细管节流、降压成低压常温的液体重新进入蒸发器。这样再开始下一次气态→液态→气态的循环，从而使箱内温度逐渐降低，达到人工制冷的目的。

通过上述分析，可以看出制冷系统的 5 大部件各有不同的功能：压缩机提高制冷剂气体压力和温度；冷凝器则使制冷剂气体放热而凝结成液体；干燥过滤器把制冷剂液体中的污垢和水分滤除掉；毛细管则限制、节流及膨胀制冷剂液体，以达到降压、降温的作用；蒸发器则使制冷剂液体吸热汽化。因此，要使制冷剂永远重复使用，在系统循环中达到制冷效应，上述 5 大部件是缺一不可的。

5.4　电冰箱制冷系统主要部件

5.4.1　制冷压缩机

制冷压缩机的功能是压缩制冷剂蒸汽，迫使制冷剂在制冷系统中冷凝、膨胀、蒸发和压缩，周期性地不断循环，起到压缩和输送制冷剂的作用，并使制冷剂获得压缩功。制冷压缩机由压缩机和电动机两部分组成。

1. 压缩机的分类与结构

1) 按制冷量分类。按制冷量大小压缩机可分为大型、中型和小型 3 种。按照我国国家标准 GB 10871—89 和 GB 10874—89 规定，配用电动机功率不小于 0.37kW、气缸直径小于 70mm 的压缩机为小型活塞式制冷压缩机；气缸直径为 70 ~ 170mm 的压缩机为中型活塞式制冷压缩机。

2) 按整体结构分类可分为全封闭式、半封闭式和开启式压缩机。

全封闭式制冷压缩机是将压缩机与电动机一起组装在一个密闭的罩壳内，形成一个整体，从外表上看只有压缩机进、排气管和电动机引线。优点是密封性好、重量轻、平稳、噪声小、系统内杂质少、不易出故障，但修理相当麻烦。主要用于电冰箱、空调器、冷藏箱等小型制冷设备。电冰箱用全封闭式压缩机的外形如图 5-8a 所示，虽然型号不同，外形略有差异，但一般都有 3 个引管和 1 个接线盒，3 个引管中管径细的是高压管（排气管），两个管径粗的是低压管，分别是回气管（吸气管）和维修工艺管；接线盒内有 3 个接线端子，呈正

三角排列，分别是运行绕组端子 M，起动绕组端子 S 和公共端子 C，如图 5-8b 所示。

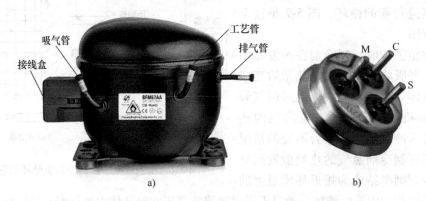

图 5-8　电冰箱用全封闭式压缩机的外形与接线端子

3）按工作原理分类。可分为容积型压缩机和速度型压缩机。

容积型压缩机的工作原理是利用机械方法使密闭容器的容积缩小，使气体压缩而增加其压力的机器。容积型压缩机又分为往复活塞式、回转活塞式；往复活塞式压缩机是最常用的一种容积式压缩机，它又分为连杆式和滑管式，连杆式中有曲轴式和曲柄式两种。曲轴式压缩机机壳底部与电冰箱底座连接。整个机心靠弹簧支撑在机壳内壁上。压缩机电动机的定子固定在机体上，电动机转子带动曲轴转动。主轴上、下轴承固定在机体上。两轴承之间的曲轴与连杆为动配合连接，连杆的另一端与活塞相连。当电动机转子带动主轴转动时，由于曲轴和连杆的共同作用，使活塞在气缸中往复运行，气缸盖上的高压阀片和低压阀片交替开启和关闭，完成对气体的吸入和排出。主轴下端浸在冷冻油中，靠轴上的油孔把冷冻油带到上部，润滑各个机件。

在家用电冰箱中，为了进一步简化压缩机的结构，采用滑管滑块式机构来代替连杆组件。中空的筒形活塞与滑管焊接成相互垂直的 T 字形整体。滑块是一圆柱体，可在滑管内滑行。在它的腰部中心开有一圆孔，曲轴上的曲柄销穿过滑管管壁垂直插入这个圆孔，形成一副轴承。当曲轴旋转时，滑块一面绕曲轴中心旋转，一面在滑管内前后往复滑行，带动整个滑管活塞在气缸内作往复运动，以完成压缩气体的作用。其他结构与一般活塞式结构类似。图 5-9 所示是全封闭滑管式压缩机的内部结构。

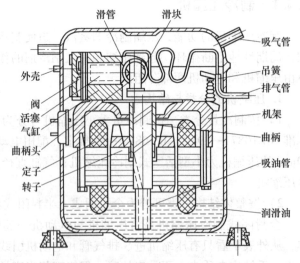

图 5-9　全封闭滑管式压缩机的结构

2. 活塞式压缩机的工作原理

图 5-10 为往复活塞式压缩机气缸和活塞的结构原理图。

活塞由电动机驱动，在气缸中不断往返运动，对制冷剂气体进行吸入和压缩。工作过程如图 5-11 所示。图 5-11a 表示活塞按箭头指示的方向运行到最低点，气缸内的容积达到最大值，且将要返行开始压缩气缸内的气体。图 5-11b 表示活塞向上运动，吸气阀关闭，气缸内的气体被压缩，气体压力升高，此后排气阀被打开而排出气体。图 5-11c 表示活塞运行到上止点，排气完成后将要返回。随后由于气缸容积开始扩大，气体压力降低将使排气阀关闭。图 5-11d 表示气缸内的容积继续扩大，压力继续降低使吸气阀被打开。然后，活塞回到图 5-11a 的位置，完成一个完整的压缩过程，达到了使气体从吸气阀进入气缸，在气缸内被压缩，通过排气阀排出的目的。

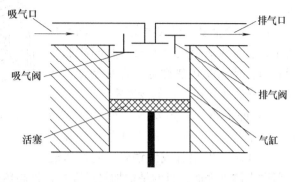

图 5-10　压缩机气缸和活塞的结构原理图

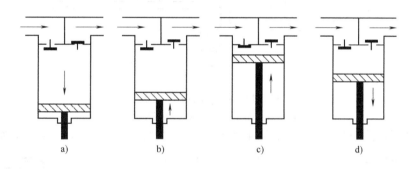

图 5-11　压缩机工作过程

5.4.2 蒸发器

1. 蒸发器的作用

蒸发器是使液态制冷剂吸热蒸发变为气态制冷剂的热交换装置。它的作用是使毛细管送来的低压液态制冷剂在低温的条件下迅速沸腾蒸发，大量地吸收电冰箱内的热量，使箱内温度下降，达到制冷的目的，为了实现这一目的，蒸发器的管径较大，所用材料的导热性能良好。

蒸发器内制冷剂的蒸发温度越低，被冷却物的温度也越低，在电冰箱中一般制冷剂的蒸发温度调整在 $-26 \sim -20℃$。

蒸发器在降低箱内空气温度的同时，还把空气中的水汽凝结而分离出来，从而起到减湿的作用；蒸发器表面温度越低，减湿效果越显著，这就是蒸发器上积霜的原因。

2. 蒸发器的结构

电冰箱的蒸发器按空气循环对流方式的不同，分自然对流式和强制对流式两种；按传热面的结构形状及其加工方法不同，可分为铝合金复合板式、单侧翅片式和翅片管式等几种。

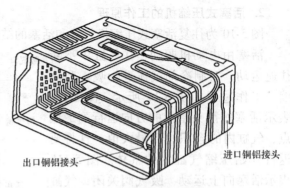

1）铝合金复合板式蒸发器。如图 5-12 所示，它由两薄板模合而成，其间吹胀形成管道，特点是传热性好，容易制作。多用于直冷式家用电冰箱的冷冻室。

图 5-12　铝合金复合板式蒸发器

2）蛇形盘管式蒸发器。如图 5-13 所示，在铝合金薄板制成的壳体外层，盘绕上 $\phi 8 \sim 12mm$ 的铝管或紫铜管。将圆管轧平紧贴壳体外表面，目的是增加接触面积，提高传热性能。它工艺简单，不易损坏，泄漏性小，用于直冷式家用电冰箱的冷冻室。

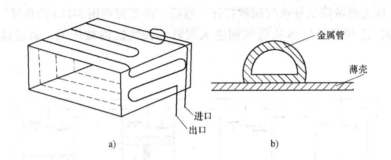

a)　　　　　　　　　b)

图 5-13　蛇形盘管式蒸发器

a）结构示意图　b）铝管或紫铜管截面图

3）单侧翅片式蒸发器。如图 5-14 所示，在光管的同一侧连接上一条铝制带状翅片（翅片高度 20mm 左右），然后再弯曲成型，比光管式换热面积增加，一般用于直冷式双门电冰箱的冷藏室。

4）翅片管式蒸发器。如图 5-15 所示，用 0.15mm 左右的薄铝片（翅片）多层，每层保持相同的间隔，将弯成 U 形的紫铜管穿入翅片的孔内，再在 U 形管的开口侧相邻的两管端口插入 U 形弯头，焊接连成管道。这种蒸发器传热面积增加，热交换效率提高，体积小，性能稳定，常把平板形翅片的孔与孔之间空余处，冲

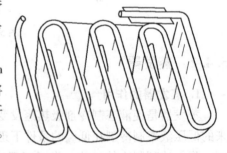

图 5-14　单侧翅片式蒸发器

压成凹凸不平的波浪形，或切出长短不等的许多条形槽缝，以增加对流动空气的搅拌作用。空气在槽缝内串通流动，进一步提高热交换性能。这种蒸发器用于间冷式电冰箱和空调器中。

5）丝管式蒸发器。如图 5-16 所示，其结构是将钢丝点焊在邦迪管上，作成层架（用于放抽屉），并作防锈处理。用于直冷式电冰箱冷冻室，与传统板管式蒸发器相比，丝管式蒸发器热交换面积更大，制冷迅速且均匀，更节能。

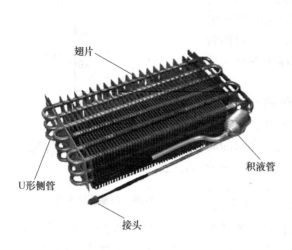

翅片

积液管

U形侧管

接头

图 5-15 翅片管式蒸发器

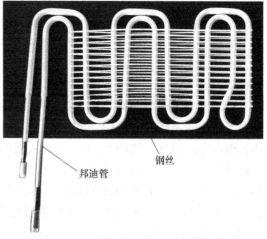

钢丝

邦迪管

图 5-16 丝管式蒸发器

5.4.3 冷凝器

1. 冷凝器的作用

冷凝器的作用是把压缩机排出的高温高压制冷剂蒸汽冷凝为液体制冷剂。制冷剂从蒸发器中吸收的热量和压缩机产生的热量，被冷凝器周围的冷却介质所吸收而排出系统。冷凝器在单位时间内通过散热排出的热量称为冷凝负荷。

2. 冷凝器的结构

冷凝器按冷却介质分为空气冷却和水冷却两大类。家用制冷设备大都采用空气冷却，大型制冷设备则采用水冷却。空气冷却按空气流动方式分为自然对流和强迫对流两种。家用电冰箱和冰柜采用自然对流方式，具有结构简单、噪声小、不易损坏等优点，但换热效率很低。其主要结构形式有：

1）百叶窗式。把冷凝器蛇形管道嵌在冲压成百叶窗形状的铁制薄板上。靠空气的自然流动散发热量，如图 5-17 所示。薄板的厚度约为 0.5~0.6mm，冷凝管直径 5~6mm。

2）钢丝式。在冷凝器蛇形盘管平面两侧点焊上数十条钢丝，钢丝直径约 1.5mm，钢丝间距 5~7mm，如图 5-18 所示。

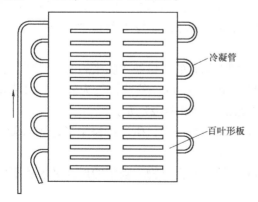

冷凝管

百叶形板

图 5-17 百叶窗式冷凝器

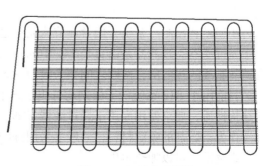

图 5-18 钢丝式冷凝器

3）内藏式。内藏式冷凝器是将冷凝管贴附在薄钢板的内侧，薄钢板的外侧作为箱体的表面或侧壁，由此向外散热，如图 5-19 所示。由于冷凝器的散热，会使冰箱两侧较热，有时温度可能会高达 50℃，还会出现电冰箱外挂水珠的现象。

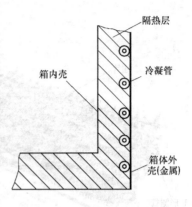

图 5-19　内藏式冷凝器

目前，为增强散热效率，电冰箱制冷系统的冷凝方式和冷凝器已向箱壁式和箱门防露（冻）管及蒸发皿融霜水加热管组合方向发展，如图 5-20 所示。从压缩机排出来的高压过热蒸气首先进入外露在电冰箱底部的副冷凝器。副冷凝器是一组水平设置在电冰箱底部的加热管，并在其上放置一个蒸发皿，电冰箱内的化霜水通过导管流入蒸发皿，利用低温化霜水加快冷却副冷凝器，同时借助副冷凝器的热量令化霜水蒸发掉，免去人工定期倒水的麻烦，这时约放出全部冷凝热的 7%，降温后的高压蒸气再进入箱壁主冷凝器，约放出全部冷凝热的 50%；再进入箱门口周围的防露管，约放出全部冷凝热的 43%。

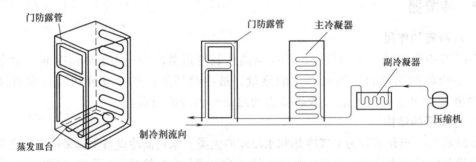

图 5-20　典型的箱壁式冷凝器组合方式

5.4.4　干燥过滤器

制冷循环系统中总会含有少量的水分，从系统中彻底排除水蒸气是相当困难的。水蒸气在制冷系统中循环，当温度下降到 0℃ 以下时，在毛细管的出口端累积而结成冰珠，造成毛细管堵塞，即所谓的"冰堵"。使制冷剂在系统中循环中断，失去制冷能力。

制冷系统中的杂质、污物、灰尘等，在随制冷剂进入毛细管之前若不被过滤网阻挡滤除，进入毛细管也会造成堵塞，中断或部分中断制冷剂循环，即发生所谓"污堵"，或称"脏堵"。

小型氟利昂制冷系统，通常在节流元件之前，即毛细管的入口处或膨胀阀的进口端，安装干燥过滤器。过滤器是以直径 14～16mm、长度为 100～150mm 的紫铜管为外壳，两端装有铜丝制成的过滤网，两网之间装入吸湿材料（干燥剂），如图 5-21 所示。

目前用于 R12 系统的干燥剂均可用于异丁烷（R600a）系统中，生产维修中考虑到 R600a 的结构性质，要求使用专用干燥过滤器 XH9。

作为干燥剂的吸湿材料，一般多采用硅胶和分子筛，它们以物理吸附的形式吸水后不生成有害物质，可以加热再生。

1）硅胶。分子式为 SiO_2，常使用变色硅胶，干燥时为蓝色，吸水后为粉红色，吸水率约为30%，通常为3~5mm无规则的颗粒状。在100~120℃的温度下可再生，并可长期反复使用，使用时应筛除粉末。

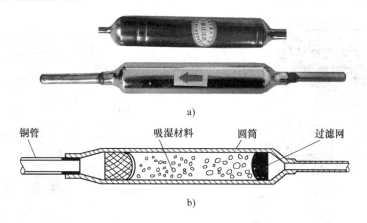

铜管　　　　吸湿材料　　圆筒　　过滤网

b)

图 5-21　干燥过滤器

a) 实物　b) 内部结构

2）分子筛。为铝酸盐材料，呈碱性，分子式为 $[(Al_2O_3)_X(SiO_2)_Y]$，吸水率约20%，常为白色圆粒状，无味。分子筛能吸附冷冻油产生的氧化物，防止和减少毛细管的堵塞。分子筛在300~350℃的温度下保持3~5h即可再生。

5.4.5　毛细管与膨胀阀

1. 毛细管

按照制冷循环规律，流入蒸发器中的制冷剂应呈低压液态。为此需要一种节流装置，把高压液态制冷剂变为低压液态制冷剂。家用电冰箱普遍采用毛细管作为节流装置。

毛细管是一根细长的紫铜管，内径大约为 0.5~1mm，外径约 2.5mm，长度约1.5~4.5m。毛细管接在干燥过滤器与蒸发器之间，依靠其流动阻力沿管长方向的压力变化，来控制制冷剂的流量和维持冷凝器与蒸发器的压力。当制冷剂液体流过毛细管时要克服管壁阻力，产生一定的压力降，且管径越小，压力降越大。液体在直径一定的管内流动时，单位时间流量的大小由管子的长度决定。电冰箱的毛细管就是根据这个原理，选择适当的直径和长度，就可使冷凝器和蒸发器之间产生需要的压力差，并使制冷系统获得所需的制冷剂流量。

更换、安装、修理毛细管时，不得压扁或出现死弯，防止孔径变小。毛细管进口处应安装100目以上的过滤网，防止"脏堵"。

2. 热力膨胀阀

有些电冰箱的制冷系统采用热力膨胀阀来完成节流降压过程。膨胀阀一方面可用来控制系统中的制冷剂流量，即调节蒸发器的供液量。另一方面，可将从冷凝器出来的高压液态制冷剂经过膨胀阀而转变成低压的气液混合物。膨胀阀调节制冷剂流量是通过改变阀口的开启度来实现的。而阀口的开启度是由阀上的感温包反应蒸发器出口处的蒸气过热度，使感温包内的制冷剂随蒸发器出口处的温度变化而发生压力变化，从而改变阀针的位置，使阀口开启度发生变化，自动调节供给蒸发器的制冷剂流量。按平衡方式不同，热力膨胀阀分为内平衡式和外平衡式两种。

热力膨胀阀由温度传感元件、执行机构和调节机构 3 部分组成。图 5-22 所示是内平衡式热力膨胀阀的外形与内部结构。

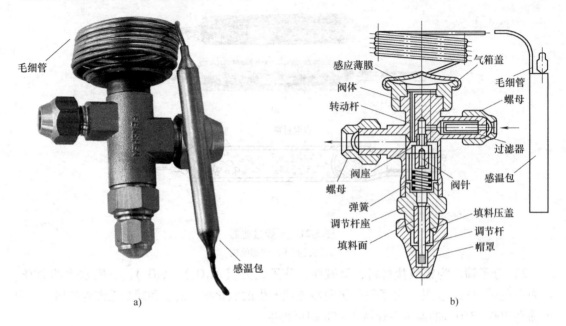

图 5-22　热力膨胀阀外形与内部结构

a）外形　b）内部结构

5.4.6　温控器

温控器又称为温控开关，是制冷设备电气控制系统中的主要部件。它利用感温元件将温度的变化转换成电气接触点的开关变化，达到控制电路通与断的目的，使制冷设备的温度保持在选定的范围内。

电冰箱所使用的温控器主要为温感压力式机械温控器和热敏电阻式电子温控器。

1. 温感压力式机械温控器控温原理

温感压力式机械温控器主要由感温囊和触点式微型开关组成，如图 5-23 所示。

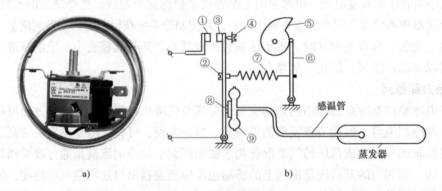

图 5-23　温感压力式温控器（膜盒式感温腔）

a）实物图　b）工作原理图

感温囊是一个封闭腔体,它由感温管、感温剂和感温腔等组成。感温腔可分为波纹管式和膜盒式。感温腔中充入感温剂,当感温管的温度发生变化时,即引起感温剂的压力发生变化,从而引起控制开关的动作。感温剂在低温下充注在感温腔内,呈饱和状态,压力较高,若不慎将管路弄破,感温剂就会泄漏,并引起温控器报废。在拆卸、维修操作中需要小心。

工作时感温管紧贴在蒸发器表面,当蒸发器表面温度上升并超过预定值时,感温管内感温剂压力增大,感温囊传动膜片⑨的压力升高到大于主弹簧⑦的拉力,推动力点⑧向前移,通过弹性片连接传动使快跳动触点③与固定静触点①接通,电路闭合压缩机运转,系统制冷。

当蒸发器表面温度逐步下降到预定值时,感温管内感温剂的压力下降,弹簧⑦的拉力大于感温腔前端传动膜片的推力,从而使触点连接杆后移,使快跳动触点与固定静触点迅速断开,切断电路,压缩机停止运转。

1)电冰箱温度调节原理。调节温控旋钮,实际上就是调节凸轮,通过拉板⑥前移或后移来改变弹簧⑦的拉力大小。若此拉力大,就需要蒸发器温度高,感温剂压力大,才能产生较大的推动力而使点⑧前移,推动触点③与固定触点①闭合,压缩机才起动。这是调高电冰箱温度的方法。反之,如调节凸轮⑤,使拉板⑥前移,使弹簧⑦的拉力变小,电冰箱的温度就会降低。

2)温度范围高低调节原理。温控器内还设有温度范围高低调节螺钉②。通过顺时针(右旋)调节它,相当于加大主弹簧⑦的拉力,使温控点升高。当电冰箱出现不停机故障,可将此螺钉右旋半圈或1圈。

反之,若逆时针(左旋)调节②,相当于减小弹簧的拉力,使温控点降低。当电冰箱出现不能起动故障时,可将此螺钉左旋半圈或1圈。

3)温差调节。通过调节开停温度调节螺钉④,可以改变触点①和触点③之间的距离,从而改变开、停机的温差。

逆时针(左旋)调节它,关机温度不变,开机温度升高,温差拉大,可以排除开停太频繁的现象。若顺时针(右旋)调节它,关机温度不变,开机温度降低,温差减小,可以排除开停周期长的现象。

2. 电冰箱常用压力式温控器的类型与结构

1)普通型。普通型温度控制器的结构如图5-24所示,主要由温差调节螺钉、快跳动接点、固定接点、主架板、温度范围高低调节螺钉、主弹簧、温度控制板、调节凸轮、感温管、感管腔及传动膜片等组成。这种温控器只具有控温功能,没有除霜机构,如需要除霜时,由人工关闭电冰箱电源,除霜完成后再接通电源起动。

2)按钮除霜型。按钮除霜型温度控制器又称为半自动除霜温度控制器,它的结构如图5-25所示。

按钮除霜型温度控制器主要由温差调节螺钉、快跳动接点、静接点、温度范围调节螺钉、化霜温度调节螺钉、化霜弹簧、主架板、化霜控制板、化霜按钮、温度控制板、化霜平衡弹簧、主弹簧、感温管、气腔传动膜片等组成。这种温控器除有控温功能外,在温度调节旋钮的中心还有除霜按钮(有红色标志),直冷式单门电冰箱一般采用这种温度控制器,需要除霜时按下除霜按钮即可停机除霜,除霜完毕后自动恢复制冷。

3)定温复位型。定温复位型温度控制器的结构与前两种大致相同,主要不同的是它保持恒定的复位开机温度,常用于直冷式双门双温电冰箱,其感温管夹装在冷藏室蒸发器上,当冷藏室蒸发器温度上升到 +5℃左右时即复位开机。

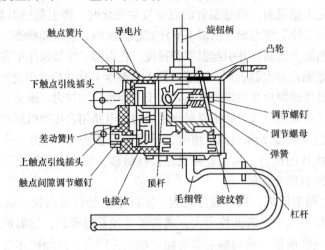

图 5-24   普通型温度控制器

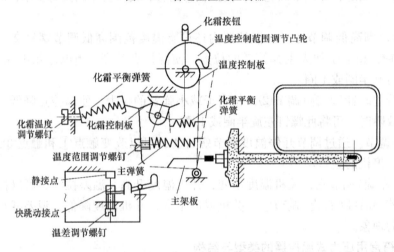

图 5-25   按钮除霜型温控器结构示意图

图 5-26 所示为定温复位型 K59 系列温控器，该系列温控器用于双门双温电冰箱及各种直冷式冷冻冷藏箱。它的开机温度不随档位的变化而变化，而关机温度随着档位的变化而变化。

由图 5-26 可见，K59 温控器有 3 个可调节螺钉，现分别介绍它们的调节规律：

可调螺钉 1——温度范围调节螺钉，调节此螺钉对开机温度和关机温度都有影响。顺时针调节，开机温度和关机温度都上升；逆时针调节开机温度和关机温度都下降。

可调螺钉 2——温差调节螺钉，调节此螺钉对开机温度没有影响，只影响关机温度。顺

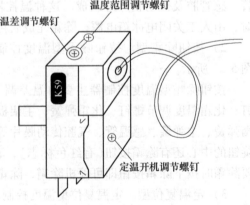

图 5-26   K59 温控器调节螺钉

时针调节，关机温度下降；逆时针调节关机温度上升。

可调螺钉 3——定温开机调节螺钉，调节此螺钉对开机温度有影响，对关机温度没有影响。顺时针调节，开机温度下降；逆时针调节，开机温度上升。

对因温控器引起的冰箱故障，如制冷不停机、开机时间长、停机时间短、开机时间短、停机时间长等均可通过调节有关螺钉得到解决。如制冷不停机故障，可顺时针调节螺钉 1 或逆时针调节螺钉 2。

4）感温风门式。感温风门式温度控制器主要由波纹管、感温管、风门调节钮、风门平衡弹簧等组成，其工作原理是用感温包内感温剂随温度变化而变化的压力来推动风门，使风门开度变化而改变风量。

感温风门式温控器一般用来控制双门间冷式无霜电冰箱的冷藏室温度，安装在冷藏室回风口附近风道内，感受循环冷风温度的变化，自动调节风门或盖板开口的大小，其实物外形及安装位置如图 5-27 所示。

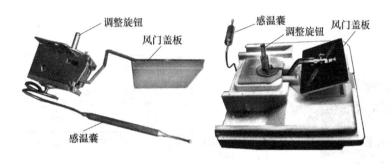

图 5-27　风门温控器

5.4.7　除霜定时器

全自动化霜是指电冰箱在化霜过程中，不需要操作任何按钮或开关，就能自动完成一系列的化霜操作。全自动化霜装置一般有 3 种形式：基本自动化霜装置、积算式自动化霜装置、全自动化霜装置。在全自动化霜装置中使用的定时器称为除霜定时器，其内部由微型电动机、齿轮箱、凸轮、活动触点及静触点等组成，外部装有 4 个接线端子和一只手控旋钮。图 5-28 所示是自动化霜定时器外形及外部结构图。

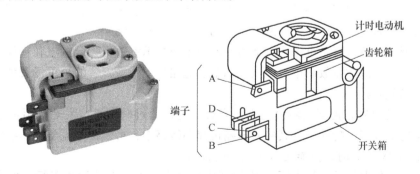

图 5-28　自动化霜定时器外形及外部结构

电路中的化霜定时器触点动作时间调定在每隔8h(根据厂家设计,时间不等)动作一次。

压缩机运行8h后,化霜定时器断开通往压缩机的电路,接通双金属片化霜温控器和化霜加热器电路,开始对蒸发器进行加热化霜。化霜定时器控制的化霜时间一般为15~30min。

蒸发器表面的结霜融化后,箱内温度上升至10~16℃时,双金属片化霜温控器断开化霜接点,化霜加热器停止加热,此时化霜定时器开始下一个周期的计时。

5.4.8 起动器

电冰箱的起动器用以确保电冰箱压缩机电动机的正常起动,目前电冰箱中最常用的起动器基本上有两种,即重锤式和PTC式,PTC起动器较为先进,使用也比较普遍。

1. 重锤式起动器

重锤式起动器又名重锤式继电器,是一种常见的电流式起动继电器,其外形如图5-29所示。重锤式起动器由励磁线圈、重力衔铁(重锤)、动触点、静触片、弹簧等部件组成。

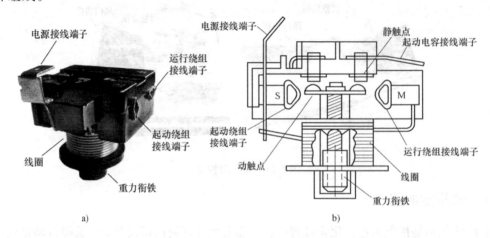

图5-29 重锤式起动器结构图

a) 实物 b) 结构

重锤式起动器一共有3个接线端子,即电源端子、运转端子和起动端子,区别如下:从外观上看与励磁线圈连接的外接插片是电源端子,而与励磁线圈相连的另一端即为运转绕组端子,余下的一个则为起动端子。起动端子、运转端子也可用万用表判别,用万用表测量时将重锤式起动器垂直放置,与另外两端不通的一个即为起动端子。

吸合电流和释放电流是重锤式起动器的两个主要技术参数,吸合电流和释放电流的大小主要取决于励磁线圈的匝数和重力衔铁、动触点短路片、弹簧三者的总重量及弹簧力。

2. PTC起动器

利用PTC元件在常温下电阻值较小,当有大电流通过时会迅速发热,阻值也随温度升高而猛增至近似开路的特性,将其接入压缩机起动线路中,可代替电流型起动继电器,即使在电源电压180V左右时,也能使压缩机顺利起动。

PTC起动器外形如图5-30所示。它包括中空外壳,外壳上端设置盖板,外壳内设置用绝缘板支撑的PTC芯片,两端子的一端为夹住PTC芯片的弹性部位,位于壳体内,两端子的另一端穿出盖板,并与电动机起动绕组回路连接。PTC起动器由于没有触点,能保证始终可靠地接触，延长使用寿命。工作时凭借自身阻值的变化，没有机械力和机械运动，保证了其较好的可靠性。

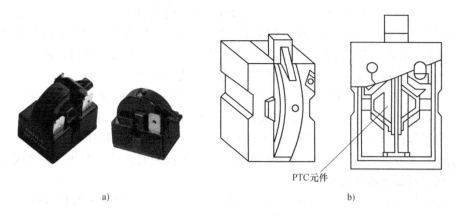

图 5-30　PTC 起动器外形

a）实物　b）结构

5.4.9　热保护装置

电冰箱在使用过程中，当压缩机发生故障，以及负荷过大或电压太高、太低而不能正常起动时，会引起电动机电流增大；当制冷系统发生制冷剂泄漏时，由于回气冷却作用减弱，也会使电动机温度增高，且此时电动机的工作电流比正常运行时低，过电流保护不起作用。出现以上现象时，就需要借助热保护装置及时切断电路，以保护电动机不被烧毁。

电冰箱上的热保护装置按其用途和安装位置可以分为 3 种类型。

1. 热保护过载继电器

1）碟形热保护继电器。家用电冰箱普遍采用碟形双金属片过电流、过温升保护继电器。它具有过电流和过热保护双重功能。一般与起动器装在一起，连接在电源与电动机之间，紧贴于压缩机外壳表面，并用弹性钢片压紧，能直接感受到机壳温度。

碟形热保护继电器的结构如图 5-31 所示，由碟形双金属片、触点 1、触点 2、接线端子 1、接线端子 2、接线端子 3、电热丝、调节螺栓、锁紧螺母等组成。触点 1 和触点 2 分别与接线端子 1 和接线端子 2 紧密接触。接线端子 1 起支撑电热丝的作用，接线端子 2 同电动机相接。接线端子 3 除了支撑电热丝外，还和电源线相接。

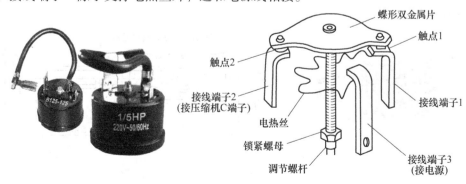

图 5-31　碟形双金属过电流、过温升保护继电器

在温度不高时，碟形双金属片下翻，接线端子2通过碟形双金属片、接线端子1、电热丝与接线端子3相通，使电动机起动和运转。当电动机因某种原因过载，通过电流过大且时间较长时，电热丝的温度就会越来越高，碟形双金属片受热膨胀。这时由于下层金属片热膨胀量比上层金属片热膨胀量大得多，碟形双金属片往上翻，触点1和触点2分别与接线端子1和接线端子2分离，及时切断电路，保护电动机不被烧毁。电路切断后，碟形双金属片逐渐冷却，约经几十秒后下翻，电路再次接通，电动机再次起动。

如果因环境温度过高或压缩机运转时间过长，电动机绕组温度和压缩机外壳温升过高时，碟形双金属片同样会受热弯曲变形而翻转，及时地切断电路，保护压缩机不致损坏。

过载保护器的双金属片有一个加热的过程，即延时过程。延时时间一般在 10～15s，延时后双金属片才开始变形弯曲，而电动机的正常起动时间只有几秒，因此，不会因起动电流很大而引起过载保护器的误动作。

过载保护器动作后一般需要 3min 左右触点才复位，其延时断开与复位的时间产品出厂时已调好，用户不需再进行调整。

2）内埋式热保护器。功率较大的全封闭压缩机，目前已将热保护器埋入电动机绕组内，直接感受绕组温度的变化。当绕组由于某种原因温度升高，超过允许值或产生过电流温升时，保护继电器内的双金属片产生变形，触点断开，切断电动机电路，保护电动机不致被损坏或烧毁。

内埋式热保护器的优点是直接感受电动机绕组的温度变化，灵敏可靠，而且体积很小，有严格的密封外套，以防制冷剂或润滑油浸入。其缺点是因直接装在绕组里，压缩机封焊后，若保护器发生故障，不便于更换。

2. 双金属化霜温控器

双金属化霜温控器一般用于间冷式电冰箱的化霜保护和控制。它的结构与动作原理和双金属片热保护器基本相同，只是没有过电流保护的电热元件，如图 5-32 所示。当化霜加热器对蒸发器加热，将其表面霜层融化时，固定在蒸发器上的化霜温控器的双金属片受热变形。待化霜结束，蒸发器温度升高到 13℃ 左右时，双金属片凸部变形翻转成凹形，顶住销钉使两触点分离，切断化霜加热器电路。当接通化霜定时器并使压缩机转动制冷时，双金属片随蒸发器冷却，蒸发器表面温度下降到 −5℃ 以下时，双金属片又变形翻转到原来状态，两触点重新接通。这种装置安装时必须将热感应面或热敏片紧贴在蒸发器指定部位的表面。

a)

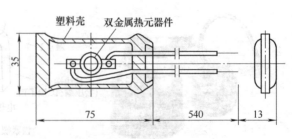

b)

图 5-32　双金属化霜温控器实物外形及结构

a) 实物　b) 结构

双金属化霜温控器常见的故障，一般是触点起毛引起粘连，使两触点不能正常灵活地分开。该装置失灵或损坏后，因其结构是完全密封的，所以很难修复，只能更换。

3. 温度熔断器（化霜超热保护熔断器）

温度熔断器是一种热断型保护器，有轴向导线型和径向导线型两种，用于自动化霜电路中。可安装在蒸发器上或蒸发器附近，与化霜加热器串联，直接感受蒸发器的温度。一般调定的断开温度为 65～70℃。该装置主要包括感温剂和弹簧，感温剂为熔融材料，常温时呈固态。元件动作前弹簧被压紧，使电路接通。在化霜加热正常进行时，感温剂保持固态。如果双金属化霜温控器因故障不能在化霜结束后切断加热器电路，化霜加热器继续升温，蒸发器与其空间的温度不断提高。当温度超过 65℃，达到感温剂的熔点时，固态感温剂熔化，体积缩小，致使弹簧松开，触点弹开，切断化霜加热器的电路，从而保护了蒸发器及箱内的内胆等零部件。如图 5-33 所示。感温剂一旦熔融变形后则无法复原，因此，这种热保护器仅能一次性使用，使用过后应立即更换。

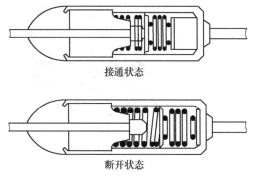

接通状态

断开状态

图 5-33　温度熔断器

对各种热保护装置，可用万用表检测。正常时，其两端的直流电阻阻值应为 0Ω。

目前，家用电冰箱的热保护装置广泛使用组合式起动继电器。这种热保护起动继电器是把起动继电器、过载保护器分别装配后，再组装在一起。两种组合式起动继电器如图 5-34a、b所示。它们都采用碟形双金属片过电流、过温升保护继电器，所不同的是前者采用重锤式起动器，后者采用 PTC 起动器。

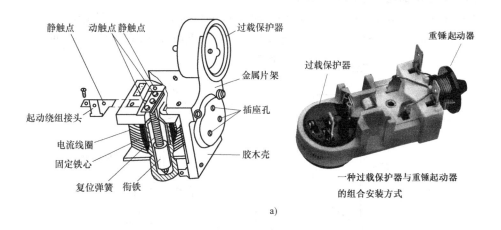

静触点　动触点 静触点　　　过载保护器

金属片架

起动绕组接头　　　　　插座孔

电流线圈

固定铁心　　　　　胶木壳

复位弹簧　衔铁

a)

重锤起动器

过载保护器

一种过载保护器与重锤起动器的组合安装方式

图 5-34　组合式起动继电器

a）重锤式组合式起动继电器

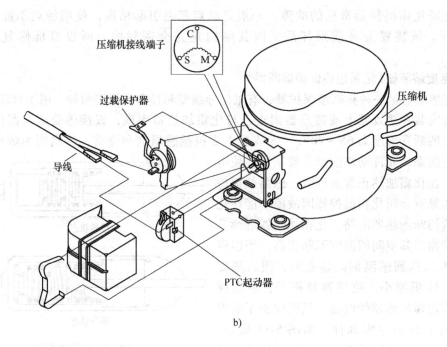

压缩机接线端子

过载保护器

导线

压缩机

PTC起动器

b)

图 5-34 组合式起动继电器(续)

b) PTC 组合式起动继电器

5.5 电冰箱的电气控制系统

5.5.1 直冷式电冰箱电路

1. 重锤式起动器电冰箱的电气电路

采用重锤式起动器电冰箱的电气控制电路如图 5-35 所示。当电冰箱接通电源,温度控制器、过载保护器、压缩机电动机的运行绕组 C、M 和重锤式起动器绕组构成回路。起动时

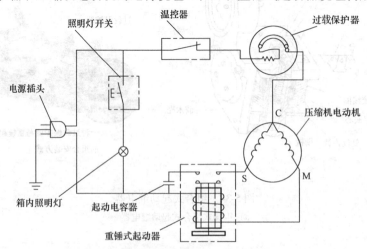

照明灯开关

温控器

过载保护器

电源插头

压缩机电动机

C

S

M

箱内照明灯

起动电容器

重锤式起动器

图 5-35 采用重锤式起动器电冰箱的电气控制电路

电流很大，一般为正常运转电流的 6 ~ 10 倍，这样大的电流使起动器内的衔铁被吸动，起动器常开触点闭合，从而使压缩机电动机的起动绕组 C、S 有电流通过，使电动机转子产生转矩，电动机转速提高后，电路电流下降，当达不到吸动衔铁时，起动继电器常开触点断开，起动绕组停止工作，电动机起动后正常运转。这种电动机的起动方式称为阻抗分相式起动。另外该电路在起动绕组中串联一个起动电容器，以增加电动机的转矩，提高起动性能。过载保护器能在电动机过载时起保护作用，即当电流增大时，保护器内的电阻丝发热，双金属片会因受热而迅速变形，使触点断开，断开电气回路的供电。几分钟后，冷却的双金属片复原，再次接通电路。

2. PTC 起动式电冰箱的电气电路

采用 PTC 起动器进行起动的电冰箱电路如图 5-36 所示，起动方式为阻抗分相式，内埋式热保护继电器串联在电动机电路中。

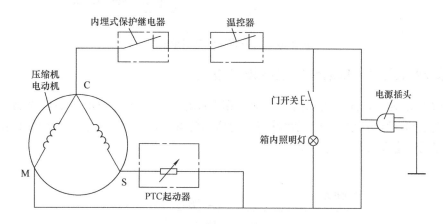

图 5-36　采用 PTC 起动器的电冰箱电路

PTC 起动器串联在起动绕组上，在常温下 PTC 元件的电阻值只有 20Ω 左右，不影响电动机的起动。由于电动机起动电流很大，PTC 元件在大电流的作用下，温度迅速上升，至一定温度如 100℃ 后，PTC 元件的电阻值升到几十千欧，这时 PTC 元件相当于开路，使电动机起动绕组脱离工作。

3. 直冷式双门电冰箱电路

如图 5-37 所示为一种直冷式双门电冰箱电路，该电路采用定温复位型温控器。温控器直接控制冷藏室温度，间接控制冷冻室温度。不论停机温度的高低，当冷藏室蒸发器温度达到 +5℃ 左右时，才复位开机。电路特点是在温控器触点两端并联接入化霜电热器，根据开停周期进行自动化霜。当温控器触点闭合时，电热器被短路，压缩机正常运转，制冷过程开始。当温控器触点断开时，电流即通过电热器、压缩机电动机回路进行化霜。电热器一般为 10 ~ 15W，电阻值比压缩机电动机阻抗值大数百倍，电动机绕组分压很小，不会使压缩机起动运转，近似地可看成是电热器的线路。这样，当压缩机每开停一次，即自动化霜一次，使冷藏室和蒸发器常处于无霜状态。这种化霜方式又称为周期性化霜，是自动化霜控制电路中最简单的一种。此外，电冰箱在低室温中运行时，电热器还对冷藏室起到温度补偿作用，防止冷藏室温度太低、停机时间过长，造成冷冻室温度升高。

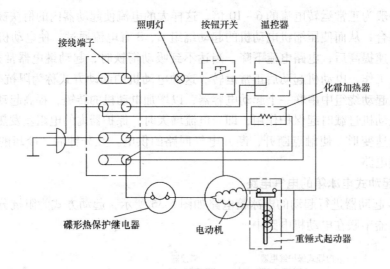

图 5-37　直冷式双门电冰箱电路

5.5.2　间冷式双门全自动化霜电冰箱电路

图 5-38 所示为一种间冷式双门全自动化霜电冰箱电路，该电路由压缩机控制电路和自动化霜控制电路两部分组成，电气元件主要包括温控器、化霜定时器、热过载保护器、压缩机、PTC 起动继电器及运行电容器。

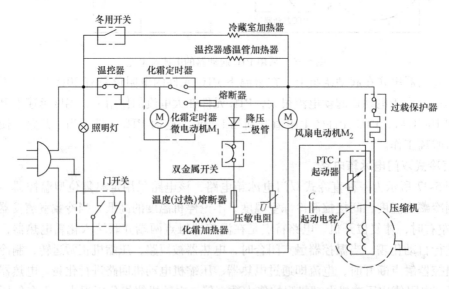

图 5-38　间冷式双门全自动化霜电冰箱电路图

1. 压缩机控制电路

压缩机控制电路是指从电源插头→温控器→化霜定时器→过载保护器→压缩机→PTC 起动继电器及电容器和电源插头的一条回路。

压力式温控器装在冷冻室中，自动调节箱内温度，冷藏室的温度由感温风门温控器调节风门大小来控制。

该电路的工作过程如下：当电冰箱箱内温度高于设定温度时，电路处于接通状态，压缩机工作，制冷系统处于制冷循环状态，使箱内温度不断下降。当箱内温度达到设定温度时，温控器动作，其触点跳开，于是压缩机电路断开，压缩机停止工作，制冷电路恢复平衡。一旦箱内温度回升到温控器触点闭合温度时，温控器动作，其触点闭合，压缩机电路重新接通，制冷系统重新开始循环制冷，一直到再次使箱内达到设定温度。如此，压缩机电路时而接通，时而断开，控制着制冷系统时而制冷，时而不制冷，保持电冰箱箱内温度在一定的范围内。

一般情况下，化霜定时器在压缩机电路中的触点是闭合的。只有在电冰箱处于化霜状态时，化霜定时器动作，使该触点断开。此时压缩机电路亦处于断开状态，一直到化霜结束，化霜定时器再动作，使该触点恢复到闭合位置，压缩机电路恢复正常。

2. 自动化霜控制电路

图 5-38 所示电路具有全自动化霜功能，它的主要电气元件有化霜定时器、熔断器、降压二极管、双金属开关、温度熔断器、化霜加热器。化霜加热器由化霜定时器控制，自动接通。

自动化霜控制电路是指从电源插头→温控器→化霜定时器→熔断器→降压二极管→双金属开关→温度熔断器→化霜加热器→电源插头这一条回路。

化霜定时器由一个微电动机 M_1 带动凸轮使触点接通或断开。微电动机串联在温控器之后，与压缩机一起都受温控器控制，化霜加热器又与微电动机 M_1 串联。由于化霜加热器的阻值比电动机绕组阻值小很多，在温控器接通压缩机工作时，自动化霜控制回路的电压都加在微电动机 M_1 绕组的两端，所以微电动机也随着工作，并对压缩机运转时间开始计时。

当压缩机运转累积时间达设定值时，化霜时间继电器的动断触点打开，压缩机停止运转。同时，动合触点闭合，化霜加热器通过整流二极管和化霜双金属开关得到供电，开始对蒸发器加热化霜。此时 M_1 与化霜双金属开关及降压二极管构成并联关系，由于 M_1 绕组的阻值远大于降压二极管和化霜双金属开关，相当于断路，化霜定时器停止工作。

当蒸发器表面周围温度上升到 10～16℃ 时，化霜双金属开关触点断开，切断了化霜电路，停止化霜。此时化霜定时器又开始工作，并经过一定时间的延迟后，它的动断触点又闭合，压缩机又开始运转，进入正常的制冷循环。

化霜电路中采取了较齐全的安全保护措施，如超热保护、过电流保护及过电压保护电路等。

风扇控制电路在压缩机电路正常工作时，是由门开关控制的。当箱门全部关闭时，风扇电动机与压缩机同步运转。当任何一扇门打开时，由于门开关动作，使风扇控制电路断路，风扇电动机停止运转。

5.5.3 电子温控电路

图 5-39 所示为采用电子温控方式的电冰箱控制电路，具有温度指示、双温双控、瞬间断电压缩机延时保护、敞门报警、速冻等多种功能。

采用图 5-39 所示电子温控电路的电冰箱制冷系统与其他电冰箱的不同之处，在于系统中增加了电磁阀，它是一个两位三通阀，有一个入口端，连接干燥过滤器，两个出口端，分别连接冷藏室和冷冻室毛细管；配合电子温控电路，达到了利用单压缩机实现双温双控的目的。制冷系统环线与电磁阀实物如图 5-40 所示。

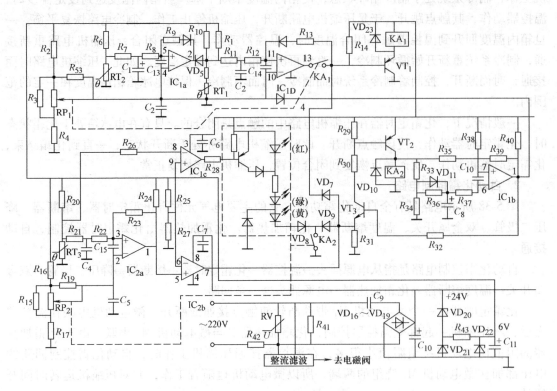

图 5-39　电子温控方式电冰箱控制电路

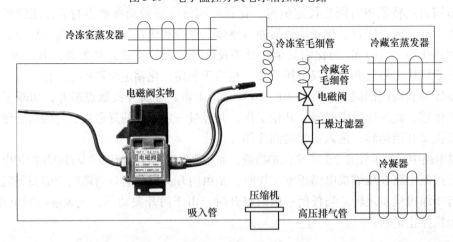

图 5-40　电子温控方式电冰箱制冷系统

电磁阀断电时,制冷剂经过冷冻毛细管,仅使冷冻室制冷;当电磁阀通电时,制冷剂经过冷藏毛细管,此时冷冻室与冷藏室同时制冷;当需速冻时,接通速冻开关并将电子温控电路中的冷冻室温度电位器旋到最大,在此过程中电磁阀处于断电状态。本电路由温度传感器、温控板和显示板 3 部分组成。

1. 温度传感器

设置在冷藏室空间的温度传感器 RT_1 用于控制电磁阀和压缩机的关闭；设置在冷藏室蒸发器旁的温度传感器 RT_2 用于控制电磁阀和压缩机的接通；设置在冷冻室蒸发器旁的温度传感器 RT_3，用于控制压缩机的关闭和接通。

2. 温控板

温控板是温控电路的主体。其基本控温原理是：通过温度传感器检测冷冻室和冷藏室内的温度，将温度的变化转化为热敏电阻器阻值的变化，然后再转变为电信号，与设定电压进行比较，由电压比较器的输出状态决定继电器的通、断，以控制压缩机(或电磁阀)的工作方式。

1）电源部分。如图 5-38 所示，220V 交流电经电容 C_9 降压，$VD_{16} \sim VD_{19}$ 桥式整流，电容 C_{10} 滤波，稳压管 $VD_{20} \sim VD_{22}$ 稳压，得到的直流 6V 电压供温度传感器使用；24V 电压供温控板和显示板使用。电路中的 R_{42}(水泥电阻)起短路保护作用；RV(氧化锌压敏电阻)起过电压保护作用。

2）温度调节电位器(带开关)。电位器 RP_1 用于调节冷藏室工作状态及设定温度。接通时，冷藏室工作，继续旋转可设定温度；电位器 RP_2 用于设置冷冻室温度，旋到最大位置并接通开关，为不停机(速冻)状态。

3）延时保护电路。当 IC_{1b} 的 7 脚电压高于 6 脚时，1 脚输出高电平，压缩机运行。此时 VT_2 饱和导通，VT_2 集电极电压约 24V，通过 R_{33}、VD_{11} 对电容 C_8 充电，6 脚电压不断升高，因 7 脚电压约 24V，1 脚始终为高电平，保证了压缩机运行。当电源瞬间断电，压缩机停机时，VT_2 截止，恢复供电后，7 脚电压因电阻分压而下降，而 C_8 两端电压不能突变，6 脚电压高于 7 脚，1 脚输出为低电平，但压缩机不能运行。必须等 C_8 通过 R_{34}、R_{36} 放电后，6 脚电压低于 7 脚电压时，压缩机才能再次起动运行，放电时间为 (6 ± 1.5) min，即为压缩机两次运行之间的间隔时间。

3. 显示板

显示板上有 3 只发光二极管：绿色为电源指示，黄色为速冻指示，红色为报警指示(冷冻室温度下降到 -11℃以下时熄灭)。

5.5.4 电冰箱的微电脑控制

电冰箱的微电脑控制是温度控制的发展方向。具有可靠性高、电路简单的特点，并且不需改变硬件电路，通过软件(单片机编程)就可改变系统的功能。

1. 微电脑控制系统的功能

1）多个测温点数，测温范围宽，精度可达 ± 2℃。

2）压缩机停机后自动延时保护。并具有过电压、欠电压保护功能，过电压、欠电压时禁止压缩机起动，并显示停机原因。

3）霜厚达设定值时，自动除霜。

4）具有智能声光报警功能，能对过电压、欠电压，冷冻、冷藏温度超限、开门超过设定时间等进行报警。

5）LED 数码管或 LCD 显示屏显示冷冻室、冷藏室温度，并能对压缩机的起动、停止、速冻、报警等状态进行显示。

6）具有实时时钟 LED 显示功能，可显示时、分。

图 5-41 所示为以 MC6805R2P 为核心的电冰箱控制电路，微电脑 MC6805R2P 为片内 ROM，片内有 4 通道 8 位 A/D 转换器，端口 B 能提供 10mA 灌电流，可直接驱动共阳极 LED 数码管。该控制电路是一种较简单的微电脑电冰箱控制电路，具有成本低，系统可靠性强的特点。

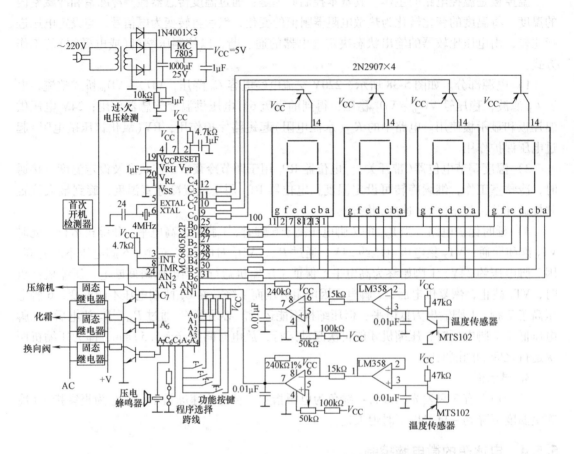

图 5-41　采用 MC6805R2P 微电脑的电冰箱控制电路

2. MC6805R2P 端口介绍

1）4 个 A/D 转换通道中，AN_0、AN_1 为冷冻、冷藏室温度输入，AN_2 为电源过电压、欠电压输入，AN_3 为首次开机检测输入。

2）$B_6 \sim B_0$ 和 $C_3 \sim C_0$ 作显示驱动。其中 $B_6 \sim B_0$ 直接驱动七段 LED，$C_3 \sim C_0$ 是位码输出，通过 2N2907 晶体管控制数码管的显示。

3）$A_3 \sim A_0$ 用作功能键的选择。

4）A7、A6 和 C7 为输出，分别经固态继电器控制压缩机、化霜电热器和换向阀。

5）硅温度传感器 MTS102 的输出经 LM358 和差分放大器后送至 AN_0/AN_1 进行 A/D 转换。

6）C_5 为程序控制选择，C_6 控制压电蜂鸣器。

5.6 电冰箱维修技术

电冰箱的故障可分为电气系统故障和制冷系统故障两大类。

5.6.1 电气系统故障分析

电气系统主要包括温控部分和压缩机电动机控制部分。电气系统出现问题的故障现象是电冰箱接通电源后压缩机不起动和接通电源后压缩机运转不停。

1. 接通电源后压缩机不起动

1) 首先用万用表欧姆挡测量电冰箱电源插头的阻值。压缩机的 3 个接线端子与起动器之间的接线情况如图 5-42 所示：C—公共端、M—运行端、S—起动端。各绕组间直流电阻值如下：运行绕组 C、M 两端约 10.5Ω；起动绕组 C、S 两端约 22Ω；而运行和起动绕组阻值的和即 S、M 端的阻值约为 32.5Ω。正常时电路所有的开关触点都接通，对于重锤起动器式的电冰箱，因重锤式起动器触点未通电而未接通，回路阻值为压缩机运行绕组的阻值，一般为 10~20Ω 左右，对于 PTC 起动电冰箱，回路的直流电阻为起动器 20Ω 阻值与起动绕组串联后再与运行绕组并联，所以其电阻略小于压缩机运行绕组的阻值。通过测得的阻值来判断电路的工作状态，阻值偏大时，要检查温度控制器、过载保护器、压缩机电动机以及线路和触点接触情况；阻值偏小时一般是短路，主要检查压缩机电动机及其线路。

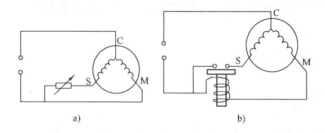

图 5-42　压缩机接线端子与起动电路接线图

a) PTC 起动器电路接线图　b) 重锤式起动器电路接线图

2) 通电检查。通电前先检查温控器开关是否正常。如温度控制器装在电冰箱的冷藏室内，当放置的环境温度低于设计温度时不会起动运转，故有的电冰箱设计了冬季补偿开关，补偿开关打开后则温度控制器感温管附近的加热器开始加热，强制升温使压缩机运转，目的是牺牲冷藏室的正常温度而保证冷冻室的温度。

如果温控器内的开关都正常，而通电后压缩机不起动，可用一根导线短接重锤式起动器的两个静触点，注意导线短接时间不要太长，以不超过 2s 为宜，时间长将会使起动绕组烧坏。如果短接后电冰箱能起动，说明起动器有故障，重锤式起动器长期起动易使触点烧坏，测量时拆下起动器，用万用表欧姆 $R \times 1$ 挡，将两表笔插入接线柱插孔内。起动器正着放时相当于正常运转状态，即未接通，万用表测量阻值为无穷大；将起动器倒过来时相当于起动状态，万用表指示为 0Ω，则说明起动器是好的。

如果用导线短接后仍不能起动，就需要检查保护器。可用短接的方法检查保护器，将保护器的两个接线铜片短接起来，如果电冰箱能够起动运转，说明保护器有故障，可能是电热丝烧断或碟形双金属片受阻不能下翻，如果电冰箱仍不能起动，则是压缩机或起动器有问题。检查时，把起动器和保护器拆下，露出电动机的3根接线柱。测每两个接线柱之间的电阻值，如正常，说明电动机绕组没有故障。如不正常，不要急于拆开压缩机，可以采用直接接通电源的方法进行检查。具体办法是：用带有电源插头的两根电源线接在M、C接线柱上，也就是运行绕组上，再用螺钉旋具作为导线同时碰触M和S端，然后把插头插入电源插座，如果电动机和压缩机没有故障，就会起动。起动2s左右，就要把螺钉旋具移开，电动机进入正常运转。如果检查压缩机能起动运转，说明电动机没有故障，故障发生在电动机外部，可能是外引线折断，或接线柱接触不良，也可能是环境温度过低等。若短接后仍不起动，则是压缩机的内部故障，主要是电动机绕组匝间短路。若起动绕组的阻值比正常值小，一般即可判断为起动绕组匝间短路，需换压缩机。

2. 接通电源后压缩机运转不停

电冰箱运转不停，当箱内温度过低时，说明故障在电器控制电路，是电路系统不能自动控制压缩机的开、停所造成的，可能是温控器或线路有故障。

1）检查温控器。如发现温控器旋转到强冷位置，致使温度过低时动、静触点仍不能分离，从而造成电冰箱运转不停的现象，只要重新调节合适的温度就可以了。若温控器不是在强冷位置，则要把温控器拆下，使线路断路，如果这时电冰箱不运转，说明故障在温控器里，如果把温控器的触点断开，电冰箱仍运转不停，说明线路存在短路现象。

2）检查线路。打开压缩机旁边的接线盒，拆出通往电冰箱内部的导线，这时如果压缩机不再运转，说明故障是箱内导线有短路所造成的；如果电冰箱仍然运转不停，说明压缩机起动器接线盒内有短路现象。

5.6.2 制冷系统故障分析

1. 电冰箱不制冷

电冰箱运转不停，但是不制冷，冷凝器不热，蒸发器不凉。

可能原因是制冷剂泄漏，或者冰堵、脏堵，或是压缩机有故障。由于制冷系统是封闭的，所以可通过观察管路表面有无油污、用手触摸各部分的温度、耳听运行声音来检查。

1）检查管路表面是否有油污。仔细检查冷凝器、过滤器、毛细管、蒸发器；吸气管、压缩机外壳及管路结合处。如果发现有油污，说明制冷剂泄漏。这时可切开压缩机的工艺管。如果没有制冷剂喷出，或只有少量的制冷剂喷出，就进一步证明是制冷剂泄漏。如果没有油污，则需要进一步检查压缩机的温度。

2）检查压缩机的温度。用手摸压缩机，如果压缩机的温度不太高，同正常运转时差不多，说明管路畅通，没有堵塞现象，而可能是机内高压缓冲管破裂、活塞穿孔、排气阀同吸气阀短路等。这时可切开高压排气管，排出制冷剂，用手指按住压缩机排气管口，起动压缩机。如果手指感觉不到有压力或者压力很小，证实压缩机内部有故障；需要拆开压缩机作进一步检查和修理。如果压缩机的温度很高，特别是高压排气管部位很烫手，说明压缩机超负荷运转，管道发生堵塞；但究竟是冰堵还是脏堵，则需要检查压缩机开机时的情况。

3）检查压缩机开机时的情况。切断电冰箱的电源，打开箱门；使制冷系统各个部件恢复到室温。然后接通电源，电冰箱起动运转。如果开始时蒸发器结霜较好，冷凝器发热，低压吸气管发凉；由电冰箱上部能听到气流声和水流声，但过一会儿，蒸发器结霜融化，只在毛细管同蒸发器结合部位结有少量霜；冷凝器不热，低压吸气管不凉，用耳朵贴近电冰箱上部听不到声音，说明出现了冰堵。这时如果用热毛巾敷在毛细管同蒸发器的结合处，又能重新制冷，则进一步证实是冰堵。

如果开机的时候不见蒸发器结霜，冷凝器不热，低压气管不凉，用耳朵贴近电冰箱上部听不到声音，则可以初步认为发生了脏堵。这时，可以切断高压排气管，排出制冷剂，用手指按住排气管，起动压缩机，如果手指感到有较大的压力，说明管路发生脏堵。

2. 电冰箱制冷效果差

电冰箱运转不停，但箱内温度达不到要求，制冷效果差。这可能是由于使用不当或箱门关闭不严造成的。也可能是制冷系统故障引起的。一般应先检查使用情况和箱门情况，再检查制冷系统。

1）检查使用情况。首先要了解环境温度。如果高于43℃，制冷效果差一些是正常的。如果环境温度不高，要打开箱门检查。如果箱内食品太多，特别是放入了温度高的食品，食品释放出大量的热量；或者打开箱门次数太多，外界热空气不断进入箱内，或者未及时化霜等，所有这些都会使电冰箱长时间运转不停，制冷效果差。

2）检查箱门。电冰箱箱门关闭不严，热空气会从缝隙处不断进入箱内。这可能是磁性门封条失去磁性、老化变形，或是箱门翘曲造成的。

3）检查制冷系统。如果使用情况正常，箱门又能关闭严密，那么制冷效果差的故障就出在制冷系统。由于制冷系统仍能工作，因此，可能是制冷剂部分泄漏、部分冰堵或部分脏堵，也可能是压缩机内部故障。检查的顺序是首先观察管路表面有无油污。如果有油污，说明制冷剂部分泄漏，这时可以切开工艺管，充入适量的制冷剂，再次起动运转。如果运转正常，证明是制冷剂部分泄漏。如果管路表面没有油污，可检查开机时的情况。如果开机时制冷正常，蒸发器结霜良好，在电冰箱上部能听到气流声和水流声，但过了一会儿制冷效果变差，只能听到微弱的气流声和流水声，说明是部分冰堵。

如果开机时制冷效果就差，用耳朵贴近电冰箱上部只能听到微弱的气流声和水流声，这可能是脏堵或压缩机内部故障，需要进一步检查。这时，可切开工艺管，充入适量的制冷剂，并接入气压表，起动压缩机。如果气压表所示气压下降到正常值（0.06～0.08MPa）以下，说明压缩机内部没有故障，只是管路有部分脏堵。如果气压在正常值以上，说明压缩机性能下降，严重时需要拆开压缩机详细检查和修理。

如果制冷系统混入空气，或者制冷剂充加过多或不足，都可能影响制冷效果。

制冷系统中充加过多的制冷剂，会使过多的制冷剂在蒸发器内不能很好蒸发，液体制冷剂返回压缩机中，这样压缩机的吸气量减少，制冷系统低压端压力升高，又影响蒸发器内制冷剂的蒸发量；造成制冷能力下降。同时，过多的制冷剂会占去冷凝器的一部分容积，减少散热面积，使冷凝器的冷却效率降低，吸气压力和蒸发温度也相应提高，吸气管出现结霜现象。遇到这种情况，必须及时将多余的制冷剂排出制冷系统，否则不但不能提高降温效果，反而使压缩机有液击冲缸的危险。

制冷系统充加的制冷剂过少时，会使蒸发器的蒸发表面积得不到充分利用，制冷量降低，蒸发器表面部分结霜，吸气管温度偏高。遇到这种情况，可以补充适量的制冷剂。

5.6.3 维修 R600a 电冰箱的特殊要求

制冷剂 R600a 化学名称为 2-甲基丙烷(异丁烷),属碳氢化合物,其热力学性能优良,是 R12 的理想替代制冷剂。但是,这种制冷剂在空气中含量达到或高于爆炸极限时,一旦遇到明火即会引起爆炸。此外,R600a 还易于聚集于低洼处,造成危险。

维修以 R600a 为制冷剂的电冰箱与以 R12、R134a 为制冷剂的电冰箱区别很大,其特殊要求主要有以下两方面。

1. 场地要求

1)维修场地要空旷,不能设在地下室及其他较闭塞且通风不良的地方,以保证场地的空气流通,而且附近 10m 内不能有助燃和易燃易爆物存在。

2)维修场地应装设一套排风系统,场地内不能有沟槽及凹坑等。防止比重较大的 R600a 气体积聚,维修时通风次数至少 10 次/小时,维修量大时通风次数应随之增加。通风换气要均匀,防止气体局部积聚。

3)维修场地的电源总开关应设在场地之外,并有防护装置;场地内的电气设备和通风设备应使用防爆型的,条件不允许时至少抽风机一定要防爆型的。

4)维修场地内要备有足够的灭火设备。

5)要求维修人员进入场地时,先进行火源检查和通风换气,然后才能进行维修操作。

2. 工艺要求

1)检漏。检测异丁烷系统泄漏可用氮气打压,肥皂水进行检查,方法同 R12 电冰箱。如果采用异丁烷检漏仪来检测,必须注意管路压力问题,该类电冰箱在运转时,低压侧处于负压,这对运行时检漏是不利的,应在停机状态下对低压侧进行检漏。注意卤素检漏仪不能用于异丁烷检漏。

2)制冷剂的排放。对制冷剂的排放问题,由 R600a 性质决定系统内制冷剂充注量比 R12、R134a 电冰箱少,系统平衡压力也比 R12、R134a 电冰箱低,且 R600a 易燃易爆,因此,排放制冷剂时应按以下步骤进行。

① 将专用打孔钳卡在压缩机的工艺管处,用软管连接排放口,并经真空泵排到室外大气中,严禁排放在室内。

② 检查真空泵后开始抽空,打开电冰箱门以加速制冷剂蒸发,以提高排放速度。

③ 摇晃压缩机,检查真空泵,当抽到 101kPa(或接近当地的大气压力)时结束,禁止抽至负压,避免空气进入。

④ 若需打开含 R600a 制冷剂的系统,可用割管器切开管路,绝不能用气焊或电焊。

3)抽真空。制冷系统抽真空时,由于 R600a 在压缩机润滑油中的高溶解性,其步骤应区别不同情况进行。

① 更换新压缩机的系统,抽真空可用一般方法,真空泵必须适用于易燃易爆气体。

② 如果维修中还继续使用原来的旧压缩机,系统抽真空步骤为:用真空泵抽 10min,起动压缩机运行 10min,再用真空泵抽 5min,起动压缩机运行 1min,再用真空泵抽 3min。

4)充注制冷剂。R600a 的充注方法与 R12 基本相同,但要注意这类电冰箱充注的制冷剂比 R12、R134a 少,一般异丁烷的充注量相当于 R12 的 40% 左右。因此需要高精度的制冷剂充注设备,采用定量充注法进行充注。

5）封口。R600a压缩机工艺管封口需采用专用洛克环堵头和洛克环密封液机械封口。

6）管路连接。在维修 R600a 电冰箱时，其管路连接不允许焊接，而是采用特殊的连接——锁环（洛克环）连接。按锁环材料可分为黄铜锁环和铝材锁环两种。黄铜锁环适用于铜与铜、铜与钢、钢与钢的连接；铝材锁环适用于铝与铝、铝与铜、铝与钢的连接。

7）更换压缩机。返修时若更换压缩机，充注 R600a 量为规定值；不更换压缩机，充注 R600a 量为规定值的 90%。因有一定的危险性，原则上不允许在用户家打开制冷系统操作；更换压缩机时采用以下工艺：

① 在宽敞通风良好的房间或室外打开干燥过滤器处毛细管并密封毛细管口，然后起动压缩机，泄放 5min 后关掉压缩机，振动压缩机暂停 3min，再通电运行 5min；

② 用割管器割断压缩机回气管和高压管，用氮气吹冷凝器和蒸发器不少于 30s；

③ 换上新压缩机，干燥过滤器，焊接后检漏；

④ 充注制冷剂，通电运行，确认制冷良好后，用洛克环封口并检漏；

⑤ 更换下的压缩机应将其中的冷冻油倒掉并密封各管口。

5.6.4 常见故障及维修

电冰箱常见故障及维修方法见表 5-5。

表 5-5 电冰箱常见故障及维修方法

故 障 现 象	可 能 原 因	维 修 方 法
通电后电冰箱压缩机不运转，没有声音	1）电动机主绕组烧断 2）温控器失效，触点未闭合或接触不良 3）重锤式起动器 T 形架受阻不能上移，电流线圈断线 4）过电流过热保护器碟形双金属片受阻不能复位闭合，电阻丝烧断	1）拆开压缩机，重新绕制绕组 2）调整开关，使其闭合，若损坏，需更换新温控器 3）拆下重锤式起动器，修理或更换 4）检查并调整至双金属片接点复位，如电阻丝烧断可换新的
通电后电冰箱压缩机不运转，只能听到"嗡嗡"声	1）电源电压过低或电源电压过高 2）起动继电器未闭合，或接头有尘埃，接触不良 3）环境温度过低 4）电动机起动绕组断路 5）电容器断路或短路 6）温控器断路 7）过载保护器断路 8）压缩机负荷过重，或冷却系统内部制冷过多，致使压力过高 9）压缩机高压阀片漏气或抱轴卡死 10）压缩机磨损或润滑不良	1）用电压表测量电源电压，看是否在说明书所规定的范围内（我国为 187~242V） 2）用细砂布打磨接点，清除尘埃或调整继电器 3）环境温度低于 15℃难以起动，低于 10℃不能起动不算有故障 4）更换绕组或压缩机 5）检修或更换电容器 6）将接线端子短路，如果运转，检查发现仅触点接触不良时，用细砂纸磨平后修复或更换温控器 7）更换保护器 8）降低电压或减少制冷剂 9）检修或更换压缩机 10）检修或加润滑油

故 障 现 象	可 能 原 因	维 修 方 法
压缩机运转不停，箱内温度过低	1）温控器旋钮置于"不停"或"急冷"位置 2）温控器触点粘连 3）温控器感温管尾部安放位置不当，不能感受蒸发器的温度变化 4）压缩机效率降低	1）将旋钮转向中间位置 2）切断电源后，将温控器旋钮反复旋转，通电后应恢复正常，如仍不停，则应检修或更换 3）调至适当位置，一般要求紧贴蒸发器表面 4）检修或更换压缩机
压缩机运转不停，但不制冷	1）制冷剂全部泄漏 2）严重冰堵 3）严重脏堵 4）压缩机内高压缓冲管破裂，活塞穿孔，吸、排气阀片损坏，使吸、排气阀门短路等	1）仔细检漏和焊补，然后对制冷系统干燥抽空，充灌适量的制冷剂 2）对制冷系统重新干燥抽空，充灌适量的制冷剂 3）更换毛细管和过滤器，然后检漏，干燥抽空，充灌适量的制冷剂 4）拆开压缩机检查修理
压缩机运转不停，但制冷效果差	1）存放食品过多，打开箱门次数太多，未及时化霜 2）环境温度过高 3）磁性门条失去磁性或变形，箱门翘曲 4）制冷剂部分泄漏 5）部分冰堵 6）部分脏堵 7）压缩机的活塞和气缸磨损，气门阀片和阀片座封闭不严	1）正确使用电冰箱即能恢复正常运转 2）环境温度高于43℃运转不停，不算有故障 3）更换磁性门条，修理箱门 4）仔细检漏和焊补，然后对制冷系统干燥抽空，充灌适量的制冷剂 5）对制冷系统重新干燥抽空，充灌适量的制冷剂 6）更换毛细管和过滤器，然后检漏，干燥抽空，充灌适量的制冷剂 7）如果压缩机已使用8年以上，是正常磨损，应换新压缩机。否则可拆开检查和修理
压缩机起动频繁，或运行时间过长，但箱内温度下降很慢	1）温控器的温度控制范围过小 2）温控器动、静触点接触不良 3）温控器的感温管与蒸发器距离较远 4）温控器失灵 5）箱门门封不严，保温不好或门与箱体歪斜 6）蒸发器表面结霜太厚 7）制冷剂不足或泄漏 8）箱门打开次数频繁，开门时间过长 9）毛细管或干燥过滤器堵塞	1）把温控器旋钮向"冷"点适当调整，或更换温控器 2）拆下温控器，用细砂布把动静触点打磨光滑 3）调整至接近蒸发器表面 4）若将温控器钮盘置于"停止"位置，压缩机仍运转不停，则应更换温控器 5）更换门封，或在有缝隙处加垫，修正门与箱体的相对位置 6）定期除霜 7）检漏或补充制冷剂 8）尽量少开门，缩短开门时间 9）更换新的毛细管或干燥过滤器

故 障 现 象	可 能 原 因	维 修 方 法
电冰箱运转时，压缩机过热	1）压缩机工作压力过高或系统内有空气 2）压缩机润滑不良 3）轴承磨损 4）冷凝器出口处过滤器堵塞 5）制冷剂充加过多 6）电动机绕组短路 7）电容式电动机的电容损坏	1）检查高低压力，若过高要放掉少量制冷剂或排除空气 2）添加冷冻机油 3）更换轴承 4）疏通或更换过滤器 5）排出过多的制冷剂 6）拆除重绕 7）更换电容器
压缩机起动、运行后，过载保护继电器周期跳开	1）电源电压过低 2）过载保护继电器出毛病 3）电动机线圈短路或接地 4）排气阀片漏气或断裂	1）安装自耦调压器，稳压到额定值 2）检修、更换。若接触不良，用细砂纸修复 3）检查线圈阻值或接地 4）更换阀片
压缩机运转不久，过载保护器断开	1）电源电压高 2）过载保护器不良，跳脱过早 3）起动继电器触点粘接 4）电动机内部有短路 5）压缩机内部机械有故障	1）安装自耦调压器，稳压到额定值 2）检查或更换 3）用细砂纸修复或更换 4）重绕电动机绕组或更换压缩机 5）检修或更换压缩机
电冰箱噪声大	1）放置电冰箱的地板松动或不平 2）压缩机、冷凝器、排气管、毛细管未固定好 3）压缩机内吊簧折断，机壳振动大，发出"当当"响声 4）压缩机润滑不足 5）轴封表面干燥或腐蚀	1）调节电冰箱底脚螺钉或垫上木块、橡胶，使电冰箱四脚平稳 2）紧固固定螺钉，并使毛细管吸气管等与箱体离开一定距离或垫上橡胶垫 3）拆开压缩机，更换吊簧；然后焊接，检漏，干燥抽空 4）查修漏油处，补充漏油 5）注入润滑油或修整轴封装置

5.7 习题

1. 热力学的状态参数有哪些？
2. 什么叫制冷剂？目前家用制冷、空调设备常用的制冷剂是哪几种？
3. 选择制冷剂有哪些方面的要求？
4. R22 作为制冷剂有哪些特性？
5. 氟利昂有哪些共同的性质？R12 的替代制冷剂 R600a 有哪些特性？
6. 电冰箱的分类方法有几种？简述电冰箱的基本组成。

7. 电冰箱中所用的压缩机分为哪些类型？它的功能是什么？

8. 画出重锤式起动器电冰箱的电气控制线路。

9. 画出 PTC 起动器电冰箱的电气控制线路。

10. 简述电冰箱制冷系统的循环过程。

11. 冷凝器在电冰箱中的作用是什么？常用的有哪几种类型？

12. 蒸发器在电冰箱中的作用是什么？常用的有哪几种类型？

13. 简述电冰箱全自动除霜的工作过程与原理。

14. 分析电冰箱制冷效果差的原因。

15. 电冰箱电路系统的故障都有哪些？如何排除？

16. 电冰箱制冷系统的故障都有哪些？如何排除？

17. 如何分析判断电冰箱接通电源后压缩机运转不停的原因？

第6章 家用空调器

【教学目标】

- 了解家用空调器的功能与种类。
- 掌握热泵冷风型空调器的结构与工作原理。
- 了解变频式空调器的工作原理。
- 掌握家用壁挂式空调器的安装方法。
- 掌握空调器的常见故障与维修方法。

6.1 家用空调器的功能与种类

6.1.1 功能

空调器的功能是利用空调设备对某一范围(空间)的空气进行温度、湿度、洁净度和风速进行调节，使空气的质量符合生产、科研或生活舒适的要求。

1)调节室内温度。一般情况下，人们居住或工作的环境与外界的温差如能保持在5℃左右是比较适宜的，若温差过大，每当受到"热冲击"或"冷冲击"时，都会使人感到不舒服。因此，对大多数人来说，空调房间夏季保持在24~28℃、冬季保持在18~20℃是比较理想的。对空气温度的调节过程，实质上就是增加或减少空气所具有的显热的过程。

2)调节室内湿度。在过于潮湿或干燥的空气环境中，人们会感到不舒服，适合人体需要的相对湿度是在40%~70%的范围内。空调器的湿度调节，是通过增加或减少空气中的潜热来实现的，夏季降温除湿，冬季升温加湿。

3)调节室内气流速度。人们处在适当低速流动的空气中要比处在静止的空气中感觉舒适，处在变速气流中要比处在恒速气流中感觉舒适。因此，空调器上设有高、中、低3挡风速，能将室内气流速度调至0.15~0.3m/s范围内。

4)净化室内空气。空气中一般都有悬浮状态的固体或液体微粒，它们很容易随着人们的呼吸进入气管、肺等器官和组织，这些微尘还常常带有细菌，传染各种疾病。因此，无论是室外新风还是室内循环风，都要通过空调器上的空气过滤器，将空气中的灰尘等过滤掉，以保证室内空气的新鲜和清洁。空调器在进风口处设置空气过滤网，其作用就是为达到上述目的。

5)定期更换室内空气。空调器为了节能运转，一般仅循环室内空气，但时间一长，室内空气的品质会下降。这时可以打开新风门和排风门，吸入室外新鲜空气，排除室内污浊空气。

6)调节送风方向。空调器出风口上设有水平格栅和垂直格栅。水平格栅用来调节气流出口倾角。夏天送冷风时向斜上方送出，冬季送热风向斜下方送出。垂直格栅能左右调节，即调节气流在室内扩散范围。

7）产生负离子。有些空调器上安装有负离子发生器，使房间负离子浓度增加。负离子对人体有良好的生理作用，可降低血压、抑制哮喘，对神经有镇静作用，并能促进疲劳的消除。

6.1.2 种类

1. 按使用环境分类

T1——允许使用环境最高气温 43℃。

T2——允许使用环境最高气温 35℃。

T3——允许使用环境最高气温 52℃。

我国现用空调器基本按 T1 气候类型设计，对于热泵型空调器来说，T1、T2、T3 的工作环境温度下限按设计标准都是 -7℃。实际使用时应高于此值。

2. 按结构形式分类

家用空调器按结构可分为窗式和分体式。

1）窗式空调器。窗式空调器是将压缩机、通风电动机、热交换器等全部安装在一个机壳内，主要是利用窗框进行安装。其特点是结构紧凑、体积小、安装方便，并有换气装置。由于受安装位置的限制，使用量已不大。

2）分体式空调器。分体式空调器是将压缩机、通风电动机、热交换器等分别安装在两个机壳内，分为室内机组和室外机组，用紫铜管将内外机的制冷系统连接起来，用导线把电气控制系统连接起来，组成一套完整的制冷装置，即分体式空调器。分体式空调器按室内机类型又可分为挂壁式、吊顶式、嵌入式和落地式等几种。

分体式空调器的特点是噪声小、冷凝温度低、室内占地面积小、安装容易和维修方便。分体挂壁式空调器的结构如图 6-1 所示。

3. 按主要功能分类

1）冷风型（单冷型）。这种机型只能制冷，而不能制热，可降温去湿。

2）热泵冷风型。这种机型是在冷风型的基础上增加了一个电磁换向阀，既能制冷降温，又可制热取暖。但是作为取暖用时，它的使用环境温度不能太低，一般应在 5℃ 以上，最低也不能低于 -5℃。

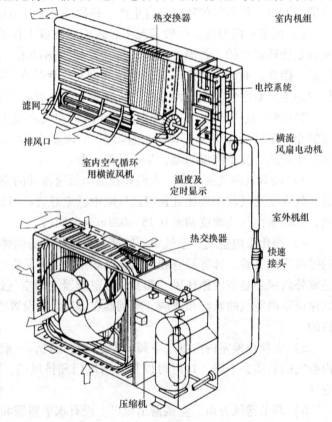

图 6-1 分体挂壁式空调器的结构

目前,许多热泵冷风型空调器都装有辅助加热装置,必要时可打开加热器,提高取暖效果。

3) 电热冷风型。这种机型是在冷风型机上加装了电热丝,热量由风扇吹向室内。这种供热方式耗电多,比热泵冷风型制热效率低。

4. 按室内机组数量分类

按室内机组数量分类,可分为普通的分体式空调器和"一拖二"分体式空调器。"一拖二"分体式空调器是用一台室外机组带动两台室内机组工作,从而使一台空调器相当两台空调器使用。根据工作过程不同,"一拖二"空调器可分成 3 种类型:

1) 定排量单压缩机式。室外机组装有一台定排气量的压缩机,同时带动两台室内机组。

2) 定排量双压缩机式。室外机组在一个机壳内装有两台相互独立的定排量压缩机,功率可以相同也可以不同,每台压缩机分别带动一台室内机组。

3) 变排量单压缩机式。室外机组只有一台压缩机,但其排量可以变化,并带动两台室内机组。这种方式可根据空调房间负荷变化,米调节压缩机的排气量,其压缩机一般都采用变频调速方式来调节其排气量。

目前,国内厂商已推出适合家庭使用的"多联机家用中央空调"。多联机空调集一拖多技术、智能控制技术、节能技术、网络控制技术为一身,以一台室外机带动多台室内机,具有方便、节能、投资少的优点。

6.1.3 型号命名方法

根据国家标准(GB/T 7725—2004)规定,我国生产的空调器,必须采用全封闭式电动机-压缩机,水冷或风冷式冷凝器,制冷量在 14 000W 以下,全称是"房间空气调节器",简称"空调器",按国家标准,其型号表示方法如下:

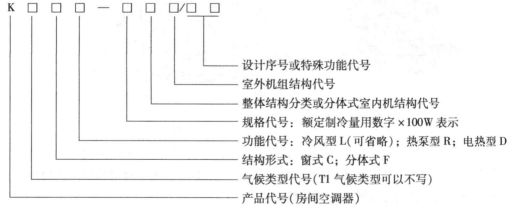

型号示例:

1) KT3C-35/A。表示 T3 型气候类型、整体窗式冷风型空调器,额定制冷量是3500W,厂家第一次改型设计。

2) KFR-41GW。表示 T1 气候类型,分体热泵型挂壁式空调器,额定制冷量是 4100W。

3) KFR-50LW/BPF。表示 T1 气候类型,分体热泵型落地式、具有负离子功能的变频空调器,额定制冷量 5000W。

6.2 空调器制冷系统主要部件

与电冰箱一样，空调器制冷（热）循环系统由全封闭式压缩机、风冷式冷凝器、毛细管和肋片管式蒸发器及连接管路等组成一个封闭式制冷循环系统。系统内充以 R22 制冷剂。为避免液击，制冷系统还设有气液分离器。

6.2.1 全封闭压缩机

空调全封闭压缩机按其结构特点可分为往复活塞式和旋转式两大类，旋转式压缩机主要有转子式和滑片式两种。目前家用空调器主要采用转子式旋转压缩机以及往复活塞式的连杆式压缩机。

转子式旋转压缩机的结构如图 6-2 所示。旋转式压缩机通过气缸容积变化压缩制冷剂气体来达到制冷的目的。旋转式压缩机泵体浸在机壳内的润滑油中。

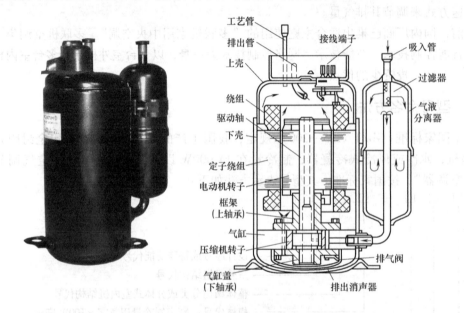

图 6-2 转子式旋转压缩机的结构

压缩机上的气液分离器是为了防止液态制冷剂流入压缩机产生液击而安装的贮液器。从蒸发器出来的制冷剂由吸入管入口进入贮液器中，液态制冷剂因本身自重而落入筒底，只有气态制冷剂由吸入管的出口被吸入压缩机中。

旋转式压缩机与往复式压缩机比较具有以下特点：

1）结构简单。零件数量比往复式压缩机少 30% ~ 50%，因此具有可靠性高、寿命长等特点，但对零件的材质及加工精度要求较高。

2）效率高。旋转式压缩机没有吸气阀，因此吸气压力损失很小，容积效率与制冷效率比往复式好。

3）噪声和振动小。旋转式压缩机电动机的转动直接传递到滚动活塞上，没有中间的传递转换环节，由于摩擦损失小，动平衡性很好，噪声和振动均比往复活塞式小。

4）电气性能好。转矩波动小，对压缩机电动机有利，比往复活塞式耗电量降低 10% ~ 15%，性能系数提高 0.2 左右。

5）旋转式压缩机机壳温度较高，一般为 90 ~ 110℃，而往复式压缩机一般为 60 ~ 90℃。

6.2.2 电磁换向阀

热泵冷风型空调器实现制冷与制热的转换，必须具备两个条件，一是增加毛细管的节流压降，使蒸发压力变得更低，才能从外界空气中吸收热量。二是通过电磁换向阀（或称四通电磁阀）换向，改变制冷剂流向。

电磁换向阀的外形与结构原理如图 6-3 所示。由压缩机排出的高压蒸汽从管 4 进入换向阀气室。气室内活塞 I 和活塞 II 上都设有气孔。在未接通电源的情况下，弹簧 1 将阀芯 A 和阀芯 B 推向左端，使 E 管和 C 管接通，这时活塞 II 外侧的高压气体从 C 管经过阀心流入 E 管，进入压缩机吸气管 2。而活塞 I 外侧的高压气体经 D 管到阀芯 A 处被堵塞，于是形成活塞 I 外侧的压力高于活塞 II 外侧的压力，从而将活塞连同滑块推向左端，使管道 1 和 2 连通。高压气体从 4 管流入 3 管进入室外换热器，冷凝成液体后，经过毛细管、蒸发器进入管道 1，流经管道 2 回到压缩机的吸气口。这是制冷过程，如图 6-36b 所示

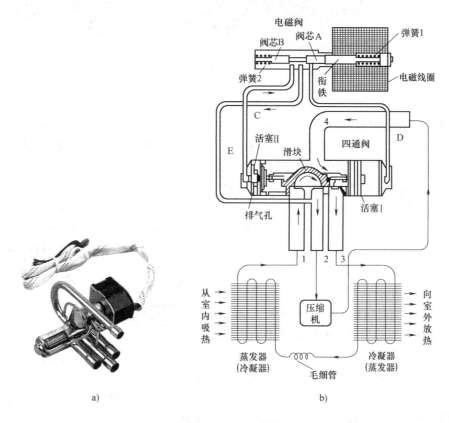

图 6-3 电磁换向阀外形与结构原理

a）外形 b）结构原理

当换向阀电磁线圈接通电源后，由于电磁力的作用将阀心 A 和 B 吸向右端而压缩弹簧 1，于是 C 管上端口被阀心 B 堵塞，活塞 I 外侧和 D 管中的高压气体经 E 管流入管 2，形成

活塞Ⅱ连同滑块推向右端，使管道 3 和 2 连通。从 4 管来的高压气体则流入 1 管进入冷凝器（室内换热器）冷凝成液体。这时，原室内的蒸发器变成了冷凝器，空调器按制热模式运行。

6.2.3 换热器

蒸发器、冷凝器统称为换热器，是空调器的核心部件之一。它们在结构上基本相同，仅是尺寸不同而已。

换热器一般由传热管、肋片和端板 3 部分组成，通常都是在紫铜管上胀接铝肋片，组成整体肋片管束式，如图 6-4 所示。其中传热管通常采用 $\phi10mm \times 0.7mm$、$\phi10mm \times 0.5mm$、$\phi9mm \times 0.5mm$ 的紫铜管弯成 U 形管，U 形管口再用半圆管焊接。传热管排列方式为等边三角形或等腰三角形。

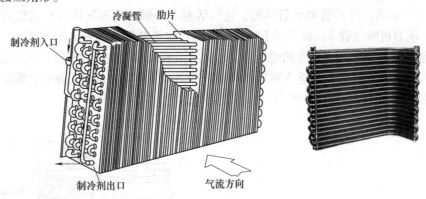

图 6-4　空调换热器

肋片的材料为纯铝薄板，肋片片距一般在 $1.2 \sim 3.0mm$ 之间。蒸发器的肋片由于有凝露不断流下，所以蒸发器的片距应比冷凝器的片距大。目前国内外已开始采用在肋片上浸染"亲膜"的工艺，使冷凝水不易凝聚，从而可缩小片距。

肋片形式有平肋片、波纹肋片和冲缝肋片 3 种，如图 6-5 所示。肋片所以设计成各种形状，主要是为了增加空气侧面的换热面积及换热系数，以提高肋片管束式换热器的传热性能。

目前我国家用空调器换热器大多采用波纹形铝肋片。它比平肋片刚性好，传热面积比平肋片增加约 9%。同时肋片上的波纹增强了空气的扰动，破坏了层流边界层，换热系数比平肋片提高了 20%。

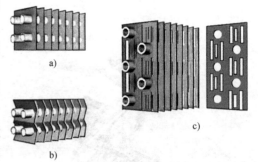

图 6-5　3 种肋片形式
a) 平肋片　b) 波纹肋片　c) 冲缝肋片

冲缝肋片又称开窗口肋片。其特点是冲缝增加了空气扰动及传热性能，从而减少了换热器的面积，使空调器小型化、轻型化。冲缝肋片的换热系数比平肋片提高 80%，比波纹肋片增加 30%。

冲缝肋片的缺点是易积灰尘，且积尘后不易清洗。用户在选用此类空调器时，应注意工作环境，否则肋片上积尘过多，会使空调器制冷量急剧下降。

6.2.4 毛细管与干燥过滤器

1. 毛细管

毛细管是制冷系统用以调定工质流量的一个关键部件。它将高压制冷剂液体变为低压气液混合物，并限制和保证一定值的制冷剂流入蒸发器，以满足制冷系统的需要。毛细管的结构简单、可靠，在家用空调器中被广泛采用。

制冷剂通过毛细管会产生压力降。若毛细管内径细、长度长、内层粗糙，它的阻力也就大，两端压力降也大，所以空调器蒸发温度的调整常采用改变毛细管长度或内径的办法。若要提高蒸发温度，可以缩短毛细管的长度或增加毛细管的内径；若要降低蒸发温度，则可加长毛细管的长度或减小毛细管的内径。由于毛细管的截面积与直径平方成正比，而对于小直径的毛细管来说，即使内径改变0.1mm，也会造成蒸发压力的明显变化，所以通常是通过改变长度来微调蒸发温度。

为了确保空调器的制冷量，制造厂家对每一根毛细管都要做流量测定，所以在维修空调器时，不得随意更换毛细管。

单冷型空调器中制冷系统只用一根毛细管，而热泵型空调器中因制冷、制热工况不同，换热器不同，因此不能用同一根毛细管，一般如图6-6所示，配以两根或两根以上的毛细管，分别与各自对应的蒸发器、冷凝器的有关部分相连。这种结构的优点是蒸发器、冷凝器面积能得到充分利用，不会发生分液不匀的问题。但维修这类空调器时，每根毛细管相互位置不能搞错，否则会因不匹配而使空调器的制冷量下降。

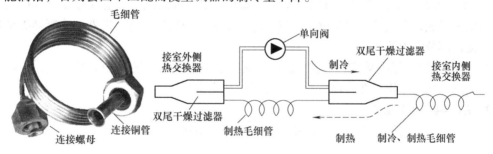

图6-6 热泵型空调器的毛细管连接

2. 干燥过滤器

为了避免毛细管微小孔径的堵塞，常在冷凝器出口、毛细管的入口之间接一只干燥过滤器，高压液体制冷剂经过过滤器后，再流入毛细管。有的空调器将干燥器与过滤器分开安装，其作用不变。干燥过滤器的构造和电冰箱的相似。

6.3 家用空调器的工作原理

6.3.1 冷风(单冷)型空调器的工作原理

1. 冷风型空调器的组成

冷风型空调器主要为一体化窗式空调器，由制冷循环系统、空气循环系统、电气控制与保护系统3部分组成，如图6-7所示。各系统的组成及作用简述如下：

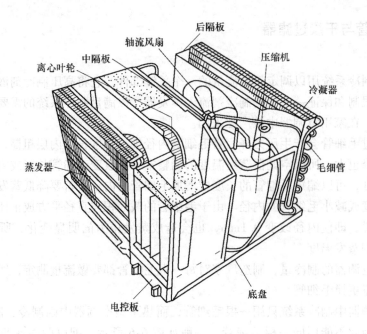

图 6-7　一体化窗式冷风型空调器的结构

1）制冷循环系统。主要由压缩机、蒸发器、冷凝器、干燥过滤器和毛细管连接成闭路系统，在压缩机不停地运行中，制冷剂不断地蒸发，冷凝循环，完成制冷作用。

2）空气循环系统。主要由风扇电动机、离心风扇、轴流风扇、空气过滤网、排气挡板和出风栅等组成，它们的作用是驱使空气循环，更新室内空气，为蒸发器、冷凝器提供热交换的气流，调节室内的温度。

3）电气控制与保护系统。主要由温度控制器、过电流与温度保护器等组成，它们在系统中起控制、指挥作用，在出现异常状态时起保护作用。

2. 室内温度调节原理

以窗式空调器为例，冷风型空调器的工作原理如图 6-8 所示。

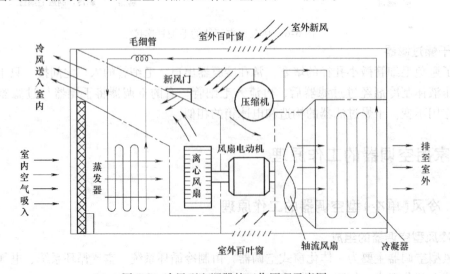

图 6-8　冷风型空调器的工作原理示意图

空调器制冷时,压缩机吸入低压气态制冷剂,把其压缩成高温高压气态制冷剂,送进冷凝器冷却。轴流风扇从空调器左右两侧的百叶窗吸入室外空气并送入冷凝器,使制冷剂蒸气冷却,变成高压液态制冷剂,再经毛细管节流降压后送入蒸发器。室内空气由离心风扇吸入到蒸发器,进入蒸发器中的低压液态制冷剂因吸收室内空气的热量而变成气态制冷剂,使室内空气得到降温,降温后的室内空气在离心风扇的作用下,通过风道回到室内。经过蒸发器的低压气态制冷剂又被吸入压缩机,再次压缩成高压气态制冷剂。如此循环,使室内温度降低。

制冷剂在循环中经过4个热力变化过程:蒸发过程、压缩过程、冷凝过程、节流过程,这4个热力过程分别由4个部件来完成:蒸发器、压缩机、冷凝器、毛细管或热力膨胀阀。

在压缩机不停地运行中,上述4个热力过程连续不断地进行循环完成空调器的制冷过程。

3. 降低室内湿度原理

在制冷过程中,因蒸发器的表面温度低于被冷却的室内循环空气的露点温度,所以当室内空气通过蒸发器时会不断析出露水,使室内空气的相对湿度下降。而露水流向底盘经过冷凝器下方时,部分低温露水被轴流风扇的甩水圈飞溅起来以冷却冷凝器,其余则通过底盘的排水管排至室外。因此,冷风型空调器制冷时一般总伴随除湿过程。

4. 净化空气和空气流动原理

室内空气由离心风扇吸进空调器箱体内时,必须经过进风栅后边的空气过滤网,此滤网有良好的滤清空气作用,使空气得以净化。

离心风扇给冷风一定速度,使其经风道送至风栅,在出风栅上设有摇风装置,使栅格自动左右摇动,从而改变了低速流动的冷风风向,使室内空气流动起来。

6.3.2 热泵冷风型空调器制冷工作原理

热泵冷风型空调器制冷工作原理如图6-9所示。

图6-9是热泵冷风型空调器制冷时制冷剂的流动路线,制冷剂蒸汽由压缩机排出,经过换向阀进入冷凝器换热冷凝后,流经毛细管进入蒸发器吸热气化,制冷剂蒸汽再经过换向阀进入压缩机的吸气口,由压缩机进行压缩再循环。结果从室内换热器送出的是冷风,即制冷。

6.3.3 热泵冷风型空调器制热工作原理

热泵冷风型空调器制热工作原理如图6-10所示。

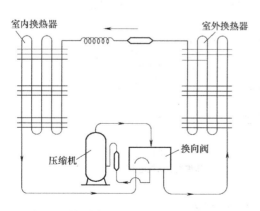

图6-9 热泵冷风型空调器制冷工作原理

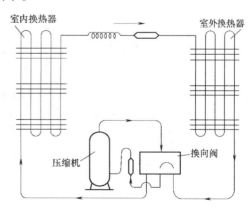

图6-10 热泵冷风型空调器制热工作原理

图 6-10 所示为热泵冷风型空调器制热时制冷剂流动路线，由压缩机排出的高压高温蒸汽，经过换向阀进入室内换热器（冷凝器功能），冷凝散热后经毛细管流入室外换热器吸热气化，制冷剂蒸汽再经过换向阀进入压缩机的吸气口，经压缩进行再循环。结果是从室内换热器送出热风，即制热。

热泵制热是通过制冷剂从室外空气中吸取热量，经过制冷系统向室内散发，实现这个过程所消耗的功率是压缩机对制冷剂的压缩功，压缩机做功后转换为热量也在冷凝器中向室内排放。因此热泵的制热量 Q_K（冷凝负荷）为制冷量 Q_0（蒸发负荷）与压缩功 A_L 之和。即

$$Q_K = Q_0 + A_L$$

由此可得，热泵制热效率高于电热器件制热效率。

空调器制冷（制热）效率的高低用参数值"能效比"（EER）来衡量，能效比越高，使用空调时就越省电。用一台空调铭牌上的制冷量除以制冷（制热）时的输入功率所得到的比值，就是 EER，例如一台制冷量为 7000W 的空调在制冷时的输入功率为 2400W，那么它的 EER 就等于 $7000/2400 = 2.92$。

6.4　空调器电路分析

6.4.1　冷风型空调器的电气系统

冷风型空调器的电路可分成两部分，即风扇电动机电路和压缩机电路，如图 6-11 所示。当选择开关处于强风或弱风的位置时，风扇电动机电源接通，风扇运转；当选择开关处于制冷位置时，压缩机的电源接通，压缩机运行。当室内温度低于设定温度时，温度控制器自动断开，压缩机停止运行；当室内温度高于设定温度时，温度控制器自动闭合，压缩机重新工作，室内温度又逐渐下降，如此反复进行。当室外温度过高，或压缩机电路的电流过大时，过载继电器自动断开，切断压缩机电源，以保护压缩机的电动机。当外界恢复正常后，过载继电器自动合上。

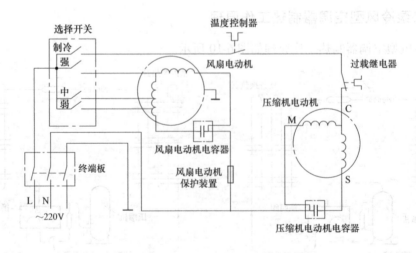

图 6-11　冷风型空调器基本电路

当选择开关打至强冷挡时，风扇处于高速挡。当选择开关打至弱冷挡时，风扇处于低速挡。

压缩机供电电路：电源→制冷开关→温控器→过载保护器→压缩机→电源。

风扇电动机供电电路：电源→强弱选择开关→风扇电动机→风扇电动机保护装置→电源。

6.4.2 分体式热泵型空调器的电气系统

图6-12所示是带有除霜器的热泵型空调器的电路原理图。整个电气系统由风扇电动机MF、压缩电动机M、运转电容器C_1、C_2，除霜器SC，电磁换向器YV，过载保护器FR，工作选择开关SA_1，制冷制热转换开关SA_2以及温度控制器ST等组成。

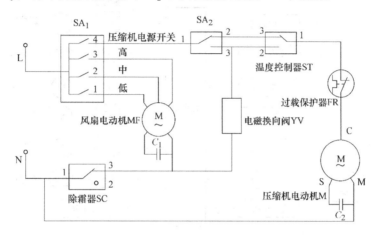

图6-12 热泵冷风型空调器电路

SA_1控制压缩电动机电源和风扇电动机的高、中、低速运转，压缩机运转后空调器送出的是冷风还是热风由SA_2控制。制冷时，空调器送出的是冷风，电路状态如图6-12所示。此时电磁换向阀电路不通，制冷剂经室内吸热后流向室外散热，使室内温度下降。室内侧的热交换器起蒸发器作用，室外侧热交换器起冷凝器作用。当室温下降到预定值，温度控制器动作，触点(1-3)分断，压缩电动机电源切断，空调器停止制冷。

制热时，转动SA_2，使(1-3)接通，电磁换向阀的电磁线圈得电，引起铁心和滑阀动作，从而改变制冷剂的流向，实现室内制热。室内温度上升到预定值时，温度控制器动作，触点(1-2)跳开，压缩电动机停止运行，空调器停止制热。

除霜器的工作原理如下：在制热过程中，若室外空气温度较低(一般在0~5℃以下)，室外侧的蒸发器就会结霜，影响热量交换，降低制热效率。除霜器是利用感温管来感温，感温包安装在室外侧热交换器的侧面铜管上，感受铜管及周围环境温度达到0℃时，除霜器(SC)动作，切断电磁换向阀电源。电磁阀换向，使空调器变成制冷循环，这样，室外热交换器表面的霜就会被高温制冷剂蒸汽融化。同时，电扇电动机电源也被切断，风扇停止转动，防止向室内送冷风。除霜后，温度上升，除霜器动作恢复原来状态，空调器又变为制热状态。

6.4.3 微电脑控制空调器电路

目前,微电脑技术的应用已遍及各个领域,它的应用使空调器的功能进一步扩展,自动化程度进一步提高。目前微电脑控制的空调器大多为分体式,具有节能、低噪声、操作简便、可靠性强的特点。

1. 微电脑控制空调器的特点

微电脑控制机构主要由微电脑芯片(单片机)和传感器、放大器、继电器等组成。传感器把检测到的信号经放大器放大送入微电脑处理后,再输出到控制继电器等执行机构,进而控制压缩机的工作状态。微电脑控制空调器结构框图如图6-13所示。

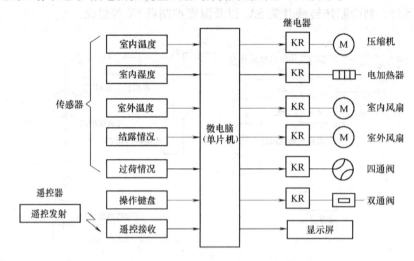

图6-13 微电脑控制空调器结构框图

为使微电脑控制的空调器进行多功能自动控制,常配有温度、湿度、化霜、安全保护等传感器以及键盘输入和遥控操作系统,并由显示器显示。

1)温度自动控制功能。温度控制主要有"标准"和"预定"两种。"标准"时,空调器在制冷循环的稳定温度为27℃,制热循环的稳定温度为21℃;"预定"时,可按事先预定温度,自动逐渐上升或下降。制热循环的预定温度在14~28℃范围内;制冷循环在20~34℃范围内。

微电脑控制的空调器在未达到预定温度时,满负荷工作,使室内温度在最短的时间内达到预定值。即压缩机制冷或制热运行过程中,微电脑控制空调器的室内风扇或电加热器和室外风扇,都是满负荷运转,直至温度达到预定值。随后空调器转入间歇方式(弱风状态,小功率运行),以维持室内温度在预定值上。如果室内温度因某种原因(如人员增减、开门频繁)发生变化,空调器又自动转入全负荷运行,快速制冷或制热,使室温再次达到预定温度。

2)自动除霜功能。自动除霜一般有两种方式——定时除霜与判断除霜。定时除霜是根据安装在热交换器上的热敏电阻感知温度信号,输入微电脑,进行定时除霜。当结霜量少时,微电脑发出指令,压缩机停止运转,采取送风除霜;当结霜量大时,压缩机采取逆循环强制除霜。当室外温度降为-5℃,仅靠热泵制热无法除霜时,微电脑又会自动接通电加热器,进行辅助制热除霜。

判断除霜是根据供热量的大小进行的。因为供热量的大小，会直接影响霜层的厚度。空调器供热量大，霜层就薄，供热量小，霜层就厚。

判断除霜与否，是由两个温度传感器分别测定室内机组回风温度和热交换器表面温度，然后将两者之差与风量系数的乘积经微电脑处理得出供热量，并发出指令进行除霜。

3）自动除湿功能。自动除湿是依靠湿度传感器，测知室内湿度，并将测得数据输入微电脑处理后，再输出指令，让压缩机呈间歇状态运行（运行时间短，停机时间长），达到降低室内湿度的目的。

4）睡眠自动控制功能。睡眠自动控制是根据人体新陈代谢规律，清醒与睡眠时对温度有不同感受的原理，设定睡眠自动控制程度。如夏季，人在清醒时感到温度适中，而进入睡眠状态以后，新陈代谢能力降低，产热能力减少，在室温不变时，人就有冷的感觉，不能进入深睡眠状态。反之，冬季入睡时，被褥的保温性较好，睡眠初人体表面温度上升，在室温不变时，会感到燥热而难以入睡。因此，人入睡后，在夏季室温最好提高几度，在冬季则下降几度，才能安然入睡。

在夏季制冷降温时，如换成睡眠状态，则微电脑按一定程序，使计时器开始工作，并每小时送给中央控制器一个脉冲信号。中央控制器将此脉冲信号处理后输出一个控制信号改变空调器的工作状态，将室温提高 $1℃$，3h 后温度就上升 $3℃$，然后，空调器停止送风，同时自动温度控制系统对室温进行监测，控制室温一直稳定在比预定温度高出 $3℃$ 的睡眠温度上，直到睡眠状态结束。在冬季制热运行时与此相反，它每隔一小时使室温下降 $2℃$，3h 后下降 $6℃$，然后稳定在此温度上直到睡眠状态结束。

睡眠工作状态不仅使室温适应人体睡眠时的需要，而且提高了蒸发温度，降低了冷凝温度，减少了压缩机运行时间，风扇电动机的功率也有所减少，因而达到了节能的效果。

5）自动安全保护功能。自动安全保护功能除具有压缩机过电流、过温升保护、电加热器的过热保护功能之外，还设有其他的保护功能。如控制压缩机停机后延迟 5min，待制冷循环系统高低压平衡后才能再次起动。为降低整机起动电流，在微电脑控制下压缩电动机、风扇电动机和电加热器按一定的时间间隔依次起动。

6）定时功能。定时功能是微电脑的基本功能之一，它能定时开机、关机、定时睡眠状态、恢复正常状态和自动制冷制热切换等。

7）遥控功能。微电脑控制空调器一般都具有红外线遥控功能。发射端在按下某一功能按钮时编码电路就会产生与之相应的数字脉冲，经载波调制和处理后发射红外光。接收端在接收到红外光信号后经放大检波取出标准数字脉冲，送入解码电路并进行处理，然后根据系统设计时的预定，识别出所接收信号的含义，输出控制信号，由执行部件完成对整机功能的各种调节和控制。

微电脑空调器除上述主要功能外，还有如时间显示、温度显示、夜间照明灯、漏电检测、电量限制、风扇速度自动转换、风门自动调向、滤尘网清洗自动指示等功能。

2. 典型控制电路分析

图 6-14 是一款 KFR-20W 型空调器控制电路图。该款 KFR-20W 型分体式挂壁机，具有制冷、制热和除湿等功能。主控制电路采用 NEC 公司的 μPD75028 电脑芯片，附加几个与非门电路和驱动集成块来共同完成空调器的控制。

（1）电源部分

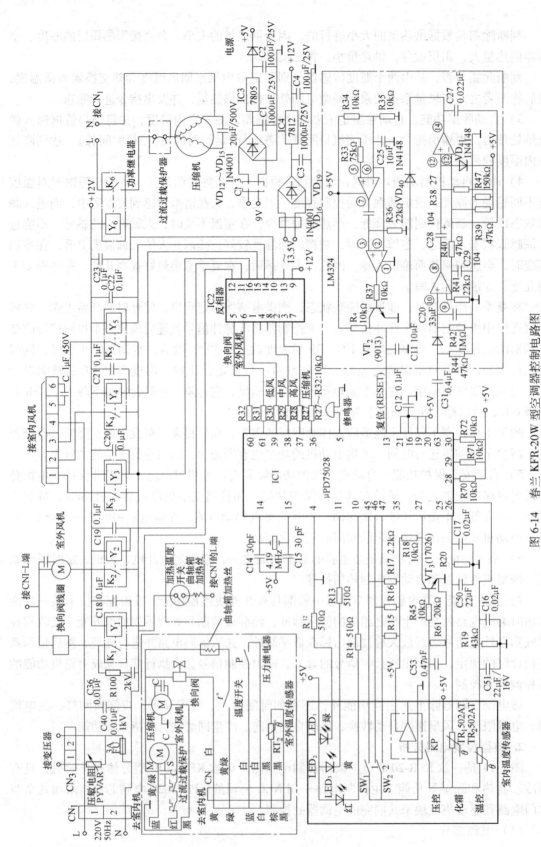

图 6-14 春兰 KFR-20W 型空调器控制电路图

220V 交流市电电源经 3A 熔断器到达电源变压器后，由变压器次级输出 9V 和 13.5V 交流电压，分别经整流、滤波和三端稳压器 7805、7812 稳压，输出 +5V 和 +12V 直流电压。其中，+5V 电压作为芯片 μPD75028 工作电源，+12V 电压给驱动电路和继电器等供电。

（2）电脑芯片工作保证电路

电脑芯片 μPD75028 的正常工作必须具备 3 个条件，即适合的电源、正确的时钟振荡和复位信号。

电路中，电源提供的 +5V 电压，加到芯片的相关引脚（16 脚、19 脚、21 脚和 20 脚），作为芯片工作电源。

芯片的 14、15 脚外接 4.19MHz 晶体振荡器，提供相应频率的时钟脉冲。芯片即在这个时钟频率的统一协调下，执行相应的指令。

芯片的 13 脚为复位端（RESET）。电源刚接通时，由于外接电容 C_{11} 两端电压不能突变，13 脚为低电平，完成复位清零功能。复位过程结束后，C_{11} 两端电压逐渐升高，经过一定时间延时，13 脚恢复高电位，芯片进行正常工作。复位延时电路由运算放大器 LM324、晶体管 VT_2 等组成。

（3）显示电路

空调器控制电路用指示灯和蜂鸣器作为状态显示。室内机面板上有红、黄、绿 3 个 LED 指示灯，它们分别代表空调器的工作状态。这 3 个指示灯的亮灭，分别由 IC1 的 10 脚、11 脚和 4 脚电压高低控制，当引脚为低电平时，相应的 LED 点亮。

在芯片 μPD75028 的 5 脚上接有蜂鸣器。当遥控信号接收电路接收到遥控器发出的信号时，5 脚便输出一个高电平脉冲，使蜂鸣器发出声音。用户进行遥控操作时，听到蜂鸣器的"嘀"声，表示此次遥控操作有效。

（4）控制信号处理电路

1）自动温度控制。在室内机的控制电路板的下面装有一个热敏电阻 TR_2（502AT），负责检测室内温度，将室内温度高低转化为电压信号，再经 R_{19} 电阻分压，反馈给芯片的 26 脚。芯片将室温与设定温度进行比较后做出反应，发出指令进一步控制压缩机的工作。

2）自动化霜。在室外机冷凝器上装有热敏电阻 TR_1（502AT）。当空调进行制热时，检测室外热交换器的温度。空调制热运行时，当室外温度降至 -3℃ 左右，室外机热交换器上将结霜层。这时 TR_1 将其阻值变化转变为电压变化，再经 R_{20} 分压传至芯片的 25 脚，机组便起动除霜功能。当冷凝器上的霜全部化完，温度升至 6℃ 以上时，控制电路停止化霜，芯片发出指令，压缩机再次起动继续进行制热。

化霜电路正常才能保证压缩机安全运行。如果冷凝器结霜后不能及时化除，压缩机再工作下去，冷凝器内液体制冷剂有大部分不再蒸发吸热，而被压缩机吸入压缩，这样压缩机极易因"液击"故障而损坏。

3）压缩机控制。当芯片发出开机指令时，36 脚输出高电平，送到反相器 IC2 的 7 脚，经过 IC2 反相，从 10 脚输出低电平。这样压缩机控制继电器 Y_6 线圈通电，将 K_6 触点吸合，压缩机得电而起动。

当遇到某种原因（恒温停机、保护停机等）要压缩机停止工作时，芯片的 36 脚输出低电平，IC2 的 10 脚输出高电平。这样压缩机控制继电器 Y_6 线圈将失去 12V 电压，K_6 触点断开，压缩机因无 220V 供电而停机。

4）室外风扇控制。当芯片控制需要室外风扇运转时，芯片61脚输出高电平，IC2的11脚由原来高电平变化为低电平，室外风扇继电器 Y_2 动作吸合 K_2，室外风扇得电而运转。当需要室外风机停止运转时，芯片的61脚由原来高电平转变为低电平，IC2的11脚由原来低电平转变高电平。室外风扇继电器 Y_2 线圈失电，同时 K_2 断开，室外风扇因220V供电中断而停止运转。

5）高压保护控制。电路设有高压自动保护控制功能。在室外机的高压排气管处接有一个高压保护开关KP，用来防止制冷系统压力过高损坏管路，促使压缩机停机。当系统管路中压力过高时，开关KP闭合，晶体管 VT_3（17026）基极得高电平促使 VT_3 饱和导通。芯片的27脚变为低电平。这一电平信号，经芯片内部处理后发出指令，控制压缩机停机。

（5）应急工作开关

在室内机面板的右下角部位，装有两个拨动开关 SW_1、SW_2，是应急工作开关（强迫运行开关）。

当 SW_1 拨至调试位置时，为强制制冷状态，整机电路不再受遥控信号的控制，此开关一般为检修时备用，不可长期使用。当 SW_2 拨至自动状态时，整机内将不受遥控器的控制，而是自动检测室温，自动控制工作状态。

6.5 变频式空调器

6.5.1 变频器及控制原理

变频空调器是新一代家用空调产品。目前大多数的家用空调器，还是以开关方式控制压缩机的起动和运转，压缩机要么以固定转速运转，要么停止。这种传统空调称为定排量空调，或定频空调、恒速空调。

新型的变频空调器采用变频调速技术，它与传统空调相比较，最根本的特点在于它的压缩机转速不是恒定的，而是随运行环境的需要而改变，即压缩机转速连续可调，并根据室内空调负荷而成比例变化。当需要急速降温（或急速升温），室内空调负荷加大时，压缩机转速就加快，空调器制冷量（或制热量）就按比例增加；当房间到达设定温度时，压缩机随即处于低速运转，维持室温基本不变。

为了实现对压缩机转速的调节，变频空调器机组内装有一个变频器，用来改变压缩机和风扇电动机的供电频率，控制它们的转速，达到调节制冷量的目的。能改变输出电源频率的装置称为变频器，装有变频器的空调称为变频空调器。

目前，在变频式空调中变频方式有两种：交流变频方式和直流变频方式。

1. 变频器工作原理

变频器是将电网供电的工频交流电，变换为适用于交流电动机变频调速用的电压可变、频率可变的交流电的变频装置。交流变频的原理是把220V交流电转换为直流电源，为变频器提供工作电压，然后再将直流电压"逆变"成脉动交流电，并把它送到功率模块。同时，功率模块受电脑芯片送来的指令控制，输出频率可变的交流电压，使压缩机的转速随电压频率的变化而相应改变，这样就实现了电脑芯片对压缩机转速的控制和调节。

（1）交流变频

采用交流变频方式的空调器压缩机要使用三相异步电动机，才能通过改变压缩机供电的频率，来控制它的转速。交流-直流-交流变频器的工作原理框图如图6-15所示。

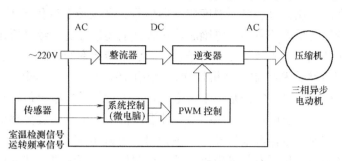

图6-15　交流变频过程的工作原理框图

1）整流器。整流器的作用是把交流电整流为直流电。在变频技术中，整流器可采用硅整流器件构成不可控整流器，也可以采用晶闸管器件构成可控整流器。

2）逆变器。逆变器的作用是把直流电逆变为频率、电压可调的交流电。在交流调频系统中，逆变器使用的功率器件有普通的晶闸管（STR）、门极可关断（GTO）晶闸管、大功率晶闸管（GTR）和绝缘栅双极性晶体管IGBT等。

3）控制回路。控制回路是根据变频调速的不同控制方式产生相应的控制信号，控制整流器及逆变器中各功率器件的工作状态，使逆变器输出预定频率和预定电压。

在对逆变器的控制中，广泛采用脉宽调制器，常用英文缩写PWM表示。由控制线路按一定的规律控制开关元件的通断，从而在逆变器的输出端获得一系列等幅而不等宽的矩形脉冲波形，来近似等效正弦电压波形。

（2）直流变频

直流变频空调器同样是把交流市电转换为直流电源，并送至功率模块，模块同样受电脑芯片指令的控制，所不同的是模块输出的是电压可变的直流电源，驱动压缩机运行，控制压缩机排量。由于压缩机转速是受电压高低控制的，所以要采用直流电动机。直流电动机的定子绕有电磁线圈，而采用永久磁铁作转子。当施加在电动机上的电压增高时，转速加快；当电压降低时，转速下降。利用这种原理来实现压缩机转速的变化，通常称为直流变频。

2. 变频空调器的控制系统

变频空调器的控制系统采用新型电脑芯片，整个系统电路结构如图6-16所示。从图中可以看出，变频空调器的室内机和室外机中，都有独立的电脑芯片控制电路，两个控制电路之间有电源线和信号线

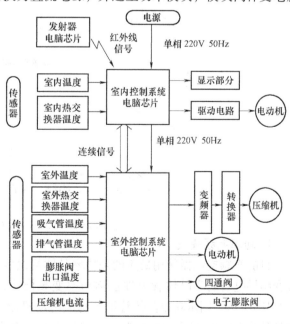

图6-16　变频空调器的控制系统

连接，完成供电和相互信息交换(即室内、室外机组的通信)，控制机组正常工作。

变频空调器工作时，室内机组电脑芯片接收各路传感元件送来的检测信号，它们是：遥控器指定运转状态的控制信号、室内温度传感器信号、蒸发器温度传感器信号(管温信号)、室内风扇电动机转速的反馈信号等。电脑芯片接收到上述信号后，经分析运算后便发出一组控制指令，其中包括室内风机转速控制信号、压缩机运转频率的控制信号、显示部分的控制信号(主要用于故障诊断)和控制室外机传递信息用的串行信号等。同时，室外机内电脑芯片从监控元件得到感应信号，它们是：来自室内机的串行信号、电流传感器信号、电子膨胀阀温度检测信号、吸气管温度信号、压缩机壳体温度信号、大气温度传感信号、变频开关散热片温度信号、除霜时冷凝器温度信号等8种信号。室外电脑芯片根据接收到的上述信号，经运算后发出控制指令，包括室外风扇机的转速控制信号、压缩机运转的控制信号、四通电磁阀的切换信号、电子膨胀阀制冷剂流量控制信号、各种安全保护监控信号、用于故障诊断的显示信号、控制室内机除霜的串行信号等。

与传统空调器的控制系统相比较，可以看出变频空调器的传感、检测信号项目更多，监控也更全面、更准确。正是依靠这些控制电路，变频空调器才具有独特的运行方式和众多的优点。

6.5.2 变频空调器的制冷系统及其特有部件

变频空调器的制冷系统一般由变频式压缩机、冷凝器与蒸发器(室内、外接交换器)、电子膨胀阀、四通换向阀、除霜电磁阀等部件组成，变频空调器制冷系统如图6-17所示。

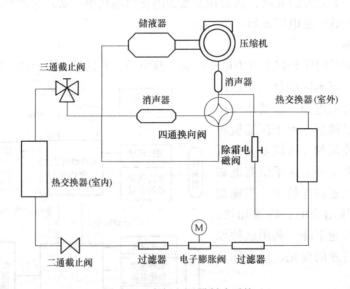

图 6-17 变频空调器制冷系统

1. 功率变频模块

目前变频空调器使用最多的是功率晶体管组件，通过 PWM 脉冲控制，实现对压缩机交流变频供电。功率晶体管组件也称功率变频模块，一般由 IGBT 管构成，它的电路原理如图 6-18a所示。图示功率晶体管组件构成电动机驱动电路，由开关脉冲和 PWM 脉冲共同控制各晶体管依次通断。PWM 脉冲是间隔很小的多个脉冲，它和矩形开关脉冲组合，形成良好的正弦波形，用来驱动三相异步电动机转动。图 6-18b 所示是两种不同型号功率变频模块的实物照片。

图 6-18a 所示功率晶体管组件中有 6 只 IGBT 管，开关脉冲依次控制它们的通断切换一次后，电动机就转动一周(图中 VT_3、VT_4 为导通状态)。如果每秒钟切换 90 次，则电动机的转速为 90r/s，也就是 5400r/min。开关脉冲频率越高，电动机转动越快。

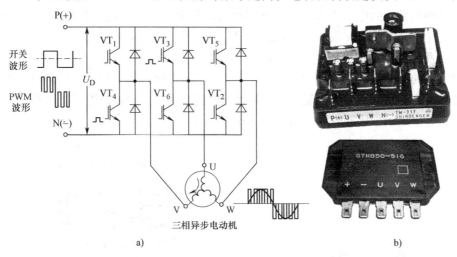

图 6-18　功率晶体管组件工作示意图及实物

2. 变频压缩机

变频式空调器中使用的变频压缩机，其转速是随供电频率而变化的，所以压缩机的制冷量或制热量均与供电频率成比例地变化。这样，压缩机可以在较低的转速下，在较小的起动电流下起动。

变频压缩机和传统空调器的压缩机结构不同，有专门的型号和规格。变频压缩机也采用全封闭结构，设计上能保证在高转速和低转速时都有良好性能。例如日本三菱公司生产的旋转活塞式压缩机，采用圆环形排气阀，通道面积大、阻力损失小。新型的双气缸压缩机和变频电动机结合使用，能发挥更大的效能。在高转速时，能增大润滑油循环供应量，以适合活塞高速运动摩擦增大的需要，并降低了噪声。压缩机采用优质材料，以避免长时间高速运动造成的疲劳损耗，同时还可以避免低速运转时可能出现的共振现象。变频压缩机的优点如下。

1）在频率变化时，变频压缩机的制冷量或制热量变化范围大，能很好地适应空调房间因室外气温变化时引起负荷变化的要求。

2）在低频率下运转时，变频压缩机的制冷能效和供暖性能系数显著提高。因此，变频压缩机比传统压缩机开关运转方式能节省电力消耗，一般节能在 30% 以上。

直流调速压缩机用 DC 电动机作为驱动源，该电动机的定子与异步电动机的构造相同，而转子中使用永久磁铁，从变频器向电动机定子线圈供应直流电流，形成磁场，该磁场和转子磁场相互作用产生旋转力矩。由于转子不需要二次电流，所以可以减少损耗，效率比 AC 电动机更高。

3. 热交换器(蒸发器和冷凝器)

空调器中使用的热交换器主要采用平面散热片型的热交换器。包括散热片，发卡型长腰管，U 形弯管。这样不但结构坚固，空气压力损失小，同时也构成了制冷剂流动的封闭系统。由于变频式空调器的制冷(热)量变化范围大,因此,室、内外热交换器的发卡型长腰管、U形弯管等管路全部采用内螺纹铜管,不仅可以增大热交换面积,而且可以使流动的制冷剂产生紊流,从而提高了热交换效率。散热片采用翅片式覆膜铝片,不仅可以防止水滴的形成,而且可以提高热交换器的换热效率。

4. 电子膨胀阀

变频空调器采用的电子膨胀阀由微电脑控制,利用步进电动机(脉冲电动机)驱动,在制冷循环中可以非常精确并流畅地控制制冷剂的流动量,适用于制冷剂流量变化快且变化范围大的制冷系统中。它与原有的热力式膨胀阀不同,由于采用步进电动机控制,可以非常精确地控制阀体的开度,并且开关调节快速。在系统中不但可以调节制冷剂的流量,而且可以实现多种保护,如防冻结保护、制冷防冷凝器温度过高保护、防过载保护、防压缩机排气温度过高保护等。电子膨胀阀外形与结构如图6-19所示。

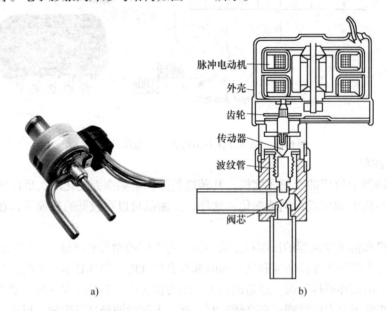

脉冲电动机
外壳
齿轮
传动器
波纹管
阀芯

a)　　　　　　　　　　　b)

图6-19　电子膨胀阀外形与结构示意图

a) 外形　b) 结构

5. 除霜电磁阀

空调器在制热运行时,室外机热交换器会因结霜而影响换热效果。普通定速空调器是通过四通换向阀改变制冷剂流向,以达到除霜的目的;而在变频空调器系统中加入除霜电磁阀后,可以在不改变换向阀状态的情况下,达到除霜的目的。原理是:当微电脑通过传感器检测判定室外热交换器结霜时,除霜电磁阀打开,从压缩机中出来的高温高压气态制冷剂一部分不经过室内热交换器直接回到室外热交换器,这些制冷剂带来的热量会除掉热交换器上的霜。由于空调器在化霜时四通阀不动作,所以不会像普通定速空调器那样,由于除霜时制冷剂的换向流动而造成室内温度的降低,始终使室内温度保持在设定的水平。

由于变频式压缩机可以通过改变压缩机转速,在较大范围内调节空调器的制冷(热)量,加之电子膨胀阀对流量的精确控制,目前在空调器的一拖多技术中广泛采用变频系统。图6-20所示为变频一拖二空调器的制冷系统。

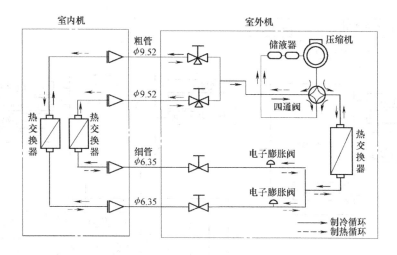

图 6-20 变频一拖二空调器的制冷系统

6.5.3 变频式空调器的电气控制系统

1. 变频式空调器电气控制系统的特点

典型的变频式空调器电路控制框图如图 6-21 所示。该电路控制系统包括两部分：室内控制单元、室外控制单元。变频空调的电控系统主要考虑以下几点：

1）控制方式。空调器由于其使用环境参数的不确定性，人的舒适性要求的不确定性等因素，决定其不可能使用固定模型的控制方式，而模糊控制摆脱了模型不确定性影响，是比较适合于空调器的控制方式。针对空调器对象有很多平衡点的特殊性，采用零点自适应模糊控制策略，既解决了温度控制稳定精度问题，又保证了空调控制的舒适性与快速性。

2）噪声控制。室内机噪声是空调器噪声控制的首要问题。室内机噪声主要来自风道摩擦噪声与电动机的电磁噪声，传统的 PG 电动机和抽头电动机往往噪声较大。直流无刷电动机由于具有噪声低的特点，在设计超静音运行的室内机时，常被采用。

3）电网电压的适应能力。普通控制器适用的电压范围为电网电压的 ±10%，而变频式空调器采用自适应空间矢量调制技术，实现压缩机电动机运行电压补偿，电网电压在 ±20% 范围波动时，仍具有较强的制冷、制热能力。

2. 变频空调器控制单元组成

变频空调器室内控制单元硬件由 3 部分组成：室内机 CPU 主控板；室内风扇电动机驱动及开关电源控制板；遥控接收及显示控制板。

室外控制单元由两部分组成：室外机变频控制主回路；室外机 CPU 控制板。

图 6-22 所示为一种较先进的变频空调微电脑主控板控制框图，主控芯片选用 16 位专用微处理芯片 U8C196MC。

（1）室内微电脑主控板功能

1）室内环境温度、室内热交换器的温度检测；

2）室内—室外串行通信；

3）室内机风向步进电动机(3 只)的驱动，以实现立体送风及房间内温度场的均匀分布；

4）室内机风扇电动机(直流无刷电动机)的驱动及调速；

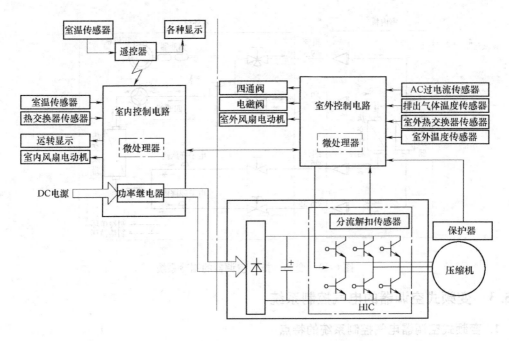

图 6-21　变频式空调器电路控制框图

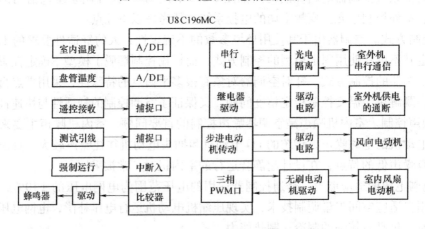

图 6-22　变频空调微电脑主控板控制框图

5）遥控接收、译码；

6）控制空调器在各种运行情况下的运行频率及风量；

7）空调器故障诊断及显示。

（2）室外微电脑主控板功能

1）室外环境温度，室外热交换器的温度以及压缩机排气温度的检测；

2）室外—室内串行通信；

3）空调器的软起动；

4）空调器故障诊断及显示；

5）室外机风扇电动机、四通阀、电磁阀的控制；

6）IPM 模块的驱动及控制；

7）电压、电流、温度异常时保护。

6.6 空调器的安装

一台性能优良的空调器，要想让它最大限度地发挥作用，必须正确地进行安装和调试。在安装空调器时，应尽量满足厂家提出的技术要求，对其中一些非常重要的项目如安装位置、支架牢固程度、管路连接方式、电气线路敷设等，必须严格按有关规定施工。空调器的安装中的任何一个环节操作不当，都会影响空调器的使用效果和寿命。

6.6.1 安装空调器的准备工作

1. 阅读说明书

首先要认真阅读产品说明书。如果是一台以前接触较少的新型空调器，更要认真弄清它的结构、电路特点、安装要求。由于安装者水平和设备条件较差，不能达到说明书要求的标准时，一定不要勉强动手，避免留下事故隐患。

2. 检查供电线路

为了保证空调器日后的正常使用，安装前要认真检查用户房间供电线路是否能满足要求，包括电线敷设、插座安装和对熔断器、断路器等配件的检查。

1）电源线的选用。一般家用空调器使用单相 220V/50Hz 工频电源，电源电压允许波动 ±10%，即要求供电电压在 198~242V 之间。这一要求完全与我国城乡电网供电标准相适应。在个别自行供电的局域性电网中，如果供电质量较差，电压和频率与供电标准偏离较大，则会影响空调器的正常运行。

空调器的工作电流比较大，起动电流更大。例如制冷量为 3480W（3000kcal/h）的空调器的正常工作电流是 7.5A 左右，而配有电热元件的电热型空调器，电热丝工作时的工作电流可达十几安以上。因此，空调器要求采用足够粗的电线专线供电，不要和其他电器共用一个电源插座。空调器配用的电源线，应使用专门的动力线，而不能用一般的双股绞合照明线。电线的粗细可以按铝线 $4A/mm^2$，铜线 $6A/mm^2$ 计算，再考虑到空调器可能有过载的时候，导线截面积还要适当放大一些。如果空调器装设地点距供电接口较远，所用线长度超过 15m 时，导线截面积也要适当加粗。空调器电源线的规格见表 6-1。

表 6-1 空调器电源线的规格（铜心导线）

制冷量/W	电源线直径/mm	制冷量/W	电源线直径/mm
1400~2600	φ1.6	3800~4700	φ2.6
2600~3800	φ2.0	4700~7000	φ3.2

分体式电热型空调器的电源线必须采用 $2.5mm^2$ 铜心线。插座为 220V、16A 规格。若电源线过细，在空调器工作时会因电流过大而发热，容易发生事故。

2）空气开关的选用。空气开关的正确选用是为了确保空调器的使用安全。空气开关可根据用户家中最大负载电流或电能表的容量来选择。

3）电能表的选用。安装空调器时还要考虑电能表的容量。一般每台空调器需设置 10~

15A 电能表一只，若家中已经安装 5A 以下的电能表，可以为空调器单独加装一只 10A 电能表，或在 5A 电能表的线路中加装 1:10 的电流互感器，以扩大原电能表的量程。在电能表电流余量较小的情况下，开启空调器时，注意不要同时使用微波炉、热水器等大功率电器。

3. 准备工具和材料

安装空调器前必须准备好需用的工具、材料，如冲击钻、扳手、射钉枪、膨胀螺栓等。要注意有些安装空调器的专用工具（例如空心钻）是不可替代的，使用不合要求的工具，肯定不能保证空调器的安装质量。动手安装前，还要用合适的材料（如角铁、木块等），根据说明书的要求，事先做好空调器的支架、底座和遮篷等。

6.6.2 壁挂式空调器的安装

壁挂式空调器是分体式空调器的一种，由两个箱体的机组组合而成，一个是压缩冷凝机组，即室外机组；另一个是蒸发机组，即室内机组。壁挂式空调器的室内机组用悬挂的方式固定在房间的墙壁上，室外机组则用支架装在室外墙体上。分体式空调器需要在现场做接管、抽真空、开启阀门等一些专业性工作，技术要求较高，安装难度也较大。

1. 常规安装步骤

壁挂式空调器的安装有 10 个环节，任何一步操作不当，都会影响空调器的使用效果和寿命。

1）认识、核实部件。壁挂式空调器由室内机和室外机两部分组成。空调器出厂时有良好的纸盒包装，每个盒内装有详细的"装箱单"。动手安装空调器之前，必须认真核对箱子里的空调器部件、随机工具、附件是否完整。在接装新型空调器时，还要格外注意有哪些特殊的部件，应逐个与装箱单对照检查。对一些不常见的部件，还要知道它们的学名和当地行业习惯说法（俗称），并了解它们的作用。

2）确定安装位置。空调器室内机应安装在房间坚固墙面上。选择室内机的安装位置，除了必须尊重用户意见外，还要使它吹出的冷气能送到房间的每个角落，在室内能形成合理的空气对流。室内机安装位置附近不能有热源，与门窗距离应大于 0.6m，以免冷气损失过大。室内机组的安装高度应大于 1.7m，低于 2.2m（以人眼高度为限）。

目前，一般空调器出厂时提供的制冷管路长度是 4~4.5m，如果没有特殊需要最好不再接续加长。所以，确定室内机安装位置时，还要考虑它与室外机的管路连接应合适、合理，以减少管路的弯曲，有利于制冷剂流动通畅，冷凝水也能顺利排出，并给以后维修留出一定空间。

室外机的安装位置要选在通风良好，维修方便的地方。对楼房住户，应尽量避免将空调安装在阳台里面，否则因通风散热不好，制冷量会降低 30%，甚至因通风短路而烧坏压缩机。

室外机质量较大，要特别注意装机组的墙体是否牢固。以防空调器坠落伤人。如果将室外机组装在阳台外侧，应使用穿墙螺栓固定，并在墙内侧用扁铁衬垫，以增加强度。

图 6-23 画出了对壁挂式空调器室内机和室外机的安装位置要求。而对装在楼房上的室外机来说，安装位置距地面高度应大于 2.5m，与室内机的高度差应小于 12m，与相邻门窗的距离为 3~4m。

3）安装室内机。为了让空调器冷凝水能顺利流出，挂板出水口一侧要低 0.2cm 左右，但如果挂板倾斜超过 0.5cm，就会影响整体美观。新式空调器生产时，已经考虑了出水问题，挂板可以在墙上水平安装。

空调器挂板的安装如图 6-24 所示。常用的固定方法是用冲击钻在墙上打出 4 个孔，孔径一般为 6mm。墙孔内放进塑料胀塞或木塞，再用 4 颗螺钉将挂板钉牢。也可以根据墙体情况用水泥钉或通丝固定挂板。挂板安好要检查是否牢固，双手用力向下拉不能有松动。挂板应能承受 20kg 的质量。挂板装好后，室内机要等连接配管后才能挂上去。

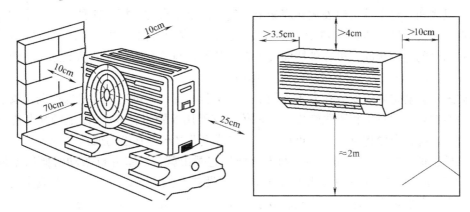

图 6-23　壁挂式空调器的安装位置

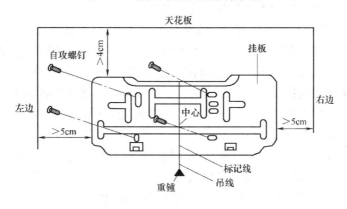

图 6-24　空调器挂板的安装

4）安装室外机。壁挂式空调器的室内机与室外机要良好连接起来，才能正常工作。连接的管路、电线要由墙壁穿过，所以安装室外机之前必须打过墙孔。过墙孔的直径一般为 70mm，为保持墙的牢固和美观，过墙孔要用冲击钻装上空心合金钢钻头打出。这种钻头要用水冷却，所以俗称"水钻"。打孔前，要观察了解墙壁打孔位置内是否有暗埋的电线，是否有钢筋构件，免得造成事故或进钻困难。从室内向室外打孔时，水钻要抬高一些，打好的过墙孔里高外低，便于冷凝水流出，下雨时流水也不能流进室内。用水钻打孔要掌握好冷却水的注水量，注水量过大，水会沿墙壁飞溅，周围家具被砖灰浆弄脏后很难擦净；注水量过小，则发热严重容易烧坏钻头。合适的情况是注进钻头的水，正好被钻头产生的热量蒸发和墙体吸收，这要在实践中逐渐掌握。打孔时进钻速度宁慢勿快，如果钻头抖动剧烈，双手把握不住，说明要夹钻头了，应立即停止。墙孔打好后，一定要装一段白色塑料管，作为空调器制冷配管的套管。安装套管既可以防止制冷配管穿墙时的磨损，更能防止老鼠、壁虎等小动物从这里钻进室内，造成危害。

室外机组应安装在空调房间的外墙，其朝向最好为北向，其次为南向，最差为东、西向。据资料统计，一天里东、西向墙的太阳照射强度约是北向的 2 倍，虽然可装遮阳棚，但周围环境温度上升，仍不利于冷凝器的散热。

有阳台的房间，空调器安装位置有两种选择：一种是用支架将室外机组安装在阳台的外面，冷凝器的出风方向朝西，这种方式比较好，可以将热空气很快散发；另一种是装在阳台内，做一只底架，将室外机组安放在底架上，使其高出阳台的栏杆。这种方式要求阳台的左右两边没有阳台围墙。否则其热量不易散发出去，造成阳台内气温升高，对冷凝器散热不利。没有阳台的空调房间，可在外墙面装支架，其形式与装在阳台外的情况相仿，但在冷凝器的进风口 2m 和出风口 5m 距离内，应无障碍物。

分体式空调器室外机安装在专用支架上。先组装好支架，量出室外机底座两个安装孔横向距离。在选好的位置上将膨胀螺栓打入墙体。支架用 6 颗直径 8mm 以上的膨胀螺栓紧固在承重墙上，螺栓上紧螺母后，要再拧上一个"紧母"，不得有松动或滑扣现象。检查支架平正牢靠后，把室外机系上安全绳，两人合作将它搬出就位。室外机搬动时倾斜不应大于45°，并千万注意不要碰坏机上突出的截止阀。在没有就位之前，更不要拧下截止阀的保护帽，否则尘土杂物进入管路，会造成制冷系统故障。室外机在三楼以上安装时，安装人员一定要系好安全带，并注意室外机下面不能有人通行、滞留。安装使用的工具(如扳手)上，最好系上安全绳或腕套，避免不慎坠落，造成事故。

5) 管路和导线的绑扎。室内外机组安装妥当后，接下来应将机组的制冷系统用铜管连接起来，成为一个完整的制冷系统。空调器室内机与室外机有多种连接管路和导线，为简单起见将它们统称为空调器"配管"。配管的连接在空调器的安装和检修中是项关键技术，必须引起重视。如果配管连接不当，会影响系统的制冷循环，使空调器不能正常工作。

分体式空调器室内外机组之间要连接的主要管道是低压液体管(简称液管)和低压气体管(简称气管)。它们一般用牌号为 T2 的无缝软性紫铜管(拉伸管)做成，其特点是不会与制冷剂与冷冻油的混合物产生物理和化学作用，同时材质较软容易弯曲，焊接也方便。

为了方便美观，空调器配管要事先绑扎在一起。需要绑扎的管路和导线有：平直的粗铜管(即气管)，细铜管(即液管)，另外一条是塑料软管的出水管，控制线则包括电源线和信号线。

安装成品空调器时，气管和液管出厂时已经包裹了泡沫塑料保温材料。先在地板上用双手把气管和液管分别"顺直"，注意不要损伤塑料保温层。然后，再把它们与出水管、控制线用塑料带绑扎在一起。

绑扎应从室外机端喇叭口 10cm 处向室内机进行，这样绑扎雨水不容易进保温套。绑扎不要用力过大，避免将出水管压瘪。全部管线绑扎好后，穿过墙孔时不能把管路上的保护螺栓去掉，以免灰尘、水分、杂物进入铜管，造成故障。有的安装时把气管和液管包在一个保温套内，这是不妥当的。因为这两条管道在保温套内会产生热交换，造成制冷能力下降。

6) 内外机组管路及导线的连接。这是空调器安装的关键一步。连接前，先仔细检查铜管两端的喇叭口是否完好，不应有变形和裂纹。连接室内机前，拧开室内机配管上的保护螺帽，应听到机内氮气放出的"呲"的一声。如果没有氮气放出声，表明室内机有漏点，不能使用。

① 室内机的连接：配管与室内机的连接方法如图 6-25 所示。先用扳手将机组高低压接

嘴和连接管上的封口盖帽、封头螺栓拧掉，然后在接嘴螺纹处涂少许润滑油，再用扳手拧紧。连接时必须先用手将铜管锥形螺母拧在配管螺纹上，再用力矩扳手拧紧螺母，直到扳手发出"咔嗒"声为止。对于 $\phi6mm$ 的铜管，扳手力矩应为 $18N\cdot m$；对 $\phi9.5mm$ 铜管力矩应为 $40N\cdot m$；对 $\phi12mm$ 铜管力矩应为 $52N\cdot m$。千万不能在螺纹没有对齐时，就用扳手拧紧螺母，那种蛮干的做法，会造成管口严重损坏。一旦螺纹乱扣，只能报废。

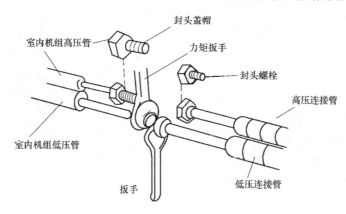

图 6-25　配管与室内机的连接方法

没有力矩扳手时，只能用呆扳手(或活扳手)拧紧螺母，这就要凭经验掌握用力的大小。安装者要明确认识到：用力过大、过小都是有害的。掌握管路连接时的拧紧力度，是成功安装空调器的关键。

室内机与配管连接妥当后，即可将它挂到挂板上，安装方法如图 6-26 所示。用双手推室内机的左下侧，确保室内机背后的两个钩子嵌在挂板上沿槽中，听到"咔嗒"一声为止。将机身挂在挂板上，按下部左右两边，使挂钩卡入槽内。

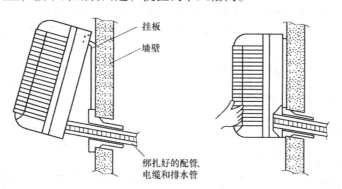

图 6-26　将室内机挂到挂板上

② 室外机的连接：配管穿过墙孔后，根据室外机的安装位置弯出需要的形状。配管的弯曲半径要在 $40\sim60mm$ 以上，弯管时不要用力过猛，以免将管子压扁。那样会增加制冷剂流动阻力，影响制冷效果。配管过长时，应将它调整到外墙的一侧，可用双手把它盘绕成 $\phi60mm$ 左右的圆环，并用铁线将它捆在室外机支架上，防止在大风时来回摆动。如果管路不够盘绕成环形，可以弯成 U 形，防止雨水沿管路流到室外机组的阀门上。调整后，整个

管路走向应漂亮美观。

　　管路在安装时被压扁，造成制冷差，是新装空调器最常见的故障之一，安装者必须充分注意配管穿墙、弯曲这一操作环节。配管与室外机的连接方式如图 6-27 所示。先用手上好气管螺母，并用扳手以 40N·m 力矩拧紧。再用手拧上低压液管螺母，并用扳手掌握在 18N·m 力矩拧紧。低压液管比较细，容易调整。

　　③ 电缆控制线的连接：分体式机组的电气系统一般分为两部分，一部分在室外机组中，是室外机的起动以及安全保护装置；另一部分在室内机组中，是电脑控制系统、温控系统以及其他功能的控制、指示信号等的线控或遥控装置。接线时，除了电源线外，还要将室内外机组的控制信号线接通。

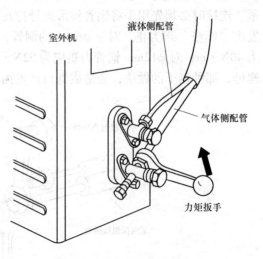

图 6-27　室外机配管连接方式

　　连接空调器室内机组和室外机组的电源线和信号线（通信线）都是产品的附件，各条线的两端都标有编号。有的空调器将电源线和控制线做成多芯电缆，安装更方便些。电源线和控制线的连接方法在随机附带的说明书中有详细描述，安装时只要按编号把线接到相应的接线柱或接线板上就可以了。如果对所安装的空调机型比较生疏，一定要反复确认，不能接错。

　　接线时，先拆下室外机上接线板外罩，将连接电缆按要求妥善连接在接线板相应端子上，然后装好电缆紧固件，把电缆固定，最后将接线板外罩装回原来位置。图 6-28 是电缆在室外机上的连接情况。电缆的室外端连接好后，在线端和室内机接线板上做好"A—A、B—B"等标记，再行连接，图 6-29 所示是室内外机的导线连接示意图。

　　通信线路采用插头插座连接，只要把室内外机的通信线的插头插好即可。

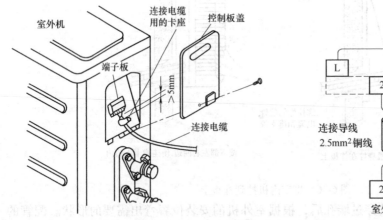

图 6-28　电缆在室外机上的连接　　　　　图 6-29　室内外机的导线连接示意图

　　空调器接线时，一定要注意号对号，字对字，切勿弄混，这是特别重要的。接好的导线线头裸露部分不能太长，也不能有毛刺露出。铜线与接线端子的接触量大一些，并要牢固可靠。否则线头连接不实，会松动发热，造成接点烧蚀，甚至酿成火灾。电线连接不牢，还会损坏控制电路，导致压缩机故障。

7）排气。空调器的室内、室外机连接好后，要排除系统管道中的空气，才能制冷。家用空调器不采用抽真空的办法处理制冷系统管道，而通常的做法是用室外机组里的制冷剂来排除室内机组的空气，具体操作方法可参看图6-30。

① 首先把室外机组的液管连接螺母拧紧。

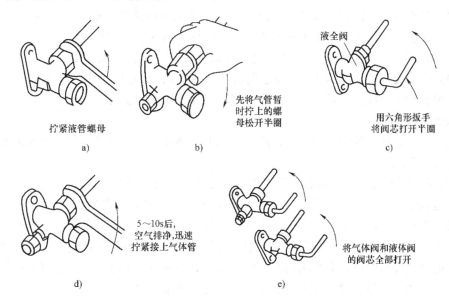

拧紧液管螺母
a)

先将气管暂时拧上的螺母松开半圈
b)

液全阀

用六角形扳手将阀芯打开半圈
c)

5~10s后，空气排净,迅速拧紧接上气体管
d)

将气体阀和液体阀的阀芯全部打开
e)

图6-30　制冷系统管道中空气的排除方法示意图

② 将暂时拧上的低压气管连接螺母松开半圈。

③ 拧下两个低压截止阀外的保护螺母。用六角形扳手将液体阀打开半圈，当听到汽化的制冷剂泄出"嘶"声后，过5~10s立即关闭截止阀。这时应有气体从已松开的气管螺母处排出，等"嘶"声渐渐消失后，重新将液体截止阀打开半圈，排气几秒钟后关上。这样重复2~3次，即可将室内机和管路内的空气排净，排气时间的长短和重复操作次数，要看空调器制冷量的大小和管路长短而定。

④ 管路中空气排净后，立即拧紧气管螺母。

⑤ 用六角形扳手把液体和气体两个截止阀逆时针方向全部打开，然后拧上阀端的密封保护帽。不同型号的空调器排气步骤与阀门开闭方法可能有所不同，具体步骤可参照随机附带的安装说明书。

8）检漏。空调器室内机、室外机连接完成后，制冷剂已经充满制冷管路，为保证制冷系统能正常工作，要对所有的管路接头、阀门及螺母进行检漏。方法：将家用洗洁精溶液倒在一块海绵上，搓出泡沫。将带泡的洗洁精溶液逐个涂在要检查的管路接头处，如果看到有不断增大的气泡出现，表明这里有泄漏点。检漏的时候，一定要耐心、仔细，洗洁精溶液的浓度要合适，在确实保证每个接头处都看不到气泡冒出，没有泄漏点后，再将检漏处擦干，并包扎好。

9）试机。空调器试机前，要再次检查线路是否接好，连接线是否正确对位，气管和液管阀门是否都已打开，机组安装是否牢固，管路是否固定好，过墙孔是否用橡皮泥密封。

空调器要求单独使用一个电源插座，市电供电电压不低于190V。上述检查无误，即可将电源插头插入插座，用遥控器开机，并将空调器设置在"制冷"状态下运行。运行时，室内、室外机都不应有异常的噪声。空调器运转10min后，室内机即应有冷气吹出，室外出水管会有冷凝水流出，气管截止阀处会有结露。用温度计测量室内机进风口和出风口的温度，两处温差应在8℃以上。

如果在冬季装机，还要试验热泵功能。将冷热开关拨向热端，空调器起动2~3min后，应有热风吹出。一般情况下，压缩机能正常制冷的话，制热也不会有问题。

10）整理场地，结束安装。一台壁挂式空调器安装完毕，如果是专业安装人员，在离开前还要向用户交代使用注意事项（如定期清洗过滤网），耐心回答用户的提问，并请用户填写保修单和验收手续。最后，清扫工作现场，整理工具箱和服装。

2. 安装注意事项

空调器安装是技术性较强的工作，除了在以上各部分操作中所提出的具体要求外，还要特别注意以下几点。

1）关于管路的安装。空调器管道的连接，必须保证没有灰尘、水分进入，以免堵塞制冷系统，造成故障。所以室内机和室外机连接配管接头的安装应严密可靠，操作应在5min以内完成，不允许在连接管道操作过程中，又去做别的事情。室内、外机组的连接配管不可过长，否则空调器制冷能力要下降。配管中的液管与气管必须各自保温隔热，如果液管与气管相接触进行热传递的话，会影响制冷系统的压力并使制冷量下降。有些情况也可能会引起压缩机过热，造成故障。管道加工安装过程中一定不能压扁铜管，若制冷管道压扁、变形或破裂会使制冷剂流动受阻或造成泄漏。空调器配用的管道损坏后，必须换用同样直径的配管，否则会影响空调器正常使用。空调器的气体管路和液体管路不能接反。若粗管（气管）和细管（液管）接反，会使制冷剂流动混乱，空调器处于异常运转状态，出现杂音和冷凝器滴水或结冰的现象。

室内机的排水管不能在半途中抬高，也不允许有坡向室外的高度，更不允许在排水管上加设通气管。排水管在建筑物下通过，不应有凹下部分，以防排水受阻。空调器的冷凝水直接排放至下水道或排水沟时，应在排水管上制作一个防止臭气的水密封环，否则排水沟的臭气将顺排水管道送至室内，污染室内空气。

2）关于电源连接。空调器电源端子接线必须牢靠。由于电源线接触不良而发热，可能将引线烧断或使电压下降，造成控制电路工作混乱或压缩机超负荷运转。电源线接错位置（例如接至控制线路上），更会造成严重损失。

3）关于制冷剂充注。目前，绝大多数空调器使用氟利昂R22制冷剂。充注制冷剂时，要将制冷剂钢瓶直立，钢瓶内制冷剂已空时，切不可再充注。

6.7 空调器常见故障分析与检修

6.7.1 故障分析方法

空调器故障的现象特征主要表现为不制冷、制冷量不足、压缩机不运转、突然停机、无风、控制失灵等。但要确定故障的部位、性质和严重程度，需经过检查、分析和试验才能最终得出结论。

1. 确定真正故障与"假性故障"

为减少故障判断中的盲目性，提高工作效率，应首先确认故障的真假。

一般将空调器使用不当或使用者误以为的故障称为制冷系统的"假性故障"。以下是空调器常见的"假性故障"：

1）空调器制冷(热)量的不足。当空气过滤网积尘太多，室内外热交换器上积有过多尘垢，进风口或排风口被堵，都会造成空调器制冷(热)量的不足；制冷时设置的温度偏高，使压缩机工作时间过短，造成空调器平均制冷量下降；制热时设置的温度偏低，也会使压缩机的工作时间过短，造成空调器平均制热量下降；制冷运行时室外温度偏高，使空调器的能效比降低，其制冷量也会随之下降；制热时室外温度偏低，则空调器的能效比也会下降，其热泵制热量也会随之降低；空调房间的密封性不好，门窗的缝隙大或开关门频繁，都会造成室内冷(热)量流失；空调器房间热负荷过大，如空调房间内有大功率电器，室内人员过多，都会使人感到空调器制冷量不足。

2）空调器工作时产生异味。空调器刚开机时有时会闻到一种怪气味，这是烟雾、食物、化妆品及家具、地毯、墙壁等散发的气味附着在机内的缘故。因此，每年准备启用空调器前，一定要做好机内外的清洁保养工作，运行过程中也应定时清洗过滤网。平时在空调房间内不要吸烟，空调停机时，应经常开窗户通风换气。

3）空调器工作时制冷系统的压缩机开停机频繁。制冷时设定的温度偏高，或制热时设定的温度偏低，都会造成空调器工作时制冷系统的压缩机频繁地开、停机。此时，只要将制冷时设定的温度调低一点，或将制热时设定的温度调高一点，压缩机的开、停机次数就会减少。

2. 空调器制冷系统故障的一般检查分析方法

对空调器制冷系统故障的一般检查、分析方法是"一看、二摸、三听、四测"。

1）一看：仔细观察空调器的外形是否完好，各部件有无损坏；空调器制冷系统各处的管路有无断裂，各焊口处是否有油渍，如有较明显的油渍，说明焊口处有渗漏；电气元件安装位置有无松脱现象。对于分体式空调器可用复式压力表测一下运行时制冷系统的运行压力值是否正常。在环境温度为30℃时，使用 R22 作制冷剂的空调系统运行压力值，低压表压力应在 0.49 ~ 0.51MPa 范围内，高压表压力应在 1.8 ~ 2.0MPa 范围内。

2）二摸：将被检测的空调器的冷凝器和压缩机部分的外罩完全卸掉。起动压缩机运行15min 后，将手放到空调器的出风口，感觉一下有无热风吹出，有热风吹出为正常，无热风吹出为不正常；用手指触摸压缩机外壳(应确认外壳不带电)是否有过热的感觉(夏季摸压缩机上部外壳应有烫手的感觉)；摸压缩机高压排气管时，夏天应烫手，冬天应感觉很热；摸低压吸气管应有发凉的感觉；摸制冷系统的干燥过滤器表面温度应比环境温度高一些，若感觉到温度低于环境温度，并且在干燥过滤器表面有凝露现象，说明过滤器中的过滤网出现了部分"脏堵"；如果摸压缩机的排气管不烫或不热，则可能是制冷剂泄漏了。

3）三听：仔细听空调器运行中发出的各种声音，区分是运行的正常噪声，还是故障噪声。如离心式风扇和轴流风扇的运行声应平稳而均匀，若出现金属碰撞声，则说明是扇叶变形或轴心不正。压缩机在通电后应发出均匀平稳的运行声，若通电后压缩机内发出"嗡嗡"声，说明是压缩机出现了机械故障，而不能起动运行。

4）四测：为了准确判断故障的部位与性质，在用看、听、摸的方法对空调器进行了初步检查的基础上，可用万用表测量电源电压，用绝缘电阻表测量绝缘电阻；用钳形电流表测量运行电流等电气参数，看是否符合要求；用电子检漏仪检查制冷剂有无泄漏或泄漏的程度。

分析空调器常见故障的原则是：从简到繁、由表及里，按系统分段，推理检查。先从简单的、表面的分析起，而后检查复杂的、内部的；先按最可能、最常见的原因查找，再按可能性不大的、少见的原因进行检查；先区别故障所在的位置，而后再分段依一定次序推理检查。

3. 空调器制冷压缩机常见故障的判断

压缩机是空调器制冷系统的心脏，也是最容易出现故障的部件之一，压缩机常见的故障有以下几种：

1）压缩机效率变差。压缩机效率变差一般表现为排气压力下降，吸气压力升高。在空调器运行中，若出现压缩机还能运行，但运行电流偏小，此时可在压缩机吸、排气口上各接一只压力表，在制冷剂充注量合适的情况下，起动压缩机运行，观察高低压侧表压的变化。20min后若高压压力仍达不到要求值，而低压压力又不下降时，即可认定是压缩机效率下降。

2）压缩机"卡缸"。通电后压缩机不运转，过载保护器随即起跳；断开电源后用万用表测量压缩机的3个接线柱，阻值关系正常，即可判断压缩机出现了"卡缸"故障。出现"卡缸"故障后，可采取强行起动的方法，用大电流起动压缩机，同时也可用木锤或木棒轻轻敲击几下压缩机外壳，这样反复数次，若还不能使压缩机起动，对于全封闭旋转式压缩机只能采取更换的方法，而对全封闭活塞式压缩机则可以采取开壳维修的方法。

3）压缩机内电动机损坏。通电后压缩机不能起动，电源熔丝立即熔断或供电线路上的空气开关跳闸，发生此种故障现象时，可粗略判断为压缩机内电动机出现了故障（电路没有出现短路的情况下）。此时可用万用表测量压缩机上3个接线柱的阻值关系，若发现阻值关系不正常或出现阻值为零的情况时，即可判断压缩机内电动机绕组出现了短路的情况。若测量出3个接线柱间的阻值关系正常，此时可用绝缘电阻表测量一下3个接线柱与外壳间的阻值能否达到2MΩ以上，若达不到，则证明是压缩机电动机绕组搭壳。出现此种故障时，一般情况下只能更换压缩机。

另外，压缩机内电动机绕组还会出现"断路"故障。判断方法是：用万用表测压缩机外壳上的3个接线柱，若出现有任意两个接线柱间的阻值为∞时，即可判断为压缩机电动机绕组"断路"。

4）压缩机外壳上接线柱"渗漏"。空调器在运行过程中，出现制冷能力变差，而压缩机运行状态正常，此时可粗略判断是制冷系统中出现了制冷剂泄漏。在作了基本检查确认制冷系统管道及蒸发器和冷凝器不泄漏的情况下，应怀疑压缩机接线柱处是否有泄漏。其方法是拆下接线柱上的电气元件，在制冷系统内仍有制冷剂的情况下，用电子卤素检漏仪检测接线柱及其附近，看是否有泄漏；检漏时移动检漏仪吸气口的速度要慢，因为接线柱附近的泄漏都是属于渗漏性质的，渗漏量很微弱，不易察觉。确认渗漏后，若很微弱，可用胶粘的方法进行排除。选用能耐高温、耐油脂、可粘接金属的组合型胶水进行粘补。为保持粘补面的清洁，可在粘补前用毛笔蘸丙酮溶液将粘补面擦干净，然后涂上配制好的胶水，在室温条件下固化 24h 后，再检测其是否渗漏，若不渗漏，即可补制冷剂，恢复制冷系统正常工作。若接线柱处泄漏很严重，一般则采取更换压缩机的方法进行故障的排除。

6.7.2 常见故障的检修

空调器常见故障、可能原因及排除方法见表 6-2。

表 6-2 空调器常见故障、可能原因及排除方法

故障现象	可能原因	排除方法
空调器不能起动	1）电源断电或熔丝熔断 2）控制开关失灵 3）电源电压过低或缺相 4）压缩机或电动机损坏 5）电气元器件损坏或电路接触不良	1）检查电路有无断路、更换熔丝 2）修复或更换控制开关 3）检查电源电压并采取相应措施 4）修复或更换压缩机 5）检查分析电路故障，修理或更换电气元器件
压缩机运转但无冷气	1）制冷剂泄漏 2）制冷系统脏堵或冰堵 3）空气过滤网积灰太多 4）风扇电动机转速低	1）检查制冷系统有无泄漏，修复泄漏点，重新抽真空充注制冷剂 2）对系统进行清洁干燥处理 3）清洗空气过滤网 4）检查电源电压是否太低，电动机是否损坏
空调器工作时压缩机温度升高	1）制冷剂不足 2）换向阀泄漏 3）制冷系统混入空气	1）检查制冷系统是否有泄漏，检查压缩机高低压气密性，修理或调换压缩机 2）更换换向阀 3）放出空气重新抽真空充注制冷剂
空调器运行但冷气（或热气）不足，室内温度降不下来（或升不上去）	1）压缩机气密性不好 2）室内热负荷大，空调器不匹配 3）制冷剂不足 4）电磁换向阀气密性不好 5）温度设定不适当 6）空气过滤网脏堵 7）风扇电动机效率降低，转速下降 8）制冷系统堵塞	1）检查压缩机，修复或更换有关配件 2）更换大容量空调器 3）按规定充注制冷剂 4）更换电磁换向阀 5）把温度控制开关调整到适当位置 6）清洗空气过滤网 7）调整风扇电动机或更换电动机 8）找出堵塞点并排除阻塞物
空调器运行时无风或风量不足	1）空气过滤网脏堵 2）电气线路故障 3）转换开关损坏 4）风扇电动机效率降低或电动机绕组烧坏 5）电容器损坏	1）清洗空气过滤网 2）检查控制线路 3）修复或调换转换开关 4）修复或更换风扇电动机 5）更换电容器
空调器在制冷或制热运行时压缩机频繁起动	1）室外机组安装不合理，热交换器通风不好 2）室外热交换器积灰太厚，影响散热	1）调整室外机组的放置位置，保证室外热交换器通风良好 2）清除室外热交换器的积灰，改善散热条件

故障现象	可能原因	排除方法
空调器在制冷或制热运行时压缩机频繁起动	3）室外风扇电动机不转 4）室外风扇松动或卡死 5）环境温度太高造成制冷系统高压压力过高 6）制冷剂充注量过多 7）制冷系统混入空气 8）压力控制器失控 9）压缩机过电流保护器频繁工作 10）温度控制器失控 11）制冷剂不足，压缩机温升过高，保护器频繁工作 12）电源电压不稳定	3）检查室外风扇电动机不转的原因，修理或更换电动机 4）调整紧固风扇 5）改善空调器的工作环境，适当调整压力控制器 6）放出多余制冷剂 7）放出空气重新抽真空充注制冷剂 8）修理或更换压力控制器 9）检查压缩机过电流的原因并排除故障 10）修复或更换温度控制器 11）检查制冷剂不足的原因并排除故障 12）必要时加电源稳压装置
压缩机运转电流过大	1）电源电压偏高 2）压缩机绝缘电阻降低 3）制冷剂太多 4）压缩机机械部分运转不正常 5）空调器热负荷太大 6）压缩机主线路接触不良	1）调整电源电压，必要时安装稳压电源 2）检查制冷系统及冷冻油是否有水分和脏物混入，检查压缩机电动机的对地绝缘是否良好，必要时更换压缩机 3）放出多余制冷剂 4）检查压缩机机械润滑部件，修理或更换损坏零件，必要时更换压缩机 5）检查空调器的工作环境，检查热交换器工作是否正常，制冷系统是否畅通 6）检查压缩机接线是否良好，交流接触器触点是否正常
空调器运行时噪声大	1）空调器安装时摆放不平整 2）压缩机底脚固定不好 3）机件固定螺钉松脱 4）空调器上放有其他物品	1）调整空调器安装位置 2）检查压缩机底脚螺钉是否松动 3）拧紧机件各固定螺钉 4）移去物品
风扇电动机不运转	1）电源断电 2）室内外机组电源控制线未接好 3）电源电压太低 4）电动机电容器损坏 5）电动机绕组损坏 6）电动机机械部分卡死 7）控制线路故障	1）检查电源，恢复正常供电 2）检查室内外机组的连接线是否接错，接触是否良好 3）检查电源电压，加稳压装置 4）更换电容器 5）修复或重绕电动机绕组 6）检查电动机轴承传动部分，修理或更换电动机 7）检查电气线路及元器件

（续）

故 障 现 象	可 能 原 因	排 除 方 法
风扇电动机运转但压缩机不运转	1）电源电压太低 2）线路接错或线头松动脱落 3）压缩机电容器损坏 4）压缩机过电流保护器频繁工作 5）温度控制器失控 6）压缩机电动机损坏或机械卡死	1）检查电源电压并采取相应措施 2）检查电气线路，找出故障点 3）更换电容器 4）检查压缩机是否处于过电流、过热工作状态，找出原因排除故障 5）修复或更换温度控制器 6）修复或更换电动机
热泵型空调器冷热交换失控	1）温度控制器失控 2）电磁换向阀线圈损坏 3）电磁换向阀卡死 4）控制线路故障	1）修理或更换温度控制器 2）更换电磁换向阀 3）更换电磁换向阀 4）修复或更换有关元器件
空调器漏电	1）电路部分受潮或积灰过多 2）接地不良或根本未接地	1）清除空调器内部的灰尘和潮气，并做好安装位置的除尘防潮工作 2）检查接地装置，确保接地保护线与接地体接触良好
空调器的摇控器显示符号不清楚或无显示	1）干电池耗尽 2）干电池正负极装反	1）更换干电池 2）重新安装电池

6.8 习题

1. 空调器一般分为哪几种类型？各有什么特点？
2. 空调器制冷系统有哪些主要部件？
3. 画出冷风型空调器的制冷系统图，并简述其工作原理。
4. 简述热泵冷风型空调器的制冷和制热工作原理。
5. 简述变频式空调器的特点，其控制与制冷系统中有哪些特殊部件？
6. 微电脑控制空调器具有哪些特点？画出微电脑控制空调器框图。
7. 空调器的肋片式换热器的结构是怎样的？有哪几种类型？
8. 简述壁挂式空调器的安装步骤。空调器的安装注意事项有哪些？
9. 简述空调器制冷系统故障的一般检查分析方法。
10. 空调器在制冷或制热运行时压缩机频繁起动的原因是什么？
11. 热泵冷风型空调器制冷正常但不制热的原因是什么？
12. 空调器运行时噪声大的原因是什么？
13. 热泵型空调器为什么要进行化霜？怎样进行化霜？
14. 空调房间内温度已很低，但空调器仍运转不停，可能是什么原因？

第7章 制冷设备维修工艺及实训

【教学目标】

- 掌握制冷设备检修常用工具的使用方法。
- 掌握制冷系统维修过程中的焊接工艺。
- 掌握检漏、抽真空、管路清洗、制冷剂充注等操作工艺步骤与方法。
- 掌握电冰箱电气控制系统的检测方法。

7.1 制冷设备检修的常用工具

7.1.1 常用工具

1. 通用工具

1）扳手。常用的扳手有：活扳手、固定扳手（呆扳手、梅花扳手）、套筒扳手、内六角扳手等。

活扳手是最常用的手工工具，使用灵活方便。但操作时要特别注意，否则很容易将螺母拧坏。只要操作时条件允许，应尽量使用合适的梅花扳手。使用扳手的注意事项：

① 使用活扳手时，扳手的开口大小必须与螺母大小完全符合，如果扳手开口过大，常常会将螺母棱角拧圆，造成以后拆卸困难。

② 拧螺母时，扳手的用力方向必须由前向后拉，而不能向前推，否则，一旦工具脱手或是螺母滑扣，容易发生危险。空调器安装常在高空进行，遇到螺母锈蚀、卡扣，需要扳手用大力量的时候，特别要防止由此发生事故。

2）钳子。常用的钳子有：克丝钳、尖嘴钳、斜口钳及镊子钳等。使用钳子时，应注意物有专用，例如不要用尖嘴钳拧大号螺母；不要用斜口钳剪粗铁丝等。空调器检修中一般不要带电作业，迫不得已要剪断带电电线时，必须要用有良好绝缘的电工钳，而不能用有"绝缘套"的克丝钳。因为克丝钳上的塑料胶套并不能保证有良好的绝缘性能。

3）其他手工工具。包括各种螺钉旋具、钢锯、各种锉刀、榔头、尖冲、钻头、三角刮刀、剪刀、油壶、电烙铁、手电筒等。

每一种工具都有规范的使用方法，应在实践中严格按规范操作，养成良好的习惯。

2. 专用工具及使用方法

制冷设备检修中，常常要对制冷系统管路进行改装、调整、切割、焊接、连接。维修制冷设备应当使用专业工具，才能保证有良好的效果。

1）方榫扳手。有大、中、小3种规格，是开、闭空调器上的阀门的专用工具，有些场合也可以用小型活扳手应急代替。使用时，只需将方榫孔套入阀杆端部的方榫杆，就能将阀杆旋动而开启阀门。若要关闭阀门，需将扳手拔出，翻一面再套入阀杆端部的方榫内，将方榫扳手一顺一反地摆动。旋转时，可听到扳手有"咯啦咯啦"的声响。扳手的另一端有一大一小的固定方榫孔，可用来调节膨胀阀的阀杆，其结构如图7-1所示。

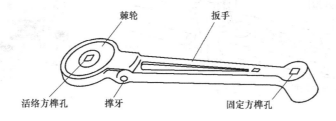

棘轮　　　　扳手

活络方榫孔　撑牙　　　固定方榫孔

图 7-1　方榫扳手

2）割管器。割管器是专门用来切断紫铜、黄铜、铝等金属管的工具，如图7-2所示。割管器一般可以切割直径 3～25mm 的金属管。在切割时，将金属管放在两个滚轮之间，缓慢旋动调整钮至刀刃碰到管壁上。用一手捏紧管孔（若手捏不住，可用扩口工具夹紧），另一手捏紧调整钮，使整个割刀绕管子顺时针旋转。每转一圈，就顺旋转方向进刀 1/4 圈。这样边转边进刀，绕几圈后，管子就被割断。切割时注意刀口要垂直压向管子，不要歪扭或侧向扭动，也不要进刀过深，以免崩裂刀口边缘。切管器的最大优点是切口光滑，不会留下金属屑，这对冰箱、空调器等制冷系统来说尤其重要，因为金属屑落入管子里会造成循环堵塞，引发严重故障。正是由于这个原因，检修时绝不要用钢锯来切断制冷系统管路。

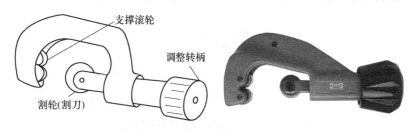

支撑滚轮

调整转柄

割轮(割刀)

图 7-2　割管器

3）扩口器。扩口器也称胀管器，是铜管扩口的专用工具，其外形结构和工作原理如图7-3所示。规格有公制和英制两种。扩口时，将管子放入与管子管径相同的孔径的孔中，管子朝向喇叭口面，铜管应露出倒角高度的1/3，将扩孔工具两头的螺母旋紧，把铜管紧固牢。然后用顶压器的锥形支头压在管口上，弓脚架卡在扩孔夹具内，慢慢旋动螺杆，使管口挤压出喇叭口形。

4）弯管器。弯管器有大小多种规格，适合弯制直径小于20mm 的金属管，若管子是直径大于20mm 的铜管，则应使用弯管机。弯管器的操作方法如图7-4所示。弯管时先将管子放入弯管工具的轮子槽沟内，将槽管沟锁紧，慢慢旋转杆柄直到所需的弯曲角度为止，然后将弯管退出弯管器。

5）封口钳。封口钳用于电冰箱、空调器等修理测试合格后的封管。其外形结构如图7-5所示。使用时，将管子放进工具的腭口中，旋动压紧螺钉或握紧手柄，管子就被夹扁，达到完全封闭的程度。封口后，在开启弹簧的作用下，封口钳自动打开。

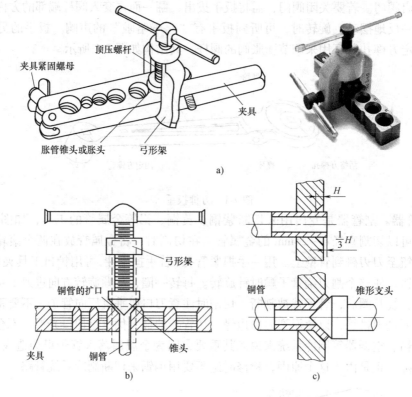

图 7-3 扩口器
a）外形结构 b）工作原理 c）铜管应露出倒角高度的 1/3

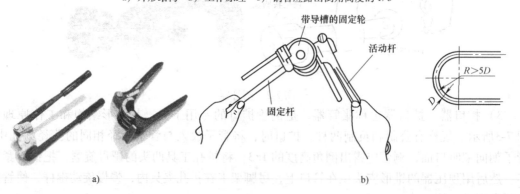

图 7-4 弯管器
a）外形 b）加工方法

6）速换接头。速换接头又称快速接头，常在制冷系统检漏、清洗或充注制冷剂时作为连接工具。它的外形如图 7-6 所示。快速接头分凸头和凹头两部分，它们分别接到压缩机和软管上时，都有自封阀针将端口封闭，管道不会有泄漏。凸头和凹头连接后，自封阀针被顶开，软管即与压缩机连通。

7）三通换向阀与三通检修阀。三通换向阀是用于抽真空和充注制冷剂的简便工具，其结构如图 7-8a 所示。使用时，三通换向阀的 3 个接头分别与真空泵、制冷剂瓶和压缩机连接，完成制冷系统管路抽真空后，只要将阀芯转向充注制冷剂一侧，不需要变换连接管路即可将制冷剂充入系统。使用三通换向阀不但操作简便节省时间，更重要的是在抽真空与充注制冷剂两道工序之间不用再断开管路，可以完全避免空气渗入制冷系统。图7-8b为抽真空和充注制冷剂时常用的带有压力表的三通检修阀，也称复式检修阀或组合阀，俗称"双表"阀，使用起来则更为方便。

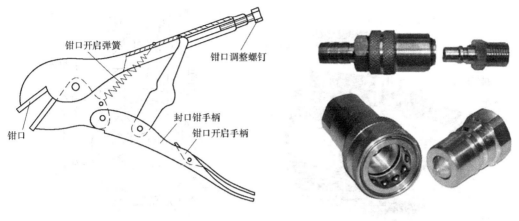

图7-5　封口钳　　　　　　　　　　　　　图7-6　速换接头

8）倒角器

铜管在切割加工过程中，易产生收口和毛刺现象。倒角器主要用于去除切割加工过程中所产生的毛刺，消除铜管收口现象，其外形如图7-7所示。

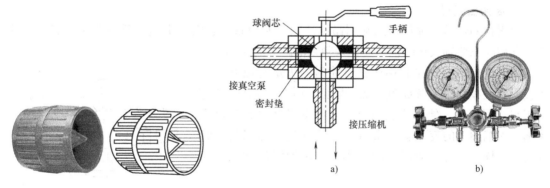

图7-7　倒角器外形图

图7-8　三通换向阀与三通检修阀
a）三通换向阀　b）复式检修阀

7.1.2　制冷剂充注工具

制冷剂充注工具是向空调器制冷系统充注制冷剂的专用设备，常用的有定量充注瓶和抽真空充注器两种。

1）定量充注瓶。定量充注瓶的体积小、质量轻，适合空调器上门检修时使用。定量充注瓶的结构有内、外两层，内层装有制冷剂，外层是个转筒，上面刻有标度。使用时，根据筒内制冷剂的种类和当时压力大小，按照筒上标度很快便能决定制冷剂的充注量。使用时，先按照压力表指示和制冷剂种类将对应的刻度线转到液量观察管的位置，然后可以通过三通换向阀、空调器的连接阀和加液管向制冷系统定量充注制冷剂。

2）真空泵。制冷系统维修通常采用旋片式真空泵，如图7-9所示。

3）抽真空充注器。抽真空充注器是专用组合设备，适合专门的空调器修理部或售后服务中心使用，它将检漏、抽真空与充注制冷剂的工具组合安装在一起，主要由真空泵、定量充注器、高低压力表、真空表和组合阀等组成，所有设备紧凑地装在小车上，以方便移动使用。

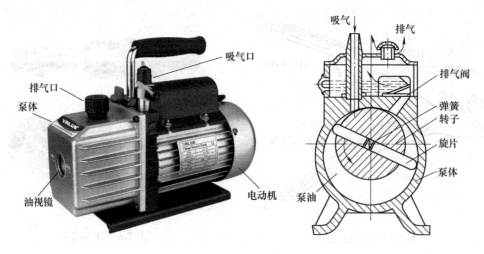

图 7-9　真空泵

7.1.3　检漏工具

1. 卤素检漏灯

卤素检漏灯是一种传统的氟利昂制冷剂检漏设备，它实质上是一只以酒精为燃料的喷灯。使用时靠鉴别火焰颜色的变化来判别泄漏量的大小。

卤素灯检漏原理是利用卤素灯喷射的火焰与氟利昂气体接触，使氟利昂分解成氟、氯（卤素）气体，当氯气与灯内炽热的铜接触，便生成了氯化铜。渗漏量从微漏到严重渗漏，火焰颜色的变化就从微绿色→浅绿色→深绿色→紫绿色，这样，便可知泄漏量的大小，卤素检漏灯如图7-10所示。

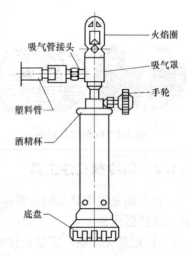

2. 电子卤素检漏仪

电子卤素检漏仪是一种精密的检漏仪器，用于检查制冷剂泄漏，灵敏度可达年泄漏量5g以下。

电子卤素检漏仪的检测探头内，有一个以铂丝为阴极，铂罩为阳极构成的电场。铂丝通电后达到炽热状态，发射出电子和正离子，仪器探头（吸管）借助微型风扇的作用吸进被探测处的空气。吸进的空气通过电场时，如果空气中含有制冷剂中泄漏的卤素成分，与炽热的铂丝接触即分解

图 7-10　卤素检漏灯

成卤化气体。铂丝阴极受到卤素气体作用，离子放射量就会迅速增加，所形成的离子电流随着吸入空气中卤素的多少成正比例增减，因此可根据离子电流的变化来确定泄漏量的大小。离子电流经过放大并通过仪表显示出量值，同时可有音响信号发出。电子卤素检漏仪的外形

与结构原理如图 7-11 所示。

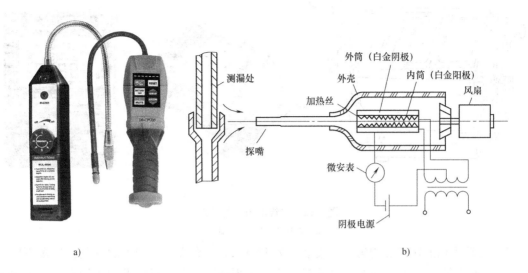

图 7-11　电子卤素检漏仪
a）两种不同外形的检漏仪　b）结构与工作原理

7.1.4　测量仪表

1. 万用表

万用表是一种应用范围很广的测量仪表，是制冷设备电气故障检修中最常用的工具之一。它可以测量交流或直流电压、直流电流、电阻等电学量，有的型号万用表还可以测量交流电流和检查一些电子元器件的好坏。

万用表有指针式和数字式两类，空调器检修中对测量精度要求不高，但希望操作简便耐用，一般指针式万用表就能适用，例如 MF500 型或 MF47 型表。

2. 绝缘电阻表

绝缘电阻表也称为兆欧表，俗称摇表。是测量设备绝缘性能的专用仪表，图 7-12 所示是绝缘电阻表的外形。

指针式绝缘电阻表主要由手摇直流发电机(有的用交流发电机加整流器)、磁电系流比计及接线桩(L、E、G)3 部分组成。其使用方法如下：

1）绝缘电阻表必须水平放置于平稳牢固的地方，以免在摇动时因抖动和倾斜产生测量误差。

2）接线必须正确无误，绝缘电阻表有 3 个接线桩，"E"（接地）、"L"（线路）和"G"（保护环或叫屏蔽端子）。保护环的作用是消除表壳表面"L"与"E"接线桩间的漏电和被测绝缘物表面漏电的影响。在测量电气设备对地绝缘电阻时，"L"用单根导线接设备的待测部位，"E"用单根导线接设备外壳；测电气设备内两绕组之间的绝缘电阻时，将"L"和"E"分别接两绕组的接线端；当测量电缆的绝缘电阻时，为消除因表面漏电产生的误差，"L"接线芯，"E"接外壳，"G"接线芯与外壳之间的绝缘层。"L"、"E"、"G"与被测物的连接线必须用单根线，绝缘良好，不得绞合，表面不得与被测物体接触。

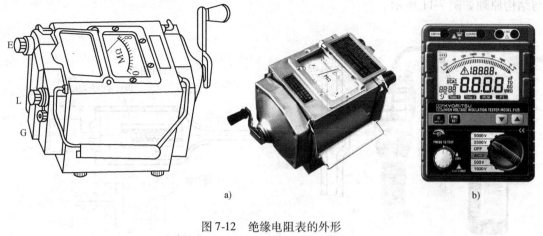

图7-12 绝缘电阻表的外形

a) 指针式 b) 数字式

3) 摇动手柄的转速要均匀，一般规定为120r/min，允许有±20%的变化，最多不应超过25%。通常都要摇动1min后，待指针稳定下来再读数。若测量中发现指针指零，应立即停止摇动手柄。

4) 测量完毕，应对设备充分放电，否则容易引起触电事故。

数字绝缘电阻表由中大规模集成电路组成。测量时不需要人力做功，由电池供电，量程可自动转换。数字绝缘电阻表的工作原理为：机内电池电源通过DC/DC变换产生直流高压，由E极输出经被测设备到达L极，从而产生一个从E到L极的电流，经过I/V变换及除法器完成运算，直接将被测的绝缘电阻值由LCD显示出来。

3. 钳形电流表

电冰箱、空调器检修中，测量电流的大小是分析判断故障的常用手段。

用万用表测量电流时，必须断开原来的线路，才能串接进万用表，操作比较麻烦。如果能有一个0~30A多量程的钳形电流表就方便多了。新型钳形电流表还有电压和电阻测量功能，起到万用表的作用，使用就更方便。钳形电流表外形如图7-13所示。

测量时，先将转换开关置于比预测电流略大的量程上，然后手握胶木手柄扳动铁心开关将钳口张开，将被测的导线放入钳口中，并松动开关使铁心闭合，利用互感器的原理，就能从电表中读出被测导线中的电流值。

使用钳形电流表测量时应注意：

1) 使用前，应检查钳形电流表的外观是否完好，绝缘有无破损，钳口铁心的表面有无污垢和锈蚀。

2) 为使读数准确，钳口铁心两表面应紧密闭合。如铁心有杂声，可将钳口重新开合一次。如仍有杂声，就要将钳口铁心两表面上的污垢擦拭干净再测量。

3) 在测量小电流时，若指针的偏转角很小，读数不准确，可将被测导线在钳口上绕几圈以增大读数，此时实际测量值应为表头读数除以所绕的匝数。

4) 钳形电流表一般用于测量低压电流，而不能用于测量高压电流。在测量时，为保证安全，应戴上绝缘手套，身体各部位应与带电体保持不小于0.1m的安全距离。为防止造成短路事故，不得用于测量裸导线，也不准将钳口套在开关的闸嘴上或套在熔丝管上进行测量。

5）在测量中不准带电流转换量程挡位，应将被测导线退出钳口或张开钳口再换挡。使用完毕，应将钳形电流表的量程挡位开关置于最大量程挡。

4. 压力表

压力表是制冷设备常用的检测仪表，其外形如图 7-14 所示。压力表根据其外壳直径可分为 60mm、100mm、150mm、200mm、250mm 五种，根据结构形式主要有径向有边、径向无边、轴向带边、轴向无边四种，而根据精度等级一般分为 1.0、1.5 和 2.5 三级。

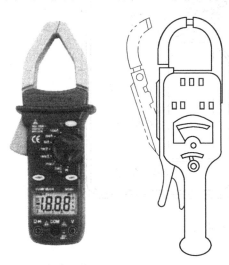

图 7-13　钳形电流表

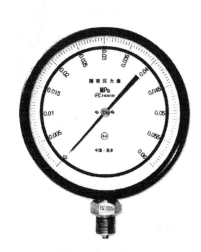

图 7-14　压力表

压力表在安装、使用时应注意以下几点：

① 仪表宜在 −40～60℃、相对湿度不大于 80% 的场所使用。

② 使用前应检查仪表的铅封和有效期限，如已过期须重新校验，合格后才能使用。

③ 应注意安装点与测试点之间的距离，以免仪表指示反应迟钝。

④ 仪表安装必须垂直，户外安装时应加装保护罩。

⑤ 测量稳定压力时不得超过压力表测量上限的 2/3，测量波动压力时不得超过压力表测量上限的 1/2。

7.1.5　焊接设备及使用

冰箱、空调器的制冷系统多使用铜管，维修时需使用气焊连接管路或补漏。电焊设备则只在安装空调器做角铁支架等时候适用。

传统的气焊设备使用氧气和乙炔气混合，点燃后产生高温火焰。近来乙炔气很少有人再用，被液化石油气（或煤气、天然气）取代，采用氧气助燃液化气进行制冷系统管路的焊接。气焊设备主要由气瓶、连接软管与焊炬 3 个部分组成，如图 7-15 所示。调节焊枪上的燃气手轮和氧气混合手轮就能得到比较理想的焊接温度。

1. 氧气钢瓶

氧气钢瓶充灌压力约为 15MPa 的高压氧气，气焊时通过减压器，胶管和焊炬将氧气送出，作为气焊用的助燃气体。使用时按逆时针方向旋转瓶阀手轮，瓶内的氧气即经减压后送出。焊接结束后，按顺时针方向旋转瓶阀手轮，关闭氧气瓶，将瓶帽盖好以保护瓶阀。

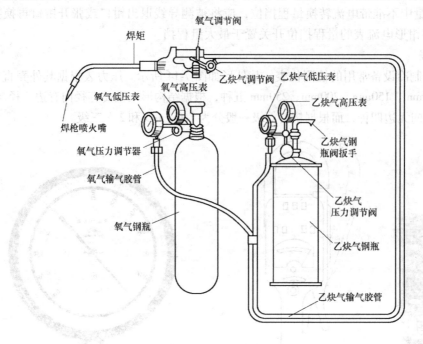

图 7-15　常用的气焊设备

2. 减压器

减压器又称为氧气表，减压器的作用是把瓶内高压气体调节成工作需要的低压气体，并保持输出气体的压力和流量稳定不变，其外形如图 7-16 所示。减压器上装有高压表和低压表，因此，行业内也将其简称为"双表"。高压表指示氧气瓶内的压力，低压表则指示工作压力。使用时将减压器装在氧气瓶的瓶阀上，再在低压出气口端接上胶管，并用铁线扎紧，然后开启氧气瓶瓶阀，如果是新充灌的氧气瓶，高压表应指示在 15MPa 左右，按顺时针方向旋动调压螺钉，便可调节输出低压的氧气的压力。气焊时低压表指示以 0.2MPa 左右为宜。

3. 乙炔瓶或液化石油气瓶

乙炔是广泛用于气焊的可燃气体。乙炔瓶内最大压力为 17MPa，乙炔内含有约 93% 的碳 7% 的氧气，与适量的氧气混合后，点火后即可产生高温火焰。采用乙炔进行气焊，其火焰的温度较高，但操作不如用液化石油气方便。

液化石油气瓶是由瓶体、瓶阀、瓶保护圈和手轮等组成。在液化石油气瓶的阀口处安装有调压器，以降低输出液化石油气的压力，并保持稳定均匀的供气。

4. 焊矩与胶管

焊矩又称焊枪或熔接器，外形如图 7-17 所示。它的作用是将氧气和乙炔(或液化石油气)按一定的比例混合，喷出的混合气体点燃后可产生高温，加热工件进行焊接。以所需火焰的温度选择不同的焊嘴。

使用焊矩前，将红色氧气胶管套在焊矩的氧气进气口上，用铁线扎紧，并打开氧气阀，通入氧气以清除焊嘴内的灰尘。然后检查其射吸能力，检查射吸能力合格后，再将绿色的液化石油气管紧套在焊矩的液化气进气口上。

图7-16 减压器

图7-17 焊矩及焊嘴的实物照片

点火时，先将氧气阀调到很小的氧气流量，然后缓慢地打开液化气阀，点燃，再调节氧气和液化气的流量，直到火焰为合适的中性焰，即可进行气焊操作。

熄灭火焰时，先关闭氧气阀，后关闭液化石油气阀。

按气焊操作要求，工作场地应距离氧气瓶和液化石油气瓶10m处，需要使用胶管连接，以输送气体。一般氧气胶管使用红色的高压胶管，它的内径为8mm，工作压力为1.5MPa，应具有耐磨和耐燃性能。液化石油气或乙炔胶管选用绿色的低压胶管，它的内径为8～10mm，工作压力为0.2MPa左右。

焊接时，一旦氧气胶管着火，应迅速关闭氧气瓶阀和减压器，以停止供氧，禁止采用折弯氧气胶管的办法来断氧灭火。

7.2 焊接操作

焊接在制冷设备的制造、维修中，占有十分重要的地位。

所谓焊接是指通过加热或加压或两者并用，采用填充材料或不用填充材料，使焊件达到原子的接合的一种加热工艺。

根据焊接过程的特点，金属焊接可分为熔化焊和加压焊两大类。这两大类焊接方法中，以熔化焊应用最为广泛。

电冰箱和空调器等制冷设备的管路焊接则以钎焊为主。钎焊是熔化焊的一种，它利用熔点比焊件金属低的钎料作为填充材料，适当加热后，钎料熔化，把固态的焊件连接起来。

根据钎料（即焊料）熔点的高低，钎焊可分为硬钎焊和软钎焊。

硬钎焊：所用钎料熔点在450℃以上。属于这类的钎料有铜基、银基、铝基及镍基钎料。硬钎焊接头强度较高，适于钎焊受力较大或工作温度较高的工件。在制冷系统中，紫铜管之间的连接以银钎焊（简称银焊）为最好，可以得到较高的强度和气密性。

软钎焊：钎料熔点在450℃以下，接头强度较低，一般不超过70MPa，只适用于钎焊受力不大或工作温度较低的场合。常用的这类钎料为锡铅料，又称焊锡。

在钎焊过程中，一般需用助焊剂。助焊剂又称焊剂或焊药，其作用是清除被焊金属表面的氧化膜及其他杂质，改善钎料流入间隙的性能（即润湿性），保护钎料及焊件免于氧化。助焊剂的选用对焊接质量影响很大。软钎焊常用助焊剂为松香或氯化锌溶液；硬钎焊常用助焊剂则主要由硼砂、硼酸、氟化物、氯化物组成。

7.2.1 焊接火焰

1. 碳化焰

当可燃气体的含量超过氧气含量时，其焊接火焰就是碳化焰，如图7-18a所示，它的特点是焰心、内焰、外焰3层分明，其中焰心呈白色，外围略带蓝色。内焰为淡白色，外焰是橙色。火焰苗长而柔软，温度为2500℃左右，适用于焊接小直径的铜管或钢管。

2. 中性焰

当氧气与可燃气体的比例在1.1:1时，可得到中性焰。中性焰也由3层组成，焰心呈尖锥形，并发出耀眼的白光；内焰呈蓝白色，达透明状为最好。中性焰在焰心锥头2～4mm处温度最高，达2700℃左右，外焰由里向外其颜色由淡紫色逐渐变为橙黄色，中性焰各层的轮廓分明且燃烧充分，适合于铜管与铜管及钢管与钢管的焊接。中性焰如图7-18b所示。

3. 氧化焰

当中性焰中氧的比例再增加一些就形成氧化焰，其外观如图7-18c所示，火焰分两层，焰心呈青白色且短而尖。外焰略带紫色，火焰挺直并发出剧烈的噪声，开头也较短，氧化焰温度为2900℃左右，由于氧化焰中氧含量很多，具有很强的氧化性，因此不宜直接进行焊接操作。

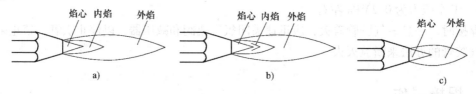

图7-18 焊接火焰

a）碳化焰 b）中性焰 c）氧化焰

7.2.2 焊接操作要点

1. 铜管与铜管的焊接

焊接铜管时，接头连接端须加扩管。被扩管的内径比插入管外径大0.07～0.25mm，插入深度不应小于插入管的直径，如果连接时不扩管，也可以外加套管连接。套管内径要比插入管外径大0.2～0.3mm，套管长度是插入管直径的3倍，插入深度为10～20cm。

焊接前用细砂布把焊接部位上的油脂、漆膜和氧化层清除干净，将准备好的小管径铜管插入到大铜管内，或把未扩管插入到已扩管中。然后点燃焊矩，调整火焰，铜管的连接如图7-19所示。

焊接时选用中性焰，加热铜管。为避免受热面积过大，应使焊接火焰与铜管成90°加热，如图7-20所示，被焊接

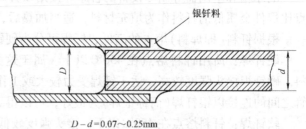

$D-d=0.07～0.25mm$

图7-19 铜管的连接

铜管放置稳定，使火焰的焰心端距离焊接件约为2～4mm，应左右前后移动焊枪，使管受热均匀，同时在焊接处涂上焊剂。直至到达焊点温度为止，为了防止焊料从间隙流入管内，焊

接时管接头必须呈水平状态，最好使接头的焊口向下，绝对不能使接口向上焊接，如图7-21所示。铜管与铜管一般采用银钎焊，也可采用铜磷系焊料。它们熔化后均有良好的流动性，并且不需要助焊剂。

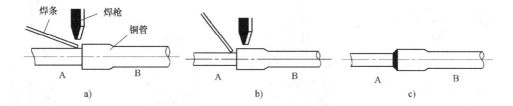

图 7-20　铜管与铜管的焊接

a）焊条方置位置　b）火焰在 A、B 间移动　c）焊接外表示意图

2. 铜管与钢管的焊接

铜管与钢管的焊接同铜管与铜管焊接一样，所不同的是将火焰调为碳化焰，如图7-22所示，加热插入管和套管，并将助焊剂涂抹在待焊部位，加热时火焰不可直接接触助焊剂；加热钢管的温度要略高于加热铜管时的温度。将预热过的焊条放在焊点上，当焊条熔化后，焊矩就应当在 A、B 间往复移动，直至焊料流入两管间隙内。

3. 毛细管与干燥过滤器的焊接

毛细管与干燥过滤器焊接时，要注意毛细管的插入深度，过深或过浅都不好。毛细管与干燥过滤器正确的安装位置如图7-23所示，管口与滤网的

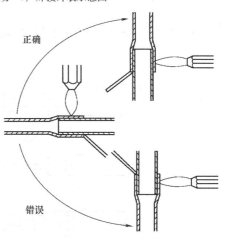

图 7-21　焊口的方向

距离应保持在 5mm 左右。若按图7-24a 所示安装，则会使毛细管的阻力增加且易堵塞。若按图7-24b 所示安装，则焊接时容易堵塞毛细管口。

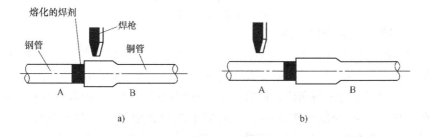

图 7-22　铜管与钢管的焊接

a）焊接加热部位　b）焊条熔化后火焰移动部位

对于初学者在焊接毛细管与干燥过滤器时，可以先把毛细管插入并碰到滤网，再将其退出 5mm 左右，可按图7-23所示位置事先做好标记。焊矩温度可适当低些，焊接时间尽量缩短，以免熔化毛细管或损坏干燥过滤器。

焊接前要夹扁管口，管口的夹扁要使用专用夹扁钳进行。各种铜管的夹制方式如图7-25所示。在夹扁操作中，要求铜管的内管不变形或堵塞，外管夹扁长度为 15~20mm，毛细管

的插入深度应为25～30mm，即毛细管伸出夹扁口最少约为10mm。

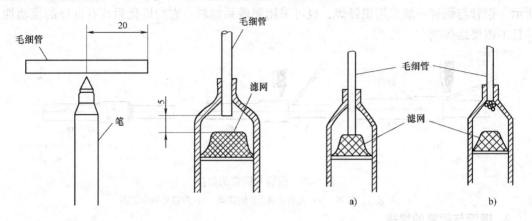

图 7-23　毛细管与干燥过滤器的正确安装　　　图 7-24　毛细管与干燥过滤器的
错误安装位置

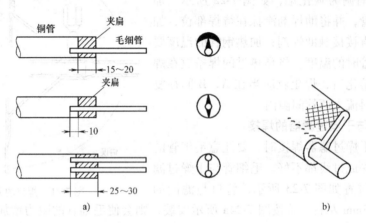

图 7-25　各种铜管的夹制方式
a）夹扁前　b）夹扁后

4. 铜管与铝管连接的焊接方法

铜管与铝管的连接可以采用铜铝接头，也可用以下方法：取一段长度为10cm以上、与铝管管径相同的铜管，扩管1cm，铝管表面处理干净，要求露出的清洁铝表面长度要长于铜管扩管处；然后用汽油清洗两端口，铝管涂上调好糊状的铝焊粉，插入扩好口的铜管中，固定一端，在距接口1cm处加热铜管部位，火焰不能烧到铝管，加热要缓慢，铜的熔点为1083℃，铝的熔点为658℃，铜管在658℃时发暗红色，铝管开始融化时立即停止加热，同时加压稍微旋转一下铜管，然后用小火保温慢慢冷却。完成后进行铜管与铜管的焊接，焊接时用一块湿布包住铜、铝接头以防铝管再次熔化。

铝在高温时(达到熔点时和氧气的结合力比较强)很容易氧化产生熔点高达2050℃的氧化铝膜，难以和被焊金属融合，所以焊接时要用中性焰或轻微的碳化焰，严禁使用氧化焰以免剧烈氧化影响焊接质量。

5. 铝合金蒸发器的焊接

国产电冰箱大多采用铝合金蒸发器。使用中如出现砂眼和人为造成的破坏，则需要补焊。铝合金蒸发器的补焊比其他种类蒸发器的补焊困难。下面介绍两种补焊方法。

1）铝-铝补焊法。先把铝焊粉加蒸馏水调成糊状，把蒸发器待焊部位处理干净露出清洁的铝表面并涂上铝焊药；然后将铝焊条沾上焊药，用2号焊矩3号焊嘴，调节火焰为中性焰，预热补焊部位和铝焊条，当温度达到70~80℃时，集中火焰加热被焊部位，焊矩倾斜45°，同时焊条靠近火焰保持焊条温度，当发现加热处有微小细泡出现时迅速把焊条移动到焊补处轻轻一触，火焰马上离开焊接处，即焊接完毕。注意焊接温度不要太高，动作要快，以防止表面被氧化以及焊漏（因为蒸发器比较薄）。

2）锡焊铝。先用硬脂酸和氧化锌按1:1的比例混合后加热，待熔化成糊状后停止加热，冷却后即成为白蜡状的专用助焊剂。焊接前，先将补焊处用锯条刮干净，再用酒精清洗，而后用烙铁均匀地涂上助焊剂。将烙铁挂满焊料（松香焊丝）后，在补焊处反复摩擦，焊料就会牢固地焊在砂眼处。如一次不成功，可重新涂助焊剂。焊完之后在焊处涂上环氧树脂胶，待24h胶干后即可充灌制冷剂。注意烙铁功率要足够大，150W以上为宜，焊料最好使用优质焊锡丝。

6. 毛细管与蒸发器的焊接

毛细管和蒸发器焊接时，首先要将蒸发器的铜管夹扁，然后插入毛细管。其夹扁方式、焊接方法和注意事项同毛细管与干燥过滤器焊接相同。

7.2.3　安全注意事项

1）焊接操作区要通风良好，焊枪火焰离氧气和乙炔瓶（液化石油气瓶）要保持一定距离，要保持氧气瓶的清洁，表面不要有油污。

2）在焊接时一定要先点火后放气，即"火等气"，不要放出气体再点火，点火时气体要小，之后再逐渐调节气体的量。

3）注意在焊接时千万不能在没有放空制冷剂之前贸然使用氧气枪将管路烧开，因氟对温度相当敏感，管内的氟受热后会剧烈膨胀，产生伤人事故。

7.2.4　使用洛克环进行管路连接的方法

目前厂家生产的无氟冰箱大都采用R600a作为制冷剂。由于R600a具有爆炸的危险性，因此，生产维修时一般使用洛克环（LOKRING）接头和洛克环密封液（LOK-PREP）进行封口。

洛克环接头由德国VULKAN LOKRING公司拥有专利，是一种"冷"的管路连接工艺，它可以在不产生高温和其他污染杂质的前提下可靠地将金属管路连接起来，其密封性非常好，而且可以承受相当大的内压。对制冷剂的管路来说，洛克环接点的密封可靠性比焊接更高。

洛克环可以连接不同材料的管子，例如铜和铝，其衍生产品还可以连接管径相差较大的管子及作工艺管堵头之用，而且操作非常方便安全。图7-26为洛克环实物照片。

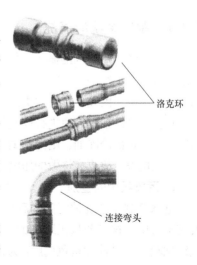

洛克环

连接弯头

图7-26　洛克环实物照片

1. 使用洛克环接头的操作步骤

1）用钢丝绒或砂纸旋转清洁管子端部，要避免沿管子轴向动作，以免产生轴向划痕。

2）在所要连接的管子端部滴加洛克环密封液。

3）将管子分别插入洛克环接头，直至管子端部触到中间衬套的底部。为使密封液更好地起作用，须将洛克环接头转动360°。

4）用专用压接工具压接洛克环接头（夹紧2～3min）。

2. 使用洛克环接头操作时应注意的问题

1）洛克环接头放置方向不可颠倒。

2）连接时内插管必须插到底。

3）使用时必须滴加密封液。对大尺寸管子接点可滴加两滴密封液。对毛细管接点只可加1滴，且毛细管插入深度要足够，以免密封液流入毛细管内固化后堵塞管路。滴加密封液后必须在20s内完成压接，以免其开始固化影响密封效果。密封液的固化时间随所接触的金属材料及现场环境温度有所不同，具体来说只要一头是铜管，则固化时间约为2～4min。若两头均为铝管，则固化时间在20～25℃时为15min左右。若环境温度过低（10℃以下）则固化时间较长，若有必要，可对压接完成的洛克环接头加热以加速固化。若密封液滴到其他非粘接部位，则需用吸附性好的东西予以擦净。

4）压接完成后洛克环尾端必须越过外面那根管子的尾端至少2mm。

5）蒸发器整形时注意不要直接抓住洛克环接点两头管子大力弯曲，若需弯曲时应用一手拇指内侧顶住接点开口端外10mm左右处进行。

注意密封液存放时间，不要使用过期的密封液（有效期见瓶身黄色标签），存放环境温度为5～25℃，具体技术参数应查阅相应资料。

7.3 制冷系统的清洗与排油

7.3.1 制冷系统的清洗

制冷系统中制冷剂的循环应保持无杂质、无水分和无空气。当电冰箱、空调器制冷系统的压缩机电动机绝缘击穿、绕组匝间短路或烧毁后要产生大量的酸性氧化物，使制冷系统受到不同程度的污染。因此，排除这类故障时，不但要更换压缩机，还必须同时更换干燥过滤器，并且要将整个制冷系统管道进行彻底的清洗，才能保证修理质量。如果只是更换压缩机和干燥过滤器，不清理旧冷冻油，则由于酸性物质的逐渐腐蚀，在使用1～2年后，新压缩机电动机线圈会再次烧毁。故更换烧毁的压缩机时，需要将制冷系统解体，逐一清洗各部件。

1. 污染程度的鉴别

电冰箱制冷系统被污染的程度可分为轻度和重度。轻度污染时，制冷系统内冷冻油没有被完全污染。这时若从压缩机的工艺管放出制冷剂和润滑油，油的颜色是透明的；若用石蕊试纸试验，油呈柠檬黄色（正常为白色）。重度污染时，打开压缩机的工艺管会立即闻到焦油味；从工艺管倒出冷冻油，其颜色发黑；用石蕊试纸浸入油中，5min后纸的颜色变为红色或淡红色。

2. 清洗方法

（1）管道的清洗

1）铜管。首先用流速为 10～15m/s 的压缩机空气吹洗，再用 15%～20% 氢氟酸溶液腐蚀 3h，然后依次用 10%～15% 的苏打水溶液和热水冲洗，最后在 120～150℃ 温度下烘干 3～4h。为了除去水蒸气还必须用氮气或干燥空气吹干。

2）钢管。首先向管内注入 5% 的硫酸溶液并保留 1.5～2h，再注入 10% 的无水碳酸钠溶液中和，然后用清水冲洗干净并用氮气或干燥空气吹干，最后用 20% 的亚硝酸钠净化。

3）毛细管。先用 650℃ 左右的高温除去管内油污，待冷却后用压缩空气吹净，再用四氯化碳冲洗，最后用氮气或干燥空气吹干。

（2）冷凝器、蒸发器的清洗

1）空调器或电冰箱等小型制冷设备的冷凝器、蒸发器也可采用管道清洗的方法处理，但铝制的蒸发器则不能采用酸洗工艺，只能用三氯乙烯冲洗，然后用氮气或干燥空气吹干，如图 7-27 所示。

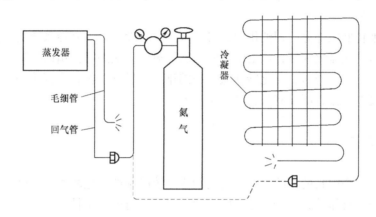

图 7-27　清洗制冷管路

2）风冷式冷凝器外表面的清洗。风冷式冷凝器的外表面容易附着灰尘和油污，它们会阻碍空气流通，造成通风不良而影响空调机的制冷效果。对此，可以采用刷洗法来清理，刷洗时需用 70℃ 的温水，加入少许洗洁精，用专用清洗机冲洗冷凝器表面，如果冷凝器上有油污，最好是将带有洗洁精的水在冷凝器上停留一段时间。让洗洁精慢慢清除冷凝器上的油污，最后再用清水将洗洁精冲洗干净。要是油污太厚就需要使用专用工具来清理。

对于轻度污染的制冷系统，只需拆下压缩机和干燥过滤器，直接用制冷剂气体吹洗不少于 30s，或者直接用氮气在 0.8MPa 压力下对管道吹洗 2min。

不论采用何种方法清洗，清洗完毕后，都应及时装上压缩机和更换干燥过滤器，并尽快地组装好、封焊好。

7.3.2　制冷系统的排油

制冷剂能与润滑油相互溶解且润滑油会伴随制冷剂流动。但制冷剂的溶解度随润滑油的种类和温度的不同而有所变化。在系统中温度较高的地方两者充分溶解不易在管壁形成油膜而影响传热，但在温度较低的蒸发器中，由于制冷剂中溶解有油，会使蒸发温度有所提高，还会出现分层现象，润滑油可能随着制冷剂的蒸发而在蒸发器的管道中积存；这样，一方面影响管道传热，另一方面由于积存在蒸发器管道中的润滑油占据了部分空间，致使制冷剂蒸发量减小而影响制冷，导致电冰箱或空调器制冷不良。因此，在维修时若发现蒸发器中积油或制冷不良时应该进行排油。

1. 利用压缩气体排油

1）放掉制冷剂的同时在工艺管上焊上三通检修阀，并将压缩机回气管处的焊头焊开，把压缩机的吸气管口堵死。

2）通过三通检修阀向制冷系统充入 0.8MPa 压力的氮气，因回气管已被焊开，故应使压力表始终保持此压力值。

3）用手指堵住回气管口，当感觉到手指有压力时，突然放开，此时系统中的氮气喷出，同时把蒸发器中的积油也带出来了。反复进行多次，直到把积油排尽为止。

2. 利用压缩机产生的高压气排油

把回气管焊开后，不用堵死压缩机的回气管，起动压缩机后，用手指先堵住回气管口，当手指压不住时突然放开，气体喷出时把积油带出。这样就不需氮气，而是利用压缩机产生的高压气进行排油。

为了更好地将低压部分的积油排净，可以采用受轻度污染的制冷系统的清洗方法，对蒸发器注入一定量的四氯化碳后，从毛细管吹入高压氮气。仍用手指堵回气管口，当感觉到压力时突然放开时，将积油与四氯化碳和氮气一同排出。反复多次，直到将积油与四氯化碳吹净为止，对冷凝器部分，则没有必要进行排油处理。

7.4 检漏操作

制冷系统是一个密封的系统，维修后的制冷系统必须严格地检查气密性，才能保证修理质量，提高运行的可靠性，减少制冷剂的损耗，提高运行的经济性。

氟利昂是一种渗透力极强的制冷剂。它无色无味，价格较昂贵，又不易保存，所以对制冷系统的气密性的检查必不可少。

氟利昂制冷系统中主要检查的泄漏部位包括：制冷压缩机所有可拆卸的连接部和轴封处；螺栓端部、视油镜、蒸发器的各焊接部位，各管道和部件连接处。

常见的检漏方法有：目测检漏、洗洁精检漏、卤素灯检漏、电子卤素检漏仪检漏和浸水检漏等几种。

1. 目测检漏

在氟利昂制冷装置中的某些部位有渗油、滴油、油迹、油污等现象时，即可断定该处有氟利昂制冷剂泄漏。因为氟利昂系统为密封系统，氟利昂类制冷剂和冷冻油又具有一定的互溶性。

所以，凡是氟利昂制冷剂泄漏的部位，常伴有渗油或滴油等现象。遇到上述情况即应进一步采用其他方法进行检漏，以便确定准确位置。

2. 洗洁精检漏

洗洁精检漏是目前电冰箱维修人员常用的比较简便的方法。检漏也可用肥皂水，由于肥皂水调制浓度不易掌握，携带又不方便，相对来说用洗洁精较好。具体的操作方法如下：先将洗洁精倒在海绵上，让它吸饱，检漏时，在系统中充入 0.8MPa 的氮气，用纱布擦去被检部位的污渍，再将洗洁精涂在系统的接口、焊口、出线口等处，仔细观察有无气泡。如有气泡出现，说明该处有泄漏。

3. 浸水检漏

浸水检漏是一种最简单而且应用最广泛的方法，常用于压缩机、蒸发器、冷凝器等零部件的检漏。其操作方法是：检漏时，先向被检部件内充入一定压力的干燥空气或氮气（蒸发器和低压部件内压力不应超过 0.8MPa），然后将部件浸入 40~50℃ 的温水中观察 1min 以上，当目视无任何气泡出现时即为合格。注意操作时应保持水的洁净。

4. 电子卤素检漏仪检漏

电子卤素检漏仪是利用气体的电离现象经电子放大器放大后来检查管路泄漏情况的一种较为先进的仪器。

检漏时，先向被检部件或系统内充入含 1% 氟利昂制冷剂的干燥氮气混合气体，压力保持在 0.8MPa，然后再把探头放在距被检部位约 5mm 处并以 5mm/s 的速度通过，若有泄漏，则电子检漏仪会报警。

由于电子卤素检漏仪的灵敏度很高，所以不能在有卤素或其他烟雾污染的环境中使用。检漏仪的灵敏度一般是可调的，由粗查到精测分为几个挡位。在有污染的环境中检漏时，可选择适当的挡位进行。在使用过程中严防大量的 R22（或 R12）制冷剂吸入检漏仪，以免过量卤素污染电极，使灵敏度大为降低。检测过程中，探头与被测部位之间的距离应保持在 3~5mm 之间。

5. 荧光检漏

它是利用荧光检漏剂在紫外/蓝光检漏灯照射下会发出明亮的黄绿光的原理，对各类系统中的流体渗漏进行检测的。在使用时，只需将荧光剂按一定比例加入到系统中，系统运行 20min 后戴上专用眼镜，用检漏灯照射系统的外部，泄漏处将呈黄色荧光。目前应用在汽车空调的检漏中。

7.5 抽真空与制冷剂的充注操作

7.5.1 抽真空操作

制冷系统抽真空的目的是排除制冷系统里的水分和不凝性气体。如果系统中混入水分，容易引起冰堵，不能正常制冷，而且会使压缩机长时间在高温下工作，容易引起压缩机烧毁；系统中混入不凝性气体时，会导致冷凝压力、冷凝温度升高；排气压力相应升高而导致耗电量的增加。因此，制冷系统的抽真空是维修中很重要的一项。抽真空分为低压单侧抽真空、高低压双侧抽真空和二次（复式）抽真空。一般家用空调和电冰箱只需要用低压单侧抽真空就可以了。

1. 低压单侧抽真空

低压单侧抽真空是利用压缩机机壳上的加液工艺管进行的。其操作工艺比较简单，焊接口少，泄漏机会也相应减少。低压单侧抽真空的方法如图 7-28 所示。

按图 7-28 所示连接好系统后，开动真空泵，把三通检修阀逆时针方向全部旋开，抽真空2~3h。当真空压力表的表针指示在133Pa以下、负压瓶内的润滑油不翻泡时，说明真空度已达到，可关闭检修阀，停止真空泵工作。

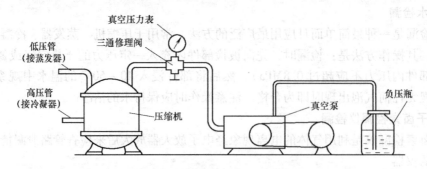

图7-28 低压单侧抽真空的方法

2. 高、低压双侧抽真空

高、低压双侧抽真空是指在干燥过滤器的进口处另设一根工艺管，与压缩机机壳上的工艺管并联在一台真空泵上。高、低压双侧抽真空克服了低压单侧抽真空方法中毛细管流阻对高压侧真空度的不利影响，这种操作必须运用双尾干燥过滤器，如图7-29所示。

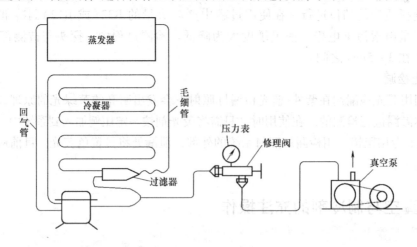

图7-29 高、低压双侧抽真空

它的优点是容易保证高、低压侧真空度，有利于制冷，但是要增加两个焊口，工艺上稍微复杂一些。高、低压双侧抽真空对制冷系统性能有利，且可适当缩短抽真空时间，已被广泛应用。

3. 二次抽真空

二次抽真空是指将制冷系统抽真空到一定真空度后，充入少量的制冷剂，使系统内的压力恢复到大气压力。这时，系统内已含有制冷剂与空气的混合气。第二次抽真空后，便达到了减少残留空气的目的。

二次抽真空和一次抽真空的区别是：一次抽真空时，制冷剂高压部分的残余气体必须通过毛细管后才能到达工艺管被抽除，由于受毛细管阻力的影响，抽真空时间加长，而且效果不理想。二次抽真空是在一次抽真空后向系统内充入制冷剂气体，使高压部分空气冲淡，剩余气体中的空气比例减小而达到较为理想的真空度。

4. 利用自排方式抽真空

以分体式空调为例，打开室外机的高、低压阀，充气口接上氟利昂钢瓶（不要开阀）。用手堵住低压管，开启压缩机排气 10 余秒，感觉吸力非常大时，打开氟利昂钢瓶阀门，从低压侧向机内充氟，将余存空气顶出。高压管有大量气体排出时，关闭高压阀，继续向机内充氟。充入一定制冷剂后，关闭低压阀，停止压缩机。这样，在室外机内就余存一定量制冷剂，可按正常程序接管排气操作，最后试运行时，补足所需制冷剂即可。

7.5.2 制冷剂的充注操作

在制冷系统的安装、修理过程中，经过试压检漏和干燥抽真空以后，应立即充注制冷剂。充注的制冷剂以液态为好。本节以电冰箱为例，说明制冷剂的充注方法。

对于家用电冰箱来说，由于一般采用毛细管节流，其制冷剂的充注量很少。如采用 R12 或 R134a 作制冷剂，其充注量一般不超过 200g，如采用 R600a 作制冷剂，则充注量更少，仅为 80g 以下。因此对制冷剂充注量的精度要求比较高，一般前者误差不得大于 5g，后者不得大于 2g。

制冷剂充注量偏多，则电冰箱蒸发温度升高，冷凝压力增大，压缩机轴功率增大，运转率提高，甚至可能出现冷凝器积液过多。在压缩机停机后，当高压低于与环境温度对应的饱和压力时，液态制冷剂在干燥过滤器和冷凝器末端蒸发吸热，造成势能损失。若制冷剂充注量偏少，则蒸发器末端过热度升高，结霜不满，从而使蒸发器的制冷量减少，压缩机运转率提高，耗电量增大。当制冷剂充注量少于额定值的 80% 时，电冰箱便不能正常工作。因此，准确地掌握制冷剂的充注量是十分重要的。

全封闭式压缩机制冷系统充注制冷剂常用的方法有 3 种。

1. 定量加液法

定量加液法是用专门的定量加液器充注。图 7-30a 所示是利用三通检修阀和定量加液器进行抽真空及充注的管路连接图。充注时，先从加液器中放出微量制冷剂，使连接管路中的空气排出，然后拧紧阀门。

首先起动真空泵，抽真空 30min。然后开启定量加液器截止阀，起动电冰箱压缩机，制冷剂即进入制冷系统中。充注过程中应密切注视定量加液器的液位变化，到达充注量时关闭阀门。再用热毛巾将充液管道加热，以便使管内残留的制冷剂减少到最低限度。

2. 称量加液法

采用称量加液法进行充注时，事先准备一个小台秤，将制冷剂钢瓶放在台秤上，瓶口朝下，使制冷剂液面高于瓶口，保证充入制冷系统的是液态制冷剂，以减少不凝性气体进入制冷系统，制冷剂钢瓶与电冰箱的连接如图 7-30b 所示。

正式充注制冷剂之前，先使连接管与三通检修阀 V_1 的连接呈松动状态，连接螺母不要拧紧，并稍微打开加液阀 V_2 放出一些制冷剂，以便将连接管内的空气完全排除。当听到"嘶嘶"声的时候，说明排出的已经是制冷剂，这时可以旋紧管子与 V_1 的连接螺母，并关闭制冷剂瓶上的加液阀 V_2。称出这时候制冷剂瓶的质量，然后减去制冷剂的充注量，调好秤砣的位置，此时，台秤秤杆抬起。

开始充注制冷剂时，先旋转三通检修阀的针阀杆，打开 V_1 的通道，再缓慢地打开加液阀 V_2，将制冷剂缓慢地注入制冷系统内。在充注过程中，要注意台秤及真空压力表的读数。

当台秤的秤杆下移时，说明制冷剂的充注量已经够了，要立即关闭制冷剂瓶上的加液阀 V_2 和检修阀 V_1。这时真空压力表的读数应大约是 0.2MPa。

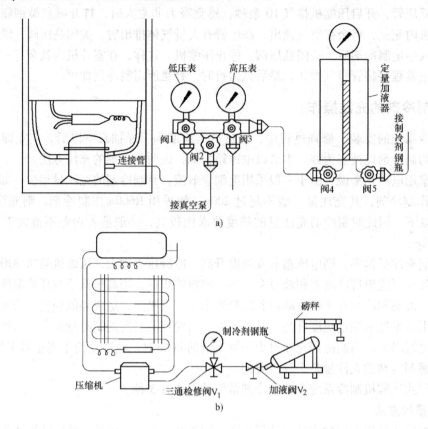

图 7-30　制冷剂的充注

a）定量加液法　b）称量加液法

3. 控制低压压力法

低压压力的高低是由充注制冷剂的多少决定的。充注制冷剂多，低压压力就高，蒸发温度也高；充注制冷剂少，低压压力低，蒸发温度也低。低压压力的高低还易受环境温度变化的影响，在不同的季节充注制冷剂时，应把低压压力控制在不同的数值上。冬天气温低，低压压力应稍低些，为 0.02～0.04MPa；夏天气温高，低压压力一般可控制在 0.05～0.07MPa。

此种注液方法可参照图 7-30b，不同的是可以不用台秤，但其操作步骤基本上相同。

控制低压压力虽然能判别制冷系统制冷剂充注的多少，但由于影响制冷系统低压压力的因素较多，制冷剂充注量的误差也较大，因而还应通过观察制冷系统主要部件的温度及其变化，才能确定制冷剂充注量的准确性。

1）观察电冰箱上、下蒸发器的结霜情况。制冷剂充注量准确时，上、下蒸发器表面结霜均匀，霜薄而光滑，用湿手接触蒸发器表面有黏手感。若制冷剂充注量不足时，则蒸发器上结霜不匀，甚至只有部分结霜。对于制冷剂先进入下蒸发器然后到上蒸发器循环的电冰箱，会出现冷藏室温度低，而冷冻室温度降不下来的现象。若制冷剂充注量过多时，则蒸发器上结浮霜，冷冻室内的温度达不到设计的温度要求。

2）摸冷凝器上的温度。制冷剂充注量准确，冷凝器上部管道发热烫手，整个冷凝器从上到下散热均匀。若充注量过多，则冷凝器上的大部分管道发烫。若充注量不足，则冷凝器管道上部只有温热，而下部管道不发热。

3）摸干燥过滤器和毛细管上的温度。制冷剂充注量准确，干燥过滤器有热感。若干燥过滤器上温度较高，则说明制冷剂充注量过多。若干燥过滤器上不热，说明充注量不足。毛细管进口处管道上的温度应高于干燥过滤器上的温度。

4）摸低压回气管上的温度。制冷剂经毛细管节流，在蒸发器内进行蒸发，吸收汽化潜热变为饱和蒸气。饱和蒸气流经回气管，继续向回气管吸热，变为过热蒸气回到压缩机。制冷剂充注量准确时，回气管上有凉感；若回气管上没有凉感，则为制冷剂充注量不足；若回气管上结霜，则说明制冷剂充注量过多。

制冷剂充注结束，在压缩机工作状态下，封离工艺管。方法如下：在距离压缩机工艺管口 20cm 处，用封口钳夹扁工艺管。为了保险起见，可以同时夹扁两处。然后在外端切断工艺管，切断处用砂布打磨干净，用铜焊、银焊或锡焊封口。然后把封口浸在水中，检查有无气泡。再在管壁被压瘪处焊上焊料，以加强压封处的刚性。

空调器制冷系统充注制冷剂的方法与电冰箱制冷系统充注制冷剂的方法基本相同，不同的是空调器的制冷剂采用 R22，充注量比冰箱多得多，低压压力也较电冰箱高得多。

充注时按图 7-31 所示连接好设备，排出软管内的空气，方法是：打开高压阀，让部分制冷剂随空气一起喷出，把软管中的空气冲掉，然后关闭高压阀。打开三通阀的低压阀让制冷剂流入制冷系统内，当表压达到 147kPa 时关闭三通阀。

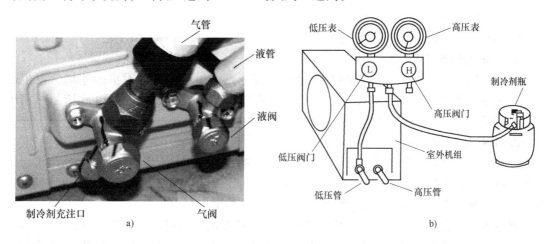

图 7-31　空调器制冷系统充注制冷剂的设备连接
a）室外机管口　b）设备连接图

空调器在充注制冷剂时，充注的过程不能太急，要加一点观察一会再加。以防止压力变化过快。同时，还应用钳形电流表监测其工作电流，不可让其超过额定工作电流值。

在充注制冷剂后，必须让空调器工作较长时间，检查其高、低压力和冷凝器、蒸发器，进、排气温度是否合乎要求。空调器低压压力、电流和消耗的功率都与外界环境温度有关，随着环境温度变化，其值也随之变化，这是修理空调器时应牢记的一点。

7.6 制冷系统的常见故障及排除方法

制冷系统的常见故障有管路堵塞和制冷剂泄漏等。现以电冰箱"堵"故障和"漏"故障,即毛细管"冰堵"、毛细管或干燥过滤器脏堵以及蒸发器泄漏为例,阐述制冷系统的故障现象及造成原因。

7.6.1 冰堵故障及排除方法

1. 冰堵的故障现象及造成原因

1) 故障现象。压缩机起动后,最初阶段节流后温度较高不产生冰堵,制冷剂可维持循环,打开冷冻室门能够听见制冷剂节流后的流动声,冷凝器发热,蒸发器结霜,修理用压力表的值为正压。随着温度降低,制冷剂节流后的流动声逐渐变小消失,冷凝器变凉,蒸发器化霜,压缩机运转声音增大,修理用压力表的值为负压。停机后打开冰箱门,箱内温度逐渐升高,毛细管出口堵塞的冰融化,约10min后,又可听见制冷剂的流动声,修理用压力表的值明显回升至正压。再起动运行又会重复上述现象。有的电冰箱中水分不多,系统呈微堵时,则在运转中蒸发器出现周期性化霜、结霜现象,即温度降低产生堵塞,堵塞后温度升高则毛细管口堵塞的冰融化,毛细管通畅,节流后,温度降低又产生堵塞,如此反复,使电冰箱不能正常工作。

2) 造成原因如下:
① 对系统抽真空不良;
② 制冷剂不纯,有水分或空气等。

2. 冰堵的检查方法

初步判断有冰堵现象,可用蘸有酒精的棉花球点燃烘烤或用热毛巾敷冰堵常发生部位——毛细管的出口处,如果过一会能听到"嘶嘶"的流动声,则说明电冰箱制冷系统发生了冰堵,经过加热后冰堵溶化。

3. 冰堵的排除

排除冰堵故障时,先将制冷剂放掉,制冷系统抽真空后充入干燥氮气。起动压缩机运转使干燥氮气吸收水分后再抽真空,如此反复若干次,恢复制冷系统时更换新干燥过滤器。充注品质高的制冷剂,并加装干燥过滤器,尽量吸收制冷剂中的水分。

制冷零部件装入系统之前,必须经过恒温干燥箱在恒温环境下烘烤8~16h,烘烤温度略高于当地水的沸点,可使水分汽化排出。但温度不能过高。对于复杂的零部件,如全封闭压缩机温度要低于105℃,达到120℃就会损坏其中的电动机绝缘介质。一般结构简单的零部件,则烘烤4h左右即可。如有条件,在烘烤中抽真空降低压力,使水的沸点降低更有利于水分的排出。取出时充入氮气并用胶布密封管口,尽快装入制冷系统。

在修理中禁止向制冷系统内充注甲醇消除冰堵。虽然管道中的甲醇溶液可以降低冰点,但甲醇、水与氟利昂制冷剂混合,产生化学反应,会生成氢氟酸、盐酸等腐蚀制冷系统零部件、破坏电动机的绝缘性能,导致制冷系统产生其他故障。

综上所述,防止和处理冰堵时必须注意以下几点:

1) 制冷系统不要打开后长时间不修,尤其在潮湿的环境中更应注意,应在具备条件时，打开制冷系统，并立刻修复。

2）装入制冷系统的零部件一定要干燥。

3）压力检漏时不得使用压缩空气，而要用干燥的氮气。

4）尽量使用真空泵抽真空。在真空条件下，水的沸点降低，有利于排出。

5）要经过干燥过滤器充注高品质的制冷剂。

6）禁止充注甲醇等缓解冰堵。

7.6.2 脏堵故障及排除方法

1. 脏堵的故障现象及造成原因

1）故障现象。电冰箱处于工作状态，但蒸发器内无制冷剂的流动声，不结霜，冷凝器也不热。

2）产生原因。

① 装配过程不严格，装配焊接后清洗不彻底，使外界杂质进入系统；制冷系统内存在水分、空气和酸性物质，产生化学反应而生成杂质。

② 冷冻油(压缩机润滑油)或制冷剂质量不符合标准。

③ 压缩机长期运行，机械磨损产生杂质。

2. 脏堵的检查方法

发现制冷系统有堵塞故障现象时，可用点燃的酒精棉球烘烤毛细管和干燥过滤器等处，若仍听不到制冷剂的循环流动声(即不能使蒸发器重新结霜)，则说明电冰箱制冷系统不是冰堵，而是发生了脏堵。在电冰箱修理过程中，可采用压缩空气或氮气反复地吹系统管道的出口，并断续地进行堵放，然后将喷射出来的气流喷在一张白纸上，观察其杂质痕迹以便进行判断。

3. 脏堵的排除

脏堵的排除操作顺序如下：通入氮气确定堵塞程度作为检修的参考，对于干燥过滤器的堵塞只需打开制冷系统检查后更换干燥过滤器，旧干燥过滤器作废不用。通入氮气判定毛细管是否堵塞时要注意不可随意提高氮气压力，尤其不能从干燥过滤器向蒸发器方向加压吹气，以免将污物吹入蒸发器内，造成进一步脏堵的隐患。

7.6.3 泄漏故障及排除方法

1. 制冷剂泄漏的故障原因

泄漏是电冰箱常见的故障，主要发生在蒸发器、冷凝器和配管连接点处，其中以蒸发器泄漏最为普遍。

引起蒸发器泄漏的主要原因：第一是用户在进行化霜时，操作方法不当，如使用锋利的金属刀具等刮霜，引起蒸发器管路泄漏；其次是铝蒸发器的管路被腐蚀，导致泄漏，因为金属铝的耐腐蚀性能较差，加上蒸发器的管路壁本身又很薄，而当制冷剂中含有水分时，二者会化合产生具有一定腐蚀作用的酸物质，使蒸发器的管道内壁受到腐蚀造成泄漏。如冰箱长期搁置不用，蒸发器被腐蚀的可能性较大，另外，在蒸发器进、出口处的铜-铝结合处，因工艺上的问题造成泄漏的情况较多。

2. 对蒸发器泄漏的维修与更换

对蒸发器泄漏的维修除了更换蒸发器以外，主要用粘补和钎焊的方法。在实际维修中，当冰箱、冰柜的蒸发器出现内漏时，一般可以不用拆动原蒸发器的盘管，在内包装皮的基础上可以重新盘管，实际检修效果很好。所用铜管（适合于直径为 $\phi6mm$ 和 $\phi8mm$ 的铜管）的长度确定方法如下：

1）冷藏室、冷冻室铜管长度的确定。冷冻室铜管长度过长会使制冷剂通过蒸发器时阻力增大，蒸发器的蒸发压力升高，由压焓图可知，蒸发压力的直线上移，相当于温度升高，会使制冷的最低温度受到影响。而铜管过短，吸热面积减小，蒸发器吸收的热量少则制冷量不够，又会使冷度达不到要求，其确定方法是：

冷冻室铜管的长度 = 冷冻室的容积 × 0.14m（适用于 $\phi8mm$ 铜管）。

冷冻室的容积是冷冻室的长、宽、高（单位是 dm）的乘积（值的单位是 dm^3）。

冷藏室铜管的长度 = 冷藏室容积 × 0.02m，在选管时冷藏室的铜管要留出一部分余量作为回气管。

2）毛细管长度的确定。电冰箱和冰柜的蒸发器铜管确定之后，毛细管的选配也是一个关键，毛细管过长、节流过甚，制冷量将降低，冰箱耗电量增加；毛细管过短，冰箱的蒸发压力增大，导致蒸发器温度上升，使冰箱制冷冷度达不到要求。毛细管的选择主要由压缩的输出功率决定的，一般是压缩机功率越大，则毛细管的长度越短，若采用内径为 0.7mm 毛细管，压缩功率为 125W 时，毛细管长度为 2.95m；93W 时为 3.25m。

3）安装。安装时，将毛细管与冷冻室蒸发器相接，冷藏室蒸发器与冷冻室蒸发器相连接，压缩机的吸气口与冷藏室蒸发器相接，毛细管与过滤器连接。安装时毛细管的末端套上塑料套管，提高隔热性能，并防止结霜。其末端绕在回气管上，利用回热来提高制冷性能。

安装完毕，焊上压缩机工艺接管，打压检漏，抽真空，加制冷剂。最后将工艺管封口焊死。上述维修方法成本低、性能可靠，是维修者经常选用的方法。

7.7 实训 1 电冰箱电气控制系统的检测

7.7.1 实训目的

1）通过对电冰箱电气控制系统的观察，了解电气控制系统的组成及各元器件的连接情况。

2）掌握电冰箱各电气元器件是否正常的判断方法。

3）掌握测量压缩机起动电流、运行电流、电动机绕组阻值的方法。

7.7.2 实训器材

1）实训用直冷式电冰箱及电控部件   1 套

2）万用表   1 块

3）绝缘电阻表   1 块

4）钳形电流表   1 块

5）十字形和一字形螺钉旋具   各 1 把

7.7.3 实训内容与步骤

1. 观察实训用的电冰箱

拆开实训用的电冰箱，对照电冰箱的电原理图，读懂电冰箱电气控制系统各组成部分及各元器件的连接情况。

2. 重锤式起动器的检测

1）打开压缩机接线盒，拆下起动继电器，观察其结构，熟悉其动作原理。将重锤式起动器上下摇动，应能听到撞击声音。重锤式起动器的结构见第 5 章图 5-29。

2）用万用表测量重锤式起动器电流线圈是否通路。

3）用万用表欧姆挡测量两触点端子之间的电阻，其值应为∞。将起动器翻转 180°即倒立，此时两触点端子之间的电阻应为 0。

3. PTC 起动器的检测

1）用手上下摇动起动器应无任何声音。

2）用万用表欧姆挡测量接线端子，其常温下电阻应符合起动器标注的电阻阻值（10 ~ 50Ω）。

4. 检测过载保护器

拆下过载保护器，观察其结构，熟悉其动作原理，用万用表欧姆挡测量其是否为通路。

5. 检测温控器

直冷式双门双温电冰箱大多采用定温复位型温控器，这种温控器有 3 个接线端子，如图 7–32所示，更换时必须正确连接，否则会出现电冰箱不能运行或运行不正常的现象。

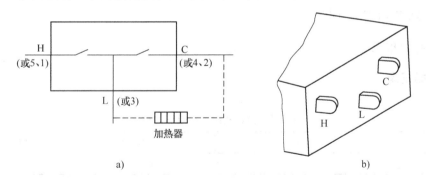

图 7-32　温控器的接线端子

1）接线端子的判别。在温控器的 3 个接线端于附近均标有大写的英文字母 H、L、C 或阿拉伯数字（对应为 5、3、4 或 1、3、2），如图 7-32a 所示。图中的 H、L 端，（或 5、3 端，1、3 端）为手动开关，可手动切断压缩机电源，使压缩机停止运行；L、C 端，（或 3、4 端，3、2 端）为温控开关，通断由电冰箱内温度控制，即自动控制压缩机启停。

安装时，H 端接电源，C 端接压缩机，L 和 C 端子跨接冬季温度补偿加热器。其功能是在环境温度较低时，通过接通补偿加热器，增加机组运行时间，确保冷冻室内低温要求，保证冬季电冰箱运行正常。

2）温控器工作状态的判断。在制冷状态下，测量各接线端子之间都应是导通的，可用万用表欧姆挡测量。将温控器的旋钮旋至中间位置，然后将感温管的一半放在 –18℃ 的冷冻室内 10min 左右，温控器应动作，即端子的 L、C 端形成断路。将感温管从冷冻室中取出 1～2min 后，端子 L、C 应恢复通路状态。

6. 检测化霜定时器

化霜定时器的外形结构如见第 5 章图 5-28，用万用表的电阻挡测量端子 A 与端子 C 之间的电阻，其阻值应为 7kΩ 左右。测端子 C 与 D 间电阻，其值为 ∞；C 与 B 间电阻为零。顺时针旋转手控旋轴并听到"喀"一声后，立刻停止旋转，此时为化霜位置。测 C 与 B 间电阻为 ∞，C 与 D 端间电阻为零。继续顺时针旋转手控旋轴，当又听到"喀"一声后，重复测端子 C 与 D、C 与 B 间电阻。

7. 检测压缩机绕组

重复用万用表测量压缩机外壳接线座上 3 根接线柱间的电阻，找出起动绕组、运行绕组和它们的公共接线端。

1）压缩机绕组的识别。用万用表 $R \times 1$ 挡测量压缩机 3 接线头任意两点的电阻值；并做记录。

2）压缩机绕组好坏的判断。若测出电阻值很大→∞，说明有断路现象，可能是绕组烧断，也可能是内部引线折断。如果测得的阻值很小→0，说明有短路现象，可能是绕组短路，也可能是内部引线短路。用万用表 $R \times 10k\Omega$ 挡测电动机 3 个接线端对机壳的电阻，其阻值均应大于 2MΩ。如电阻很小，表明绕组已碰壳通地。如果上述两项测出的电阻值与正常值相差很大，说明电动机绕组确已损坏，应加以修理。

3）用绝缘电阻表测量压缩机 3 个接线端对地的电阻值。

4）若压缩机电动机良好，绝缘电阻符合要求，连接好电路系统，接通电源，用钳形电流表测量起动电流和运行电流。

7.7.4 实训报告

1. 数据记录

实训记录的表格如表 7-1～表 7-6 所示。

表 7-1 重锤式起动继电器的检测

检 测 项 目	阻值/Ω	检 测 项 目	阻值/Ω
正置时测量		倒置时测量	

表 7-2 PTC 起动器的检测

检 测 项 目	阻值/Ω	检 测 项 目	阻值/Ω
未通电时阻值		通电时阻值（选做）	

表 7-3 温控器的检测

检 测 项 目	L、H 端阻值/Ω	L、C 端阻值/Ω	检 测 项 目	L、H 端阻值/Ω	L、C 端阻值/Ω
常温下			制冷情况下		

表 7-4　化霜定时器的检测

检 测 项 目	A、C 端阻值/Ω	C、B 端阻值/Ω	C、D 端阻值/Ω
制冷情况下			
化霜情况下			

表 7-5　压缩机电动机绕组的检测

测量的端子	万用表测量直流电阻/Ω	测量的端子	万用表测量直流电阻/Ω
C、M 端		S、M 端	
C、S 端			

表 7-6　压缩机电动机绕组的绝缘电阻的检测

对地的端子	绝缘电阻表测量直流电阻/Ω	对地的端子	绝缘电阻表测量直流电阻/Ω
C 端		M 端	
S 端			

2. 思考题

由任课教师布置 2~4 题,解答后将答案写在实训报告上。

3. 收获和体会

要求不少于 200 字,形成书面材料。

7.8　实训 2　制冷系统维修工具的使用练习

7.8.1　实训目的

1) 熟悉制冷系统维修工具的名称、结构、特点。
2) 掌握各种维修工具的基本使用方法。
3) 学会使用各种维修工具加工管材的基本工艺。

7.8.2　实训器材

1) 割管器、扩管器、弯管器、封口钳等　　　　　　　各 1 套
2) 焊接设备(加热管材用)　　　　　　　　　　　　1 套
3) $\phi6mm$ 与 $\phi8mm$ 快速接头　　　　　　　　　各 1 只
4) $\phi6mm$、$\phi8mm$ 和 $\phi12mm$ 铜管　　　　　　若干

7.8.3　实训内容与步骤

1. 割管

用割刀切下一段 6cm 长的铜管。方法如下:

使用时将割刀的调整旋钮旋紧,然后用力均匀平缓旋转一圈,再将割刀的调整旋钮适当

旋转一圈，直到管子被切断为止，在割管时注意要多转动割刀，少进刀且切割时割刀切割轮要与管子垂直。

2. 胀管

1）使用组合扩管器将 ϕ6mm 铜管管口胀成 ϕ7mm 的内径套口，首先进行铜管的退火，即：将铜管加热烧红，再常温下冷却。用锉刀将铜管的胀扩口锉平，将铜管夹在扩管器中，然后旋转压紧手柄，涂有润滑油的扩管锥头就会将铜管扩口，扩好后，拧下锁紧螺母，取出铜管，此时杯形口应圆润、光滑、不裂。同样，ϕ8mm 的两管套焊，应将其中一管胀成 ϕ9mm 的套口。

2）用同样方法，改变锥头可以扩喇叭形口。

3. 弯管

1）取一段 60mm 的紫铜管，将铜管加热后，自然冷却，即退火处理。

2）将退火的铜管放入弯管器带导轮的固定杆之间，用活动杆的导轮套住铜管。

3）用一只手握住固定杆手柄使铜管紧固，另一只手握住手柄顺时针方向缓慢均匀转动，同时观察弯转角度与固定轮刻度的对应值，直到达到弯转角度的要求。将铜管弯折成如图 7-33 所示的各种形状。

4. 管路连接

用扩管器做两个连接快速接头的接管头，套在与铜管规格一致的快速接头两端，然后将快速接头对接。

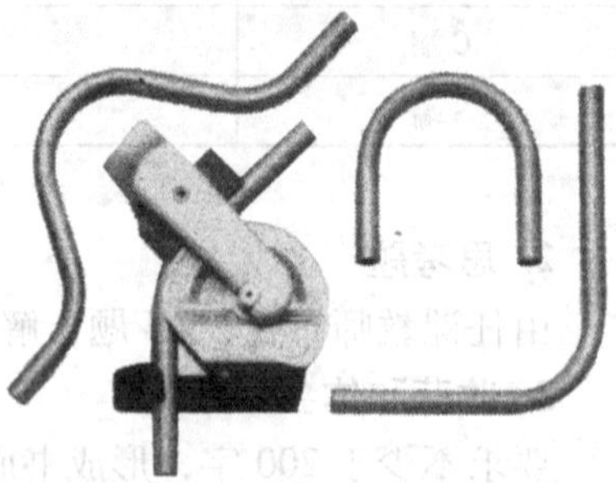

图 7-33 铜管弯折形状

5. 封口钳封口

根据被加工工艺管的厚度调整钳柄尾部的螺钉，应使钳口间隙小于铜管壁厚的两倍，过大封不严，过小易将铜管夹断，双手合掌用力紧握封口钳的两个手柄，钳口就将铜管夹扁并密封。

7.8.4 实训报告

1. 数据记录

数据记录的表格如表 7-7 所示。

表 7-7 常用工具的操作记录

工　具	型　号	加工管材尺寸	操　作　方　法
割刀			
扩管器			
弯管器			
快速接头			
封口钳			

2. 思考题

由任课教师布置 2~4 题，解答后将答案写在实训报告上。

3. 收获和体会

要求不少于 200 字，形成书面材料。

7.9 实训 3 制冷系统管路的焊接

7.9.1 实训目的

熟悉钎焊所用的工具、器材，掌握钎焊的基本操作方法与要领。

7.9.2 实训器材

1）氧气瓶   1 瓶
2）乙炔瓶（液化石油气瓶）   1 瓶
3）焊矩   1 把
4）焊条、焊剂   若干
5）$\phi6mm$ 或 $\phi8mm$ 铜管   若干
6）组合扩管器   1 套
7）砂纸   若干

7.9.3 实训内容与步骤

1. 铜管与铜管的焊接

1）用割刀切割 4 根直径分别为 $\phi6mm$ 和 $\phi8mm$ 的铜管。

2）如果对直径 $\phi6mm$ 的两管套焊，应把其中一个管口胀成 $\phi7mm$ 的套口，同样，$\phi8mm$ 的两管套焊，应将其中一管胀成 $\phi9mm$ 的套口，接口处用砂纸打光插入接好。

3）点火之前要先打开液化石油气瓶的阀门，再打开焊具液化气阀门，焊具阀门要缓开，适当放气驱净管内的空气以利点火，点火后略增加氧气含量再增加可燃气体的含量使其成为碳化焰，再适当增加氧气供应量，最终成为中性焰。

4）调节阀门，等火焰稳定后即可施焊。用气焊的火焰来回均匀地加热整个焊接管路的管接头，呈微红色时，焊剂（硼砂）被熔化成透明液体，这时可将沾有焊剂的焊料与焊炬火焰成一定角度的点涂在接口处。与此同时，将焊具后移用外焰继续加热，温度以 800℃ 为宜，直至焊料充分熔化填满缝隙。当铜管较粗时，应使用反热钢板，以提高加热温度和加热均匀程度。另外应根据焊接材料的厚度来调节焊接火焰的角度，材料厚度越厚则焊接火焰与被焊件的角度越垂直。

5）移开焊具，让焊料在空气中自然冷却。

6）用小镜子放在被焊接管的底部和背部，查看一下有无缝隙或气孔，焊口是否光滑，当确认焊好时，再关掉焊矩。

2. 焊接铜管与钢管

1）用割刀割直径为 $\phi6mm$ 的铜管和钢管各一段。

2）将铜管扩口，与钢管套接好，放稳。

3）将焊矩调成碳化焰，并将助焊剂涂抹在待焊部位。

4）加热焊接部位，不可直接使火焰接触助焊剂，加热钢管的温度略高于加热铜管的温度。

5）将火焰移开，使焊料与焊接点接触几秒钟后再移开。

6）检查焊接表面，如果还有未焊接到的地方，应再次焊接，直至所有缝隙都被焊死。

3. 焊接毛细管与干燥过滤器

其焊接方法同铜管与铜管的焊接，区别是毛细管的插入要符合要求，焊矩温度应适当降低、焊接时间要尽可能短，以免熔化焊接管道。

4. 注意事项

1）焊接火焰在点火时，要火等气，否则易发生事故。

2）不要在焊接时因怕焊不牢而使用大量的焊条，这样会使管接头焊接处形成堆积，影响美观。

3）注意氧气瓶和乙炔钢瓶中气体的压力在室温时不要超过瓶压力规定值，否则易发生爆炸事故。

7.9.4 实训报告

1. 实训记录

焊接操作记录的表格如表7-8所示。

表7-8 焊接操作记录

焊 接 管 材	管　径	火焰的种类	焊 接 情 况
铜管与铜管			
铜管与钢管			
毛细管与干燥过滤器			

2. 思考题

由任课教师布置2~4题，解答后将答案写在实训报告上。

3. 收获和体会

要求不少于200字，形成书面材料。

7.10 实训4 电冰箱抽真空与制冷剂充注

7.10.1 实训目的

1）熟悉电冰箱制冷系统抽真空的目的、方法，掌握真空泵的使用方法及利用三通检修阀、真空泵抽真空的操作步骤。

2）熟悉电冰箱制冷系统充灌制冷剂的方法，掌握利用定量充注瓶、三通检修阀充灌制冷剂的操作步骤。学会判断充注量是否合适的方法。

7.10.2 实训器材

1) 实训用电冰箱   1 台
2) 带真空压力表的三通检修阀   1 个
3) 连接铜管   若干
4) 真空泵   1 台
5) 夹扁器   1 个
6) 钎焊设备(氧气-乙炔焊工具)   1 套
7) R12 制冷剂   若干
8) 定量充注瓶   1 个

7.10.3 实训内容与步骤

1. 利用真空泵低压侧抽真空

1) 检查并确定制冷系统内的制冷剂基本排空。
2) 将带有真空表的三通检修阀焊接在压缩机的维修工艺管上。
3) 用一根胶管将真空泵的抽气口与带有真空压力表的三通检修阀连接起来。如图 7-28 所示。
4) 关闭三通检修阀开关，然后起动真空泵，同时再缓慢打开三通检修阀的开关进行抽真空。
5) 30min 后，关闭三通检修阀，并观察真空压力表指针变化。若压力回升，说明系统有泄漏；若压力无回升。则表明系统无渗漏。此时可继续抽真空使系统内压力为 -0.1MPa，并保持该压力 1~2h 不变。
6) 关闭三通检修阀开关，然后再切断真空泵电源。

2. 利用真空泵高低压双侧抽真空

1) 检查并确定制冷系统内的制冷剂基本排空。
2) 在压缩机的维修工艺管上焊接带有真空表的三通检修阀。
3) 在双尾干燥过滤器的工艺管上焊接带有真空压力表的三通检修阀。
4) 用软管将三通检修阀与压缩机、干燥过滤器并联在一起，连接真空泵，其方法如图 7-29 所示。
5) 起动真空泵，同时进行抽真空操作，使表压降至 -0.1MPa。
6) 用封口钳将干燥过滤器上的工艺管封死后，关闭三通检修阀。继续抽真空 30~60min。
7) 关闭三通检修阀开关，然后再切断真空泵电源。

3. 利用自排方式抽真空

1) 检查并确定制冷系统内的制冷剂基本排空。
2) 在压缩机的维修工艺管上焊接三通检修阀。
3) 用钢锯将压缩机高压排气管割开与冷凝器分离。
4) 在高压管上套一段橡胶软管并将其伸进装有水的杯子中，把冷凝器入口端套一封口的软橡胶管。关闭三通检修阀，其连接如图 7-34 所示。
5) 起动压缩机，水杯中开始出现气泡，压缩机继续工作直至水杯中无气泡为止。

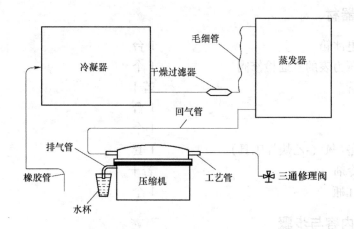

图 7-34   自排方式抽真空

6）将制冷剂钢瓶与三通检修阀连接起来，微开三通检修阀，向制冷系统内充注少量制冷剂。当水杯中再次出现气泡时马上封闭排气口软管，同时使压缩机停止运行。

7）打开制冷剂钢瓶和检修阀阀门，继续充注制冷剂，直到冷凝器管口橡胶管开始膨胀，此时立即停止充气。

8）迅速拆下橡胶软管，并马上将冷凝器与压缩机焊接成一体。

4. 制冷剂的充注

1）按步骤 1～3 的操作方法之一对制冷系统进行抽真空操作。

2）根据电冰箱制冷剂的需求量，用定量充注瓶（定量加液器）从制冷剂钢瓶取出所需的制冷剂量。取出方法如下：

① 用真空泵将定量充注瓶中的空气抽净。

② 将出液阀接头上的输液胶管与制冷剂钢瓶相接，把钢瓶放置在高于充注瓶的位置。

③ 打开制冷剂钢瓶阀门和充注瓶出液阀门。

④ 观察压力表数值的变化及瓶体玻璃管内制冷剂的流动情况，待制冷剂钢瓶内的压力与充注瓶内的压力平衡后，制冷剂钢瓶将停止向充注瓶内充注制冷剂。若需要增加加液量则可再增大出气阀的开度，直至充注量合适为止。

⑤ 关闭制冷剂钢瓶阀门和充注瓶上的出液阀门。

3）将加液阀接头上的输液胶管接到制冷系统的工艺管上，其连接方法如图 7-30 所示。

4）如图 7-30 所示，根据当时的环境温度、制冷剂的种类，将转动标尺上对应的刻度转到与液面计相应的位置，这时液面所对应的刻度即为该制冷剂在此温度下的容重。

5）打开图 7-30 中的阀 4，进行制冷剂的充注，同时观察充注瓶液面下降的刻度（注入量），达到规定量以后，立即关闭阀 4。制冷剂的充注量不能超过规定量的 5%。

6）合上电源，起动压缩机让设备运行 0.5h，倾听压缩机制冷系统有无流水声，查看蒸发器结霜情况并观察制冷系统的压力是否正常，如正常则充注完毕，否则还应调整充注量。

7）在压缩机工作状态下，对工艺管进行分离操作。首先在工艺管尾端用封口钳将其夹扁剪断向下弯曲。然后将断口焊接封死。

7.10.4　实训报告

1. 数据记录

数据记录的表格如表7-9～表7-12所示。

表7-9　真空泵低压侧抽真空

抽真空时间/h				
压力表的压力值/MPa				

表7-10　自排方式抽真空

抽真空时间/h				
压力表的压力值/MPa				
压缩机的温度/℃				

表7-11　充注设备操作记录

检修阀动作情况	阀A	阀B	检修阀动作情况	阀A	阀B
抽真空时			充注时		

表7-12　充注量判断情况记录

充制冷剂时间	判断充注量是否合适（部位温度、低压压力）			
	压缩机回气管	蒸发器	冷凝器	低压侧表值
刚充注时				
达到充注量时				

2. 思考题

由任课教师布置2～4题，解答后将答案写在实训报告上。

3. 收获和体会

要求不少于200字，形成书面材料。

7.11　实训5　空调器制冷系统检查及制冷剂的充注

7.11.1　实训目的

通过实训，明确空调器制冷系统检查的项目、部位及其具体的检查方法。掌握空调器制冷系统检漏、充注制冷剂、充注冷冻润滑油的操作工艺。

7.11.2 实训器材

1）分体式空调器   1 台
2）电子检漏仪   1 只
3）真空压力表、三通检修阀、组合扩管器   1 套
4）R22 钢瓶、氮气瓶、加氟管等   1 套
5）冷冻润滑油   若干

7.11.3 实训内容与步骤

1. 空调器制冷系统检漏

（1）用观察检漏法对空调器制冷系统进行检漏

1）观察空调器制冷系统上的所有焊口和阀门处，看有无油渍。

2）观察空调器制冷压缩机上的焊口、接线柱等处，看有无油渍。

在观察过程中若发现某处有油渍，即可判定此处泄漏。用胶条贴在旁边的管道上，以记录泄漏的具体位置，便于维修。

（2）使用电子卤素检漏仪对空调器制冷系统进行检漏

在检漏过程中若出现电子卤素检漏仪的指示灯闪亮或其蜂鸣器鸣叫，即可判定泄漏点。用胶条贴在管道旁边，以记录泄漏的具体位置。

（3）利用压力检漏法对空调器制冷系统进行检漏（打压试验）

1）向空调器制冷系统内打入表压力为 0.8~1MPa 压力的氮气。用洗洁精或肥皂水对空调器制冷系统疑漏点进行涂抹，仔细观察该点有无气泡冒出，若有气泡冒出，则说明此处是泄漏点。用胶条贴在泄漏点附近的管道上，以记录泄漏的具体位置。

2）在没有找出明显的泄漏点的情况下，记下此时空调器制冷系统试漏氮气的表压力，在 24h 后，再来观察其压力的变化，若 24h 后，其压力没有明显的变化，则说明空调器制冷系统密闭良好；若 24h 后，其压力有明显的变化，则说明空调器制冷系统有泄漏处，须再次进行检漏。

2. 空调器制冷剂的充注

空调器制冷剂的充注方法与电冰箱的充注方法基本相同，但由于结构和应用特性的不同也会有一些差异，其基本程序是：检漏→充注制冷剂→检漏。

分体式空调器的充氟操作，有高压充注液体制冷剂和低压充注制冷剂气体两种方法。

（1）从空调器高压侧充注制冷剂的方法

1）在室外机组的高压阀（又称为液阀）的旁通孔（又称为加氟嘴）上虚接带顶针的专用充氟软管，然后将 R22 钢瓶倾斜放置在台秤上，称出此时制冷剂钢瓶的重量，再将台秤的游码向后移动到应充注量的刻度。

2）打开制冷剂钢瓶的瓶阀，当看到有制冷剂液体从高压阀的旁通孔与加氟管的虚接口处喷出后，迅速将虚接处拧紧。

3）此时旁通孔上的顶针被顶开，R22 钢瓶内的液体制冷剂在压差作用下随即进入制冷系统。

4）待台秤平衡后，随即关闭制冷剂钢瓶瓶阀。

5）为使加氟管内存留的制冷剂液体不被浪费；可用手逐段捋几下加氟管，将管中的制冷剂液体赶进制冷系统内，随后迅速将加氟管从高压阀的旁通孔上拆下，充注工作结束。

要特别注意的是，在充注制冷剂过程中绝对不能起动压缩机，否则将造成压缩机损坏的严重事故。

（2）从空调器低压侧充注制冷剂的方法

1）在室外机组的低压阀（又称为气阀）的旁通孔上虚接带有顶针的专用充氟软管，加氟管的另一端与三通检修阀相连，三通检修阀上的另一根加氟管与制冷剂（R22）钢瓶的瓶阀相连。

2）随后打开制冷剂（R22）钢瓶的瓶阀，再开启检修阀上的阀门，当听到旁通孔与加氟管虚接口处有"嘶嘶"的跑气声2～3s后，将虚接口处拧紧。

3）待检修阀上的表压力达到0.5MPa以后，将制冷剂钢瓶瓶阀暂时关闭。

4）然后起动空调器运行，观察检修阀上表压力的变化。当运行几分钟后，检修阀上的表压力始终达不到所需要的压力值时，可再次打开制冷剂钢瓶瓶阀，向制冷系统内补充制冷剂，直到达到要求的表压值时为止。

5）在达到充氟量后，应先关闭制冷剂（R22）钢瓶的瓶阀，然后迅速拆下旁通孔与加氟管的接口，充注工作结束。

以上方法，根据实训条件与实训机型，任选其一或分次操作。

3. 空调器冷冻润滑油的充注

空调器制冷系统压缩机中冷冻润滑油不足，一般采取更换冷冻润滑油、重新充注的方法。其操作步骤是：判断冷冻油的质量→放油→充注新油。

1）将压缩机与制冷系统断开，拆下压缩机，将其倒置，把机壳内变质的冷冻润滑油倒入事先准备好的容器中，测量出冷冻润滑油的容积。

2）然后以此为依据，将新的冷冻润滑油倒入一个干净的大口玻璃瓶盛油容器中，重新加注冷冻润滑油的质量，应比原有质量增加10%左右。

3）在压缩机的排气管上接一只三通检修阀，连接时把三通检修阀的中间管道与压缩机排气管相连，左侧的管道放入盛有冷冻润滑油的容器中，右侧管道与真空泵相连。

4）将三通检修阀左侧阀门关闭，右侧阀门打开，然后起动真空泵运行。

5）真空泵运行5～10min左右停机，关闭右侧阀门，打开左侧阀门，冷冻润滑油在压缩机内外压差作用下流入压缩机内，待容器中冷冻润滑油全部流入压缩机内时，加油工作结束。

在维修中若不知道空调器制冷系统压缩机中原有的冷冻润滑油的油量时，可参考表7-13所给出的值。

表7-13 压缩机注油量参考值

压缩机功率/W	122	183	367	551	735	1102	1470	2205
注油量/L	0.2	0.35	0.5	0.75	1.5	2.0	2.0	2.5

7.11.4 实训报告

1. 实训记录

实训记录的表格如表 7-14 和表 7-15 所示。

表 7-14　空调器高压侧充注制冷剂记录

实训机号		实训机型	
实际充注表压力/MPa		实际充注制冷剂量/kg	

画出高压侧充注制冷剂的设备连接图:

充注过程中出现的问题与解决方法:

表 7-15　空调器低压侧充注制冷剂记录

实训机号		实训机型	
实际充注表压力/MPa		实际充注制冷剂量/kg	

画出低压侧充注制冷剂的设备连接图:

充注过程中出现的问题与解决方法:

2. 思考题

由任课教师布置 2~4 题,解答后将答案写在实训报告上。

3. 收获和体会

要求不少于 300 字,形成书面材料。

参 考 文 献

[1] 荣俊昌. 电热电动器具维修实训[M]. 北京：高等教育出版社，2003.

[2] 麦汉光，王军伟. 家用电器技术基础与维修技术[M]. 3 版. 北京：高等教育出版社，2007.

[3] 刘午平. 空调器修理从入门到精通[M]. 北京：国防工业出版社，2003.

[4] 牛金生. 电热电动器具原理与维修[M]. 北京：电子工业出版社，2002.

[5] 金国砥. 制冷与制冷设备技术[M]. 北京：电子工业出版社，2004.

[6] 辛长平. 家用电器技术基础与检修实例[M]. 北京：电子工业出版社，2007.

[7] 何明山. 空调器原理与检修[M]. 北京：高等教育出版社，2000.

[8] 邹开跃，张彪. 电冰箱、空调器原理与维修[M]. 北京：电子工业出版社，2002.

[9] 罗世伟. 小型制冷、空调设备原理与维修[M]. 北京：电子工业出版社，2002.

[10] 李佩禹. 家用电器的微电脑控制[M]. 北京：人民邮电出版社，1998.

[11] 杨丽平. 电冰箱与空调器维修技术与实训[M]. 北京：高等教育出版社，2003.

[12] 邱兴东. 家用制冷设备维修与实例[M]. 北京：人民邮电出版社，1999.

[13] 方贵银. 新型电冰箱维修实训[M]. 北京：人民邮电出版社，2001.

[14] 章雪影. 家用电热电动类器具维修[M]. 上海：上海科学普及出版社，1999.

[15] 王锡乾，金卫东. 微处理器在家用电器中的应用[M]. 北京：电子工业出版社，2001.

[16] 崔金辉. 家用电器与维修技术[M]. 北京：机械工业出版社，2002.

[17] 向骞. 全自动洗衣机原理与维修[M]. 福州：福建科学技术出版社，1999.

精品教材推荐

计算机电路基础

书号：ISBN 978-7-111-35933-3

定价：31.00 元　　作者：张志良

推荐简言：

　　本书内容安排合理、难度适中，有利于教师讲课和学生学习，配有《计算机电路基础学习指导与习题解答》。

高级维修电工实训教程

书号：ISBN 978-7-111-34092-8

定价：29.00 元　　作者：张静之

推荐简言：

　　本书细化操作步骤，配合图片和照片一步一步进行实训操作的分析，说明操作方法；采用理论与实训相结合的一体化形式。

汽车电工电子技术基础

书号：ISBN 978-7-111-34109-3

定价：32.00 元　　作者：罗富坤

推荐简言：

　　本书注重实用技术，突出电工电子基本知识和技能。与现代汽车电子控制技术紧密相连，重难点突出。每一章节实训与理论紧密结合，实训项目设置合理，有助于学生加深理论知识的理解和对基本技能掌握。

单片机应用技术学程

书号：ISBN 978-7-111-33054-7

定价：21.00 元　　作者：徐江海

推荐简言：

　　本书是开展单片机工作过程行动导向教学过程中学生使用的学材，它是根据教学情景划分的工学结合的课程，每个教学情景实施通过几个学习任务实现。

数字平板电视技术

书号：ISBN 978-7-111-33394-4

定价：38.00 元　　作者：朱胜泉

推荐简言：

　　本书全面介绍了平板电视的屏、电视驱动板、电源和软件，提供有习题和实训指导，实训的机型，使学生真正掌握一种液晶电视机的维修方法与技巧，全面和系统介绍了液晶电视机内主要电路板和屏的代换方法，以面对实用性人才为读者对象。

电力电子技术　第 2 版

书号：ISBN 978-7-111-29255-5

定价：26.00 元　　作者：周渊深

获奖情况： 普通高等教育"十一五"国家级规划教材

推荐简言： 本书内容全面，涵盖了理论教学、实践教学等多个教学环节。实践性强，提供了典型电路的仿真和实验波形。体系新颖，提供了与理论分析相对应的仿真实验和实物实验波形，有利于加强学生的感性认识。

精品教材推荐

EDA 技术基础与应用

书号：ISBN 978-7-111-33132-2

定价：32.00 元　　作者：郭勇

推荐简言：

　　本书内容先进，按项目设计的实际步骤进行编排，可操作性强，配备大量实验和项目实训内容，供教师在教学中选用。

电子测量仪器应用

书号：ISBN 978-7-111-33080-6

定价：19.00 元　　作者：周友兵

推荐简言：

　　本书采用"工学结合"的方式，基于工作过程系统化；遵循"行动导向"教学范式；便于实施项目化教学；淡化理论，注重实践；以企业的真实工作任务为授课内容；以职业技能培养为目标。

高频电子技术

书号：ISBN 978-7-111-35374-4

定价：31.00 元　　作者：郭兵　唐志凌

推荐简言：

　　本书突出专业知识的实用性、综合性和先进性，通过学习本课程，使读者能迅速掌握高频电子电路的基本工作原理、基本分析方法和基本单元电路以及相关典型技术的应用，具备高频电子电路的设计和测试能力。

单片机技术与应用

书号：ISBN 978-7-111-32301-3

定价：25.00 元　　作者：刘松

推荐简言：

　　本书以制作产品为目标，通过模块项目训练，以实践训练培养学生面向过程的程序的阅读分析能力和编写能力为重点，注重培养学生把技能应用于实践的能力。构建模块化、组合型、进阶式能力训练体系。

Verilog HDL 与 CPLD/FPGA 项目开发教程

书号：ISBN 978-7-111-31365-6

定价：25.00 元　　作者：聂章龙

获奖情况：高职高专计算机类优秀教材

推荐简言：

　　本书内容的选取是以培养从事嵌入式产品设计、开发、综合调试和维护人员所必须的技能为目标，可以掌握 CPLD/FPGA 的基础知识和基本技能，锻炼学生实际运用硬件编程语言进行编程的能力，本书融理论和实践于一体，集教学内容与实验内容于一体。

电子信息技术专业英语

书号：ISBN 978-7-111-32141-5

定价：18.00 元　　作者：张福强

推荐简言：

　　本书突出专业英语的知识体系和技能，有针对性地讲解英语的特点等。再配以适当的原版专业文章对前述的知识和技能进行针对性联系和巩固。实用文体写作给出范文。以附录的形式给出电子信息专业经常会遇到的术语、符号。

精品教材推荐

电子工艺与技能实训教程

书号：ISBN 978-7-111-34459-9

定价：33.00 元　　作者：夏西泉 刘良华

推荐简言：

　　本书以理论够用为度、注重培养学生的实践基本技能为目的，具有指导性、可实施性和可操作性的特点。内容丰富、取材新颖、图文并茂、直观易懂，具有很强的实用性。

综合布线技术

书号：ISBN 978-7-111-32332-7

定价：26.00 元　　作者：王用伦 陈学平

推荐简言：

　　本书面向学生，便于自学。习题丰富，内容、例题、习题与工程实际结合，性价比高，有实用价值。

集成电路芯片制造实用技术

书号：ISBN 978-7-111-34458-2

定价：31.00 元　　作者：卢静

推荐简言：

　　本书的内容覆盖面较宽，浅显易懂；减少理论部分，突出实用性和可操作性，内容上涵盖了部分工艺设备的操作入门知识，为学生步入工作岗位奠定了基础，而且重点放在基本技术和工艺的讲解上。

通信终端设备原理与维修 第2版

书号：ISBN 978-7-111-34098-0

定价：27.00 元　　作者：陈良

推荐简言：

　　本书是在2006年第1版《通信终端设备原理与维修》基础上，结合当今技术发展进行的改编版本，旨在为高职高专电子信息、通信工程专业学生提供现代通信终端设备原理与维修的专门教材。

SMT 基础与工艺

书号：ISBN 978-7-111-35230-3

定价：31.00 元　　作者：何丽梅

推荐简言：

　　本书具有很高的实用参考价值，适用面较广，特别强调了生产现场的技能性指导，印刷、贴片、焊接、检测等SMT关键工艺制程与关键设备使用维护方面的内容尤为突出。为便于理解与掌握，书中配有大量的插图及照片。

MATLAB 应用技术

书号：ISBN 978-7-111-36131-2

定价：22.00 元　　作者：于润伟

推荐简言：

　　本书系统地介绍了 MATLAB 的工作环境和操作要点，书末附有部分习题答案。编排风格上注重精讲多练，配备丰富的例题和习题，突出 MATLAB 的应用，为更好地理解专业理论奠定基础，也便于读者学习及领会 MATLAB 的应用技巧。